liu mei ti yuan li yu ying yong

媒体创意专业核心课程系列教材

宫承波 主编

流媒体原理与应用（第二版）

宫承波 主编

中国廣播影視出版社

代总序

拥抱创意时代

在传媒业界，所谓“媒体创意”现象早已是司空见惯的客观现实，但若要问什么是媒体创意，人们却大多说不清楚。作为一种新生事物，人们对其语焉不详，甚至有些疑惑，都是正常现象。由于我们创办了一个媒体创意专业，所以也就时常有人向我询问，作为该专业的负责人，当然是回避不了的。

从逻辑学的角度说，一个事物的概念可以分为内涵性的概念和外延性的概念，内涵性的概念是对所指事物的特征和本质属性的概括，外延性的概念则是对所指事物的集合的概括。关于媒体创意，我们不妨把两者结合起来做一个界定：即创新性、创造性思维在传媒领域的运用，其要旨在于因势而变、不断推陈出新，它是市场化时代媒介生存与发展的必要手段，是传媒发展的第一生产力；其基本内涵，指现代传媒面向市场需求和变化，在信息建构与传播和媒介经营与管理的各个领域、各个层面、各个环节所采取的具有创新性或创造性的策略和构思——其视野开阔，内涵丰富，涉及传媒运作的方方面面，对此，可简要地概括为创意传播、创意经营和创意管理三大领域和范畴。

为什么要进行媒体创意呢？有人说是媒介竞争的产物，这当然没有错，但仅仅认识至此还是粗浅的。其更为深层的原因，是随着经济发展和物质生活水平的提高，广大受众的精神文化需求提高了，这当然也包括对大众传媒的需求——正是广大受众这种不断增长的精神文化需求引发了媒介竞争，由媒介竞争进而催生了媒体创意。事实上，这是媒体创意热兴的根本原因，也是近年来媒体创意产业以至整个文化创意产业迅速崛起的根本原因。

创意产业的发展呼唤创意产业人才，呼唤创意产业教育。笔者认为，文化创意产业的发展大体上可以说需要三方面的人才，即创意方面的人才、创意经营方面的人才和创意管理方面的人才，这也就决定了创意产业教育的三大领域，即创意教育、创意经营教育和创意管理教育。媒体创意专业正是应媒体创意产业发展需求，由中国传媒大学创办的一个面向传媒领域的属于创意教育方面的专业，可以说是回应业界需求、拥抱创意时代的产物。本专业自2003年起开始招生，经过几年来的努力和探索，如今专业定位已经明确，办学模式已基本成型，专业培养方案和教学计划已基本稳定。

我们的媒体创意专业是如何定位的呢?

笔者认为，所谓媒体创意教育，从整体上说，其终极目标应当是培养面向传媒市场需求和变化，能够为大众传媒的信息建构与传播和媒介经营与管理等不断地提供创新性、创造性策略和构思的专业的职业化的媒体“创意人”，也即人们常说的所谓“媒介军师”。从人才规格上说，这是一种以创新性、创造性思维为核心，集人文艺术素养、传播智慧以及媒介经营策略、管理策略等等于一体，面向现代传媒整体运营的素质高、能力强的现代复合型人才。这是我们媒体创意专业的教育理想。然而，教育是循序渐进的、是分层次的，作为本科层次的媒体创意专业，其教育目标的设定还应当实事求是、从实际出发，目标过高、过大，不仅不能够顺利实现，而且实施起来容易失去重点和方位感，容易在办学上流于宽泛。

正是因此，我们采取了适当收拢、收缩培养口径，同时与一定的职业岗位相结合的思路。根据业界需求和本校、本专业优势，目前我们将媒体创意专业教育的重点定位在“创意传播”领域。所谓创意传播，根据笔者的理解和界定，它既包括信息传播与媒介运用的策略和智慧，也应当包括媒介信息建构的技能、技巧，即我手达我心，想到了就能做到——比如，为了强化视觉冲击力，利用现代电子技术、数字技术创造新潮的视觉语言，进行超现实、跨媒体的艺术表现、特技表现，等等。这样的专业定位，意在与当前传媒业界兴起的所谓创意策划职业相结合，同时兼顾到多数本科生毕业后要从操作层面的具体工作做起的现实。这样的专业定位，无疑也蕴含了抓创意产业教育“牛鼻子”的意图。根据上文所述创意产业教育的三大范畴，所谓创意传播，无疑属于创意教育范畴——创意教育是以培养创意人才为目标的，应当说是整个文化创意产业教育的基础和核心。因为，如果没有创意人才、没有创意，那么所谓创意经营、创意管理也就成了一句空话。

总之，媒体创意专业是一个以培养专业的媒体“创意人”为目标的专业，是一个创意智慧与创意的技术、技能相融合、相交叉的专业，其培养目标可以做这样的简要概括和表述：培养现代大众传媒创新发展所需要的传播“创意人”（也可以称作初级媒体“创意人”）。从人才规格上说，这是一种以创造性、创新性思维为核心，集人文艺术素养、传播策略和智慧以及现代传播的技能、技巧于一体的面向现代传媒传播业务的现代复合型人才。

从上述培养目标出发，本专业秉持中国传媒大学新闻传播学科多年来积淀而成的“宽口径、厚基础、高素质、强能力”的教育理念，同时结合本专业的内在要求，在办学模式上也就自然地体现出以下几方面的特色：

其一是综合性、交叉性。

智慧源于心胸，心胸源于眼界。创意不是从天上掉下来的，靠所谓天分，靠小聪明、小火花或许能竞一时之秀，但却不能长久。没有开阔的知识视野和理论视野，智慧往往就会陷于黔驴技穷的困境，创意就会成为无源之水、无本之木。只有在丰富的信息交流与碰撞中，在多学科知识、多维理论的交叉与融合中，智慧之树才能常青，创意活水才会“汩汩”而来。

为贯彻上述思想，我们认为，必须倡导学生广开视野、广取思维、广泛接触社会人生，即“读万卷书，行万里路”。在培养方式上，我们一直强调和重视基础知识与基本理论教学：一方面，以创新、创意能力的培养为核心、为旨归，打破现有的专业壁垒，强调多学科知识、多学科理论的交叉与融合；另一方面，则引导学生对大众传媒的信息建构与传播以及媒介经营与管理等现代传媒运作的主体领域及其前沿动态进行全面、深入的了解，对现代传媒运营有一个整体性、综合性把握。总之，我们要求学生应具有相对开阔的知识视野，较为扎实的理论功底，对现代传媒及其运营的全面了解和把握，并掌握创新思维原理，这是从事创意传播的必要前提。只有具备这样的前提和基础，才能进一步将创新思维原理成功地应用到现代传媒领域，形成相关领域的创意策划能力。

其二是艺术性。

我们知道，大众传媒的一个重要功能是消遣、娱乐，文艺、艺术传播是其中的重要组成部分，不懂艺术何谈创意？著名美学家王朝闻先生就曾经指出：“不通一艺莫谈艺。”更为重要的是，想象力是创意之母，而艺术与美学教育则是培养想象力的重要手段。大家都知道英国是发展创意产业的先驱，在那里，作为创意教育的手段，文学艺术教育受到高度重视。1998 年英国国会的一个报告就曾指出：“想象力主要源于文学熏陶。文艺可以使数学、科学与技术更加多彩……”

因此我们认为，艺术与美学教育是媒体创意教育不可或缺的重要组成部分，并坚持从以下两个方面予以保证：其一，在生源选拔方面按艺术类招生，从选才上把好艺术素养关；其二，从培养措施上对艺术素养和美学教育予以着重加强，设置一大批文学、艺术和美学类课程，从而使学生通晓文学艺术以及大众文化领域的基础知识、基本观念，并掌握有关必要的技能、技巧。

其三是实践性。

不言而喻，媒体创意专业是一个实践性较强的专业，加强实践教学本是专业教学的题中应有之意。所以，本专业教育的一个重点，就是要面向传媒业界实践，开展强有力的职业化的模拟训练，强调高素质教育和强职业技能教育的互补与互助，从而有效地促进学生由知识向能力的转化。尤其对于本科生，将来一般都要从具体工作做起，为了有利于就业，操作层面的技能、技巧教育就更是必不可少的。

因此，我们充分发扬中国传媒大学的传统优势，重视媒介信息建构与传播的具体操作能力的培养，重视案例教学，通过一系列实践教学和职业化的模拟训练，努力使学生具备较强的传媒文本读解能力，熟练掌握对色彩、声音、画面、图形、文字等传播符号的操控技术，并能够在创造性、创新性思维指导下灵活运用媒介信息建构与传播的技能、技巧。另一方面，我们还通过“请进来”、“送出去”等措施，密切跟踪业界前沿，同时与业界展开必要的互动。几年来，我们曾聘请大量业界专家、校友走进校园授课或举办讲座，带来业界前沿的动态信息；同时，还借助于多年来中国传媒大学与传媒业界所结成的良好的业务联系，利用每年暑假时间成建制地安排学生到业界实习。经过几年来的实践，学生们普遍反映，摸一摸真刀真枪，感觉就是不一样！

其四是个性化。

所谓个性化，也即教育“产品”多向出口。现代传媒运营是一个庞大的系统，面对这样一个庞大、复杂的系统，作为本科教育，笔者认为，其教育目标还应当实事求是，有放有收。因此，在广播、电视、网络、报刊等多种媒体中，在信息建构与传播的多个领域，我们提倡学生既有专业共性，又有个性专长，倡导学生根据个人兴趣，自主选择主攻方向，发展创新思维，努力形成个人的业务专长和优势。

为支持和促进学生的个性化成长与发展，本专业在一、二年级主要学习公共基础课和有关现代传媒教育的平台性课程，从三年级开始则多向开设选修课，并全面实行导师制。几年来的实践证明，这些做法都是务实的、有效的，受到学生、家长的欢迎，得到传媒业界的肯定。

上述这些认识，已经成为我们建设媒体创意专业的指导思想。2005 年上半年以来，在学校支持下，我们承担了校级教改立项"媒体创意专业建设研究"项目。在该项目推动下，笔者与同事们一道，在研究、探索基础上，经过群策群力，已连续推出三个不断完善的培养方案版本以及相应的教学计划。

但是，我们也应当看到，对于一个新专业建设来说，有了成型的培养方案，还只能说是迈出了第一步，是起码的一步。如果说培养方案相当于一个人的躯干，那么它还需要两条强健的腿，才能成为一个健全的人，才能立起来、走起来，以至跑起来——这"两条腿"，笔者认为，也即当前贯彻实施该专业培养方案、确保培养目标实现的两大当务之急：其一是教材建设；其二是实践教学机制建设。

关于教材建设。

自成体系的知识构架和核心课程是一个新专业得以确立和运行的基本支撑，因此，要想使该专业真正得以确立，就必须构建一个具有本专业特点的核心课程体系，同时还必须编撰一套相应的适应本专业教学需要的教材。

由于媒体创意专业具有交叉性、综合性特点，所以该专业教材编写的重点，也是难点在于，要以创意传播能力的培养为核心、为旨归，解决好多学科知识、多学科理论的交叉与融合问题。在深入研讨的基础上，我们通过组织、整合有关师资力量，关于"媒体创意专业核心课程系列教材"的出版已经启动。根据我们的计划，两年内将至少推出 15 部具有本专业特点的核心课程教材。但目前面临的困难还相当大、相当多，最为核心和关键的是人的问题，也即师资问题。

关于实践教学机制建设。

如上所述，媒体创意专业是一个实践性较强的专业，所以实践教学必须置于重要地位，贯穿教学工作的全过程。这不仅仅是几种措施的简单相加，还应当是一整套的有机体系。为了使实践教学切实有效，就必须保证这一体系的科学化和规范化。所以，对这一体系的构成及其运行机制作出全面探索，将本专业实践教学科学化并进一步制度化，是本专业教学基本建设中重要的一维。目前，虽然已经建立了几个实践教学基地，但还远远满足不了本专业全面开展实践教学工作的需要。

以上两个方面既是当前我们贯彻实施媒体创意专业培养方案、确保培养目标实现的两大当务之急，也可以说是媒体创意专业建设的"两条腿"。笔者认为，只有这"两条腿"强健起来了，该专业建设才能够获得实质性、突破性进展。

综上所述，媒体创意专业是适应创意时代需要而创办的一个崭新的专业，是一个新型、特色的专业，我们的办学模式和教学建设的方方面面都是既具探索性，又具示范性的。正是基于这样的认识和责任感，我们一直坚持既小心翼翼、深入研究，又实事求是、大胆实践、大胆探索，坚持在实践中探索、在探索中创新、在创新中发展的原则。在校方的领导和支持下，经过几年来的群策群力，目前该专业已基本创立成型。可以这样说，媒体创意专业抓住了创意时代大众传媒的本质，适应了市场经济条件下传媒竞争与发展的需要，是一个有时代感、有活力的专业，它有效地利用、整合了中国传媒大学的资源优势——如良好的传媒教育基础和丰厚的业界资源等，体现了中国传媒大学的办学特色。

当然也应当看到，我们的探索还是初步的，同任何新生事物一样，目前该专业还是幼小的、稚嫩的，它目前需要的是理解和呵护。我们殷切地希望学界、业界同仁们能够从事业大局出发，都来浇水施肥，遮风挡雨。我们相信，在传媒事业发展和文化创意产业大潮的双重促动下，这样一个新型、特色专业一定会尽快成长起来，我们也一定能够探索出一套既适应传媒市场需要，又符合教育规律且切合我校实际的专业办学模式，从而使它成为我校教学改革的一个亮点，成为中国传媒大学的一个品牌，成为我国传媒教育的一道新的风景，同时，也为专业扩张提供规范和标杆。

宫承波

2006 年 9 月 30 日初稿

2007 年 5 月 10 日修订

于中国传媒大学

目　　录

代总序　拥抱创意时代……宫承波 1
第一章　流媒体技术概述……1
1.1　什么是流媒体……1
1.1.1　流媒体技术的产生……2
1.1.2　流媒体技术的定义……4
1.2　流媒体文件格式……6
1.2.1　媒体压缩格式……6
1.2.2　媒体文件流格式……7
1.2.3　媒体文件发布格式……9
1.3　流媒体技术的实现和系统构成……9
1.3.1　流媒体技术的实现……9
1.3.2　流媒体系统的构成……10
1.4　流媒体的发展和应用……12
1.4.1　流媒体的发展……12
1.4.2　流媒体技术的应用……14
第二章　流媒体传输技术……21
2.1　流媒体传输基础……22
2.1.1　Internet 传输的基本概念……22
2.1.2　Internet 传输服务质量……24
2.2　流媒体传输协议……25
2.2.1　资源预留协议(RSVP)……25
2.2.2　实时传输协议(RTP)……28
2.2.3　实时传输控制协议(RTCP)……31
2.2.4　实时流协议(RTSP)……33
2.2.5　微软媒体服务协议(MMS)……39
2.3　流媒体传输方式……40
2.3.1　流媒体传输的原理……40
2.3.2　流媒体传输的特点……41
2.3.3　顺序流式传输……41
2.3.4　实时流式传输……42
2.4　流媒体播放技术……42
2.4.1　单播和组播……42

2.4.2 点播和广播 …… 44
2.4.3 智能流技术 …… 44
第三章 流媒体压缩编码技术 …… 46
3.1 **数据压缩技术** …… 46
3.1.1 数据压缩的产生 …… 46
3.1.2 数据压缩原理 …… 47
3.1.3 压缩的分类 …… 50
3.2 **MPEG 简介** …… 51
3.2.1 MPEG 专家组 …… 51
3.2.2 MPEG 系列标准 …… 52
3.3 **MPEG－1** …… 56
3.3.1 MPEG－1 的组成部分 …… 56
3.3.2 MPEG－1 的应用 …… 58
3.3.3 MPEG－1 的缺陷 …… 58
3.4 **MPEG－2** …… 58
3.4.1 MPEG－2 标准的构成 …… 59
3.4.2 MPEG－2 视频编码系统中的“级”(Level)与“类”(Profiles) …… 59
3.4.3 MPEG－2 视频编码系统原理 …… 61
3.4.4 MPEG－2 标准中的主要技术 …… 63
3.4.5 MPEG－2 的实际应用 …… 65
3.5 **MPEG－4** …… 66
3.5.1 MPEG－4 标准的构成 …… 67
3.5.2 MPEG－4 的编码原理 …… 68
3.5.3 MPEG－4 标准的主要技术 …… 68
3.5.4 MPEG－4 标准的特点 …… 69
3.5.5 MPEG－4 的应用 …… 70
3.6 **H.261** …… 71
3.6.1 H.261 的编码原理 …… 72
3.6.2 H.261 的数据结构 …… 73
3.7 **H.263 系列标准** …… 73
3.7.1 H.263 与 H.261 的区别 …… 74
3.7.2 H.263 的主要技术 …… 74
3.7.3 H.263＋标准 …… 75
3.7.4 H.263＋＋标准 …… 75
3.8 **H.264 标准** …… 76
3.8.1 H.264 标准的产生 …… 76
3.8.2 H.264 标准介绍 …… 76
3.8.3 H.264 标准的技术特点 …… 77
3.8.4 H.264 标准的应用 …… 78

3.8.5 H.264 标准的优越性 …… 79
第四章 REAL NETWORKS 流媒体解决方案 …… 80
4.1 **REAL NETWORKS 简介** …… 80
4.1.1 REAL NETWORKS 的产生 …… 80
4.1.2 Real System 系统的组成 …… 81
4.1.3 Real System 的通信原理 …… 82
4.2 **客户播放器 Real Player** …… 83
4.2.1 Real Player 简介 …… 83
4.2.2 Real Player 属性设定 …… 88
4.3 **Real Producer** …… 91
4.3.1 Real Producer 介绍 …… 91
4.3.2 Real Producer 的设置 …… 105
4.4 **Real Slideshow** …… 107
4.4.1 Real Slideshow 界面介绍 …… 107
4.4.2 Real Slideshow 的基本操作 …… 108
4.5 **Real Presenter** …… 114
4.5.1 Real Presenter 介绍 …… 114
4.5.2 Real Presenter 基本操作 …… 114
4.5.3 回放、编辑和发布演示 …… 117
4.5.4 Real Presenter 的设置 …… 120
4.6 **Real Server** …… 121
4.6.1 Real Server 概述 …… 121
4.6.2 Real Server 的安装 …… 122
4.6.3 Real Server 的应用 …… 123
4.7 **Real Text** …… 127
4.7.1 Real Text 概述 …… 127
4.7.2 Real Text 语言的编写 …… 128
第五章 Windows Media 流媒体解决方案 …… 137
5.1 **Windows Media 简介** …… 137
5.1.1 Windows Media 的产生 …… 137
5.1.2 Windows Media 的组成 …… 138
5.2 **Windows Media 编码技术** …… 138
5.2.1 Windows Media 格式 …… 138
5.2.2 Windows Media Audio/Video 编解码器 …… 139
5.3 **Windows Media Player** …… 141
5.3.1 Windows Media Player 介绍 …… 141
5.3.2 Windows Media Player 的设置 …… 146
5.4 **Windows Media Encoder** …… 147
5.4.1 Windows Media Encoder 介绍 …… 147

5.4.2 会话的创建与设置 …… 148
5.5 Windows Media 实用工具 …… 156
5.5.1 Windows media 流编辑器 …… 156
5.5.2 Windows Media 配置文件编辑器 …… 157
5.5.3 Windows Media 文件编辑器 …… 158
5.5.4 Windows Media 编码脚本 …… 161
5.6 Windows Media Services …… 161
5.6.1 Windows Media Services 概述 …… 162
5.6.2 Windows Media Services 的应用 …… 164
5.6.3 Windows Media Services 的主要属性设置 …… 170
第六章 同步多媒体集成语言 SMIL …… 172
6.1 SMIL 概述 …… 172
6.1.1 SMIL 的产生 …… 172
6.1.2 SMIL 的特点 …… 174
6.2 SMIL 语法结构 …… 176
6.2.1 SMIL 的基本语法特性 …… 176
6.2.2 SMIL 的语法标记 …… 178
6.3 SMIL2.0 的新功能 …… 200
6.4 SMIL 创建工具 …… 204
6.4.1 SMIL 创建工具简介 …… 205
6.4.2 Fluition 介绍 …… 205
第七章 移动流媒体技术 …… 210
7.1 移动通信技术 …… 211
7.1.1 移动通信技术概述 …… 211
7.1.2 GSM …… 213
7.1.3 GPRS …… 217
7.1.4 3G …… 218
7.1.5 4G …… 221
7.2 移动流媒体技术 …… 223
7.2.1 移动流媒体技术的发展 …… 223
7.2.2 移动流媒体的系统结构 …… 225
7.2.3 移动流媒体的主要业务 …… 226
7.2.4 移动流媒体协议 …… 226
7.2.5 移动流媒体的播放器 …… 227
7.2.6 移动流媒体的应用 …… 228
7.2.7 移动流媒体发展的限制 …… 229
7.3 移动流媒体的未来 …… 230

参考文献 …… 232

CHAPTER 1

第一章

流媒体技术概述

【**内容提要**】随着计算机网络技术和现代通信技术的不断发展，以 Internet 为核心的互联网络逐渐称为继平面媒体、广播媒体和电视媒体之后的第四媒体。人们通过网络媒体来获取相关的信息和服务已经称为一种普遍现象，在这个演变过程中，人们对网络信息内容的要求也越来越高。以前简单的图文就可以满足广大受众的需要，现在人们更多的是要求信息具有多媒体、高时效、现场感、交互性等特点，这些不断提高的要求使网络上可以实时传输多媒体内容的流媒体技术营运而生。本章主要对流媒体和流媒体技术的基本概念作一个简要的阐述，包括“什么是流媒体”、“流媒体文件格式”、“流媒体技术的实现和系统构成”和“流媒体的发展和应用”四个小节。

本章第一节主要介绍流媒体和流媒体技术的基本定义，探讨了传统的多媒体和多媒体技术的特点，以及流媒体和流媒体技术与之的不同。同时讨论了传统的多媒体技术在实时传输时遇到的困难，阐述了流媒体技术产生的背景。

本章第二节主要介绍常见的几类流媒体文件格式，主要包括压缩格式、文件流格式和文件发布格式，介绍了每类格式的主要代表及每类格式的各自特点和应用。

本章第三节主要介绍流媒体技术的主要实现过程和流媒体系统的主要构成部分，并阐述了每一构成部分在整个流媒体系统中所其的作用及各自的主要职责。

本章第四节主要介绍流媒体技术的产生和发展历程，介绍了世界上最早的流媒体应用及其在我国的产生的发展，同时也介绍了流媒体在目前的主要应用方式，并阐述了各种应用方式的系统组成和具体应用流程及各自的特点。

1.1 什么是流媒体

计算机网络从产生到发展仅仅经历了大约半个世纪的时间，但是随着计算机网络技术和现代通信技术的不断发展进步，特别是互联网技术的普及应用，计算机网络已经逐步成为继平面媒体、广播媒体和电视媒体之后的第四大传播媒体。而且这种新型的媒体因其特有的高效性、交互性和覆盖的广泛性逐步进入到商业、金融、政府、传媒、医疗、科研和教育等社会生活的各个领域，与我们的生活息息相关。

随着网络媒体的发展，人们不再仅仅满足于通过网络传输简单信息和查阅文本资料，而是希望通过网络可以进一步获得具有音频、视频等内容的多媒体信息，于是流媒体（Stream Media）技术就应运而生了。

1.1.1 流媒体技术的产生

在讨论流媒体技术产生的问题前我们首先要了解一下网络传输内容的形态以及处理技术的发展历程。

1. 网络传输内容形态的发展

网络传输的内容是随着网络技术的不断发展而不断变化的，根据其传输内容的表现形式大体上可以分为三个阶段。

（1）文字阶段

在网络出现的早期，由于受到计算机网络技术和通信技术发展水平的制约，网络上所传输的内容主要是以文字的形式来表现，表现的形式相对单一，主要在专业领域内使用，网络的传输功能大于其作为媒体的信息传播功能。

（2）文字配合少量图片阶段

随着技术的发展，特别是一些计算机图形技术的产生，网络在传输文字的基础之上可以加入少量的图片，这样网络信息内容的表现形式提高了，一些个人网站开始出现，网络逐步从单一的信息传输工具开始向大众传媒方向发展。

（3）多媒体阶段

由于网络应用普及性的提高，人们不再仅仅满足于对信息的简单获得，而对信息的表现形式的要求日益提高，同时由于网络带宽的不断提高，通过网络传输具有音频和活动视频的多媒体信息成为可能，这就大大提高了网络媒体的信息表现能力，并且可以充分发挥网络媒体的各种优势，使网络媒体真正成为一种深入人心的大众传媒平台。

2. 多媒体技术

既然现代网络传输的内容主要是具有多种表现形式的多媒体信息，因此，我们首先要了解什么是多媒体技术及其特点。

（1）什么是多媒体

所谓“多媒体”（Multimedia），通俗地说就是将多种媒体，包括文本、图片、动画、视频和声音组合成的一种复合媒体。在我们日常生活中通过感官所获得的各种信息基本都是通过多媒体方式接收的，因此多媒体方式是人们最自然的信息交流方式。

在实际应用中我们并不关心什么是多媒体，我们要研究的是如何将多媒体信息进行相关的处理，包括获取、编辑、存储和传输等，所以多媒体的研究核心不是多媒体本身而是多媒体技术。所谓多媒体技术就是以计算机技术为核心，通过计算机系统综合处理各种媒体信息，主要包括文本、图形、图像和声音等，使多种信息建立内在逻辑联系，集合成为一个有机整体并具一定的交互性。简言之，多媒体技术就是具有集成性、实时性和交互性的计算机综合处理声文图信息的技术。

(2)多媒体技术的特性

根据多媒体技术的定义我们可以看出，它具有一些基本特性。

①集成性

多媒体信息在形式上是一种综合信息，多媒体技术是综合应用文本、图形、图像、声音和动画等各种媒体的技术。这种技术是建立在数字化处理的基础上的，因此主要是通过计算机来完成的，是一个利用计算机技术的应用来整合各种媒体的系统。其中媒体依其属性的不同可分成文本、音频及视频等。文本可分为文字和数字，音频可分为语音、音乐和音响，视频可分为静止图像、动画和动态影像等；其中应用的技术非常广泛，主要有计算机技术、超文本技术、数据储存技术及影像绘图处理技术等。因此我们可以说，多媒体技术在信息的类型上具有集成性，在使用的技术手段上也具有集成性。

②交互性

所谓交互就是使参与信息传播的各方都可以对信息进行编辑、控制和传递等。通过交互性，信息使用者不再是单纯的接收信息，而是对信息处理的全过程能进行完全有效的控制，并把结果综合地表现出来，而不是单一数据、文字、图形、图像或声音的处理。交互性向用户提供更加有效的控制和使用信息的手段和方法，同时也为应用开辟了更加广阔的领域。交互可做到自由地控制和干预信息的处理，增加对信息的注意力和理解，延长信息的保留时间。

③非线性

多媒体技术的非线性特点改变了人们传统顺序性获取信息的模式。以往人们处理信息方式大都采用章、节、页的框架，循序渐进地获取信息，而多媒体技术将借助超文本链接(Hyper Text Link)的方法，把信息内容以一种更灵活、更具变化的方式呈现给受众。同时也使信息容量摆脱了版面的束缚从而得到巨大的扩展。

④信息载体多样性

多媒体信息的传播载体有别于传统的信息处理方式，传统信息处理方式一般只具有单一的信息载体，例如平面媒体通过记录在纸张上的文字及图形来传递和保存信息，这种方式受限于纸张，无法将有关的影像及声音记录下来，所以读者往往需要再去翻阅其他方面的资料才能得到一系列完整的内容。多媒体信息可以以光盘、硬盘等数字存储设备为传输载体，也可以以网络平台为传输载体，不但使存储容量大增，而且提高了信息的获取、使用、保存、检索和再利用的方便性。

(3)多媒体传输

在网络中传输多媒体信息必须要了解多媒体信息的基本特征，主要有以下几方面：

①巨大的数据量

多媒体信息的内容非常多，特别是图像、音频和视频信息一般具有庞大的数据量。一幅640×480分辨率的24位真彩色图像的数据量约为900KB，一个100MB的硬盘只能存储约

100 幅静止图像画面；对于音频信号，激光唱盘（CD - DA）的采样频率为 44.1kHz，量化位数为 16 位的双通道立体声，100MB 硬盘仅能存储约 10 分钟录音；而 5 分钟标准质量的 PAL 制视频节目更需要 6.6GB 的存储空间。同时随着多媒体信息的质量的不同，数据量的差别也非常巨大。

②数据码率可变，突发性强

多媒体数据不同于普通数据流，其码率随内容的不同而不断变化，如音频内容中的停顿，视频内容中的物体运动的剧烈程度等都会引起数据流码率的变化，而且这种变化是不可预测的，具有较大的随机性。

③信息实时性和同步性高

多媒体信息是由多种信息类型组合起来的有机整体，这些信息都具有内在的关联性，因此在传输和处理时有较强的同步性，如一段影像，其中即包括音频也包括视频，两者分别存放在不同的数据库中，在使用和传输过程中要将它们分别调取再组合起来构成整体使用，两者必须保持同步，否则信息就不完整。因此多媒体信息在传输过程中具有较高的实时性和同步性。

3. 流媒体技术的产生

目前网络中的多媒体信息量越来越多，各种形式的网络音视频、三维动画等多媒体信息满足了人们的视听感官需求，但同时也面临着一种不可避免的尴尬。一方面，人们越来越欢迎宽带网络带来的更直观更丰富的新一代的媒体信息表现，希望能在网络上看到生动清晰的媒体演示，另一方面人们又不得不去面对视音频传输所需的大量时间。如果多媒体文件需要从服务器上下载后才能播放，一个时长仅 1 分钟的较小的视频文件，在 56kbps 的窄带网络上至少需要 30 分钟时间进行下载，采用 512kbps 的 ADSL 下载也至少需要 3 分钟，并且下载播放的方式也无法满足人们对在线欣赏现场直播的需求。这就大大限制了人们在网络上大量使用音频和视频信息进行交流。

为了解决这个矛盾，一种新的网络媒体传播技术应运而生，这就是"流媒体技术"（Stream-ing Media）。"流媒体"不同于传统的多媒体，它的主要特点就是运用可变带宽技术，以"视音频流"（Video - Audio Stream）的形式进行数字媒体的传送，使人们在从很低的带宽（14.4kbps）到较高的带宽（10Mbps）环境下都可以在线欣赏到连续不断的较高品质的音频和视频节目。

1.1.2 流媒体技术的定义

随着网络多媒体内容的增加，人们从网络中获取多媒体内容的方式主要有两种：一种是传统的通过将音视频文件下载到本地以后，再进行播放的方式。这种方式实现起来比较简单，通过传统的网络传播方式就可以获得信息，但这种方式也有它的弊病，主要体现在以下几个方面：

1. 下载速度

多媒体文件不同于普通的文本文件，它拥有巨大的数据量，当用户的接入网络的速度比较慢时，如使用普通的56Kb/s Modem下载很短的多媒体信息就需要等待较长的时间，无法实现实时的收听、收看，对于通过网络进行音视频直播，传统的网络多媒体传输形式是无法满足的。

2. 存储空间

传统的多媒体信息获取方式，必须要先下载再播放，需要本地提供相应的多媒体信息存储空间，多媒体内容的质量越高则数据量越大，要求的存储资源就越多。特别是随着终端设备的不断发展，大量的手持移动终端不断出现，这极大地提高了人们获取、利用信息的便捷性。但移动终端设备因其结构特点造成其不可能拥有巨大的数据存储空间。这就形成了矛盾。我们即希望看到高质量的影音内容，又不希望占用较多的系统资源。

3. 知识产权问题

传统方式中需要下载的过程，用户将多媒体信息下载后，可能使用这些信息进行再利用、再传播，使这些多媒体信息的制作者的知识产权受到损害。

为了克服传统网络传输方式的缺点，一种新型的网络多媒体传播方式，流媒体技术产生了。

所谓流媒体技术简单来说就是把连续的影像和声音信息经过压缩处理后放上网站服务器，让用户一边下载一边观看、收听，而不需要等整个压缩文件下载到自己本地设备后才可以观看、收听的网络传输技术。该技术先在用户端的计算机上创造一个缓冲区，在播放前预先下载一段资料作为缓冲，当网络实际连接速度小于播放所耗用资料的速度时，播放程序就会取用这一小段缓冲区内的资料，避免播放的中断，也使得播放品质得以维持。如果将文件传输看做是一次接水的过程，过去的传输方式就像是对用户做了一个规定，必须等到一桶水接满才能使用它，这个等待的时间要受到水流量大小和桶的大小的影响。而通过流媒体技术传输则是，打开水头龙，等待一小会儿，水就会源源不断地流出来，而且可以随接随用，因此，不管水流量的大小，也不管桶的大小，用户都可以随时用上水。（如图1－1）

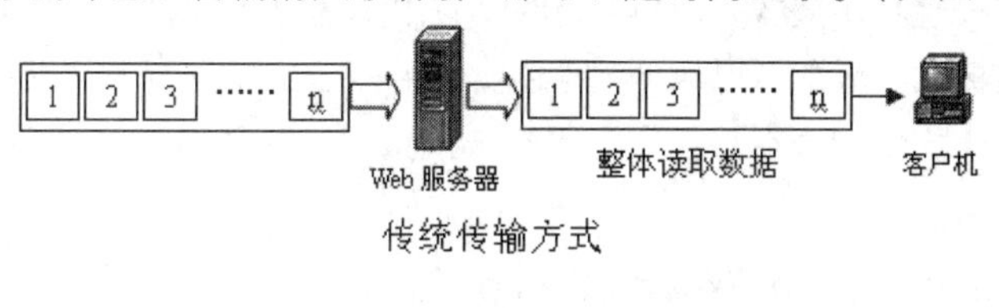

传统传输方式

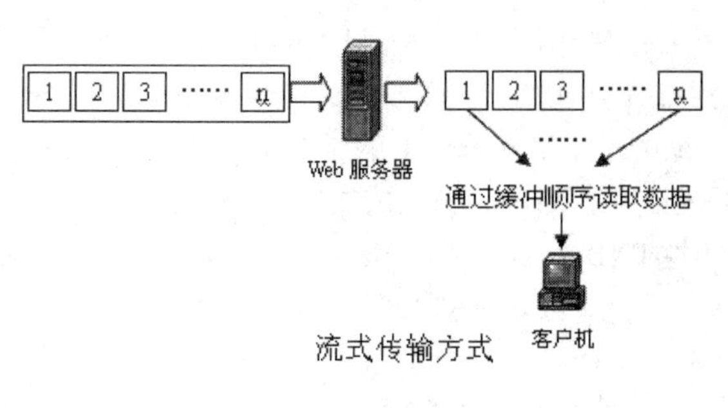

流式传输方式

图1－1

流媒体是流媒体技术的核心，那么什么是流媒体呢？所谓流媒体就是将普通的多媒体，如音频、视频、动画等，经过特殊编码，使其成为在网络中使用流式传输的连续时基媒体，适应在网络上边下载边播放的播放方式。通常压缩比比较高，文件体积比较小，播放效率较高，同时在编码时还要加入一些附加信息，如计时、压缩和版权信息等。

1.2 流媒体文件格式

流媒体文件是流媒体系统处理的主要内容，任何要发布的多媒体内容都要以文件的形式存储和传送，即便是直播方式也要经过压缩编码，按照一定的文件格式传送给用户；用户检索媒体文件往往并不是直接获取文件，而是经过一个中间文件（媒体发布文件）。根据这些媒体发布文件的不同用途，我们将它们分为媒体压缩格式、媒体流格式、媒体发布格式。

1.2.1 媒体压缩格式

普通的多媒体文件由于数据量比较大，不适合在网络中以流式播放，因此我们需要对其进行相应的压缩处理，提高播放效率。媒体压缩文件格式也简称为压缩格式，它和原来的媒体文件包含同样的媒体信息，只是改变了原来数据位的编排，目的是为了使文件被处理得更小。在压缩媒体文件再次成为媒体格式前，数据需要解压缩。压缩或者解压缩的过程都可以用软件或者硬件实现。各不同厂商都依据自己的相关标准制定了很多压缩标准，根据这些压缩标准产生了多种媒体压缩格式。

1. AVI（Audio Video Interleaved）

AVI 称为音频视频交错格式，它是由 Microsoft 公司开发的一种数字音频与视频文件格式，原先仅仅用于微软的视窗操作系统，现在已被大多数操作系统直接支持。AVI 格式允许视频和音频交错在一起同步播放，但 AVI 文件没有限定压缩标准，所以 AVI 文件格式不具有兼容性。不同压缩标准生成的 AVI 文件，就必须使用相应的解压缩算法才能将之播放出来。此外，AVI 文件体积过于庞大，不适合作为网络流式传播的文件格式，目前主要用于视频编组领域。

2. MPEG（Motion Picture Experts Group）

MPEG 称为运动影像专家组格式，包括 mpeg－1、mpeg－2 和 mpeg－4 等多种。

（1）mpeg－1 主要应用在 VCD 的制作和一些视频片段下载的网络应用，绝大部分的 VCD 都是用 mpeg1 格式压缩的。使用 mpeg－1 的压缩算法，可以把一部 120 分钟长的电影压缩到 1.2 GB 左右，可以达到普通 VHS 录像带的质量。

（2）mpeg－2 主要应用在 DVD 的制作、HDTV（高清电视）节目制作和高质量视频编辑等方面。使用 mpeg－2 的压缩算法可以将一部 120 分钟长的电影压缩到 4GB 到 8GB，而且图像质量相当优秀。

（3）mpeg－4 是网络视频图像压缩标准之一，特点是压缩比高、成像清晰，容量小，一张

DVD 碟,可以存贮十多部高清晰 mpeg-4 网络电影。此外播放 mpeg-4 编码文件,对机器的硬件要求也不高。

3. WMV(Windows Meida Video)和 WMA(Windows Meida Audio)

Microsoft 公司推出的视频格式文件和音频格式文件,希望用其取代 WAV、avi 之类的文件扩展名。WMV 的主要优点是可以支持本地或网络回放,具有可扩充的媒体类型、部件下载、可伸缩的媒体类型、流的优先级化、多语言支持、环境独立性、丰富的流间关系以及扩展性等。WMA 格式的音乐文件的特点是提供了比 MP3 音乐文件更大的压缩比,但音频质量没有降低。此外 WMA 格式的音乐文件,使用 Windows 中提供的媒体播放器就可以播放,具有较广的应用环境。

1.2.2 媒体文件流格式

媒体文件流格式是为了保证多媒体信息能够适应在网上边下载边播放的实时播放而经过特殊压缩编码而成的一种文件格式,它压缩的目的不仅是减少原始多媒体数据的数据量,而主要是提高多媒体数据在网络中的播放效率,因此在编码的同时还要添加时序、版权管理等附加信息。目前在媒体文件流格式领域主要有三大类,分别是微软格式、Real 格式和Apple格式。(如表 1-1)

表 1-1

公司	文件格式
Microsoft	ASF(Advanced Stream Format)
RealNetworks	rm/ra(Real Video/Real Audio)
	rp(realpix)
	rt(realtext)
Apple	MOV(Quick Time Movie)

1. 微软的 ASF 格式

微软公司的 ASF 格式(Advanced Stream Format)中文称为同步媒体的统一容器文件格式。它是一种数据格式,音频、视频、图像以及控制命令脚本等多媒体信息通过这种格式,以网络数据包的形式传输,实现流式多媒体内容发布。

ASF 格式最大优点就是体积小,适合网络传输,使用微软公司的媒体播放器可以直接播放该格式的文件。用户可以将图形、声音和动画数据组合成一个 ASF 格式的文件,当然也可以将其他格式的视频和音频转换为 ASF 格式,而且用户还可以通过声卡和视频捕获卡将诸如麦克风、录像机等外设的数据保存为 ASF 格式。另外,ASF 格式的视频中可以带有命令代码,用户指定在到达视频或音频的某个时间后触发某个事件或操作。

2. Real 格式

RealNetworks 公司发布的媒体文件流格式主要分为三类,即 ra/rm、rp 和 rt。

(1) ra/rm

RealNetwork 公司的流媒体产品，是目前网络上比较流行的流式媒体技术，许多 Internet 的音乐台、视频点播站点都采用该公司产品，其中流式音频格式是 *. ra 流式视频格式是 *. rm。

ra 格式虽然在流媒体音频格式中音质较差，可是文件也是最小的，因此特别适合低速网络用户在线欣赏，它可以根据用户的带宽来自动适应文件传输速率，从而可以保证用户得到流畅音频的情况下，尽可能的提高声音的质量。

rm 格式可以根据网络数据传输速率的不同制定了不同的压缩比率，从而实现在低速率的广域网上进行影像数据的实时传送和实时播放。

(2) rp

realpix 是 RealMeida 文件格式的一部分，允许直接将图片文件通过 Internet 流式传输到用户端。通过将其他媒体如音频、文本捆绑到图片上可以制作出为了各种目的用途的多媒体文件。

(3) rt

realtext 也是 RealMeida 文件格式的一部分，发布这种格式是为了让文本以直播流的方式发放到客户端。realtext 文件即可以是单独的文本也可以在文本的基础上加上媒体，何种形式完全由需要决定。realtext 文件是由标记性语言定义的，所以用简单的文本编辑器就可以编辑制作。

3. MOV

美国 Apple 公司开发的一种音视频文件格式，默认的播放器是苹果的 QuickTimePlayer。具有较高的压缩比率和较完美的视频清晰度等特点，其最大的特点是跨平台性，即不仅能支持 MacOS，同样也能支持 Windows 系统。

4. 其他媒体文件流格式

(1) Flash 的 swf 格式

swf 格式是 Macromedia 公司的流式动画格式，这种格式的动画图像体积较小、交互能力较强，能够用比较小的体积来表现丰富的多媒体形式。在图像的传输方面，它采用流式的方式，即不必等到文件全部下载就能观看，可以边下载边看，因此适合网络实时传输，特别是在传输速率较低的情况下，也能取得较好的收视效果。swf 格式已被大量应用于 Web 网页进行多媒体演示与交互性设计。此外，swf 动画是其于矢量技术制作的，因此不管将画面放大多少倍，画面不会因此而有任何损害，目前已成为网络动画的标准。

(2) Metastream 的. mts 格式

MetaCreations 公司的网上流式三维技术 MetaStream 实现 Internet 上流式三维网页的浏览，它是一种新兴的网上 3D 开放文件标准，主要用于创建、发布及浏览可以放缩的 3D 图形和开发电脑游戏。

(3) Authorware 的. aam 格式

Authorware 是制作多媒体演示和多媒体课件的优秀工具，这些演示或课件主要利用 Shockwave 技术和 Web Package 软件将 Authorware 生成的文件压缩为. aam 或. aas 流式文件格式播放;也可以用 Director 生成后,利用 Shockwave 技术改造为网上传输的流式多媒体内容。

1.2.3 媒体文件发布格式

媒体发布格式不是压缩格式,也不是传输协议,其本身并不描述具体的音视频数据,也不提供具体的编码方法。它只是可以将不同媒体内容集中在一起,按指定的任意顺序播放。Real 和 Microsoft 各自定义了自己的媒体发布格式。这种文件格式基本都可以用文本编辑器随意打开和修改,单个媒体发布格式包含不同类型媒体的所有信息,如计时、多个流同步、版权和所有人信息。实际音视频数据可位于多个文件中,而由媒体发布文件包含的信息控制流的播放。

1. ram 和 rpm

ram 和 rpm 文件是 realmeida 文件的索引文件,不包括任何媒体数据,它标注的是媒体数据存放的位置,它会告诉浏览器启动 realplayer 来查看该超链接,然后向服务器请求真正的媒体文件。它的产生可以自己手工编写,编写的内容即超链接的内容,也可以通过 realproducer 软件的 publish 功能自动发布生成。两者的主要区别在于,ram 文件中所链接的流文件只能在 realplayer 中播放,而 rpm 文件中所链接的流文件要通过嵌入式的 realplayer 播放。

2. asx

asx 文件是 Microsoft media 文件的索引文件,它是一个文本文件,主要目的是对流文件进行重定向,它将媒体内容集中在一起,并储存媒体内容的位置。当我们在网页选择一个 asx 文件时,浏览器会直接将 asx 中的媒体内容送给 Windows Media Player,Windows Media Player 会根据 asx 文件的信息用相应的协议去打开指定位置上的多媒体信息流或多媒体文件。

3. smil(synchronized multimedia integration language)

同步多媒体集成语言是由 w3c 指定的有关流媒体技术的语言。其作用是使 Web 上的多媒体应用保持同步,就像 html 在超链接文本中所起的作用一样。smil 是一种简单易用的标记性语言,是在 xml 基础上开发的,它的目的是通过编制一个时间序列表,对音视频,文本和图像文件出现的先后次序等作出安排,而不需要再去掌握相应的开发工具或是复杂的编程语言。该语言的具体情况我们将在后面的章节专门讨论。

1.3 流媒体技术的实现和系统构成

1.3.1 流媒体技术的实现

流媒体技术是一项综合性的网络传播技术,它包括网络通信、多媒体数据采集、多媒体数据压缩、多媒体数据存储、多媒体数据传输等多个方面。要将多媒体信息通过网络以流式传送给用户,需要对原始的多媒体信息进行制作、发布、传输、播放等多个步骤,主要有以下三个主要方面:

1. 多媒体信息处理

传统的多媒体数据的数据量非常庞大，不适合通过网络以流式方式传输，因此需要对多媒体数据进行相关的处理，主要从两个方面处理：首先，由于受到网络带宽的限制，通过网络传输的多媒体数据的数据量不能过大，这就要求使用压缩效率较高的压缩算法对多媒体数据进行高效压缩，使其在保证一定的质量的同时，可以通过网络进行连续不停顿的播放；其次，网络流式传输还对数据的实时性有较高的要求，因此在压缩编码的同时还加入相关的流式信息，如对于网络带宽的适应、对用户接入能力的适应等，这些工作都是由编码器完成的。

2. 适合的传输协议

一个实时音视频源或存储的音视频文件在传输中将被分解为多个数据包，而网络的状态是动态变化的，各个包选择的路由可能不相同，因此到达客户端的时延也就不同，甚至先发的数据包有可能后到。为此，需要使用缓存系统来消除时延和抖动的影响，以保证数据包顺序正确，从而使媒体数据能够连续输出。通常高速缓存所需容量并不大，因为通过丢弃已经播放的内容可以重新利用空出的空间来缓存后续尚未播放的内容。在流式传输的实现方案中，一般采用 HTTP/TCP 来传输控制信息，而用实时传输协议/用户数据报协议(RTP/UDP)来传输实时数据。

3. 用户端对流媒体的识别

多媒体信息经过前面步骤的处理变成可以通过网络实时传输的流媒体数据，再通过相应的传输协议传送到客户端，客户端一般通过浏览器来获得流媒体信息。通常流媒体使用 MIME 来识别各种不同的文件格式。(所谓 MIME 的英文全称是"Multipurpose Internet Email Extension"，它是一种多用途网际邮件扩充协议，在 1992 年最早应用于电子邮件系统，后来也应用到浏览器。)服务器会将它发送的多媒体数据的类型告诉浏览器，而通知手段就是说明该多媒体数据的 MIME 类型，从而让浏览器知道接收到的信息哪些是 MP3 文件，哪些是 Shockwave 文件等。服务器将 MIME 标志符放入传送的数据中来告诉浏览器使用哪种插件读取相关文件。所有浏览器都是基于 HTTP 协议的，HTTP 协议内建有 MIME，因此浏览器可以通过 HTTP 内建的 MIME 来识别各种流媒体文件格式。

1.3.2 流媒体系统的构成

一般而言，流媒体系统大致包括几个组件：编码工具(Encoder)，用于将普通的多媒体数据转换成适合在网络上传输的流媒体数据，如 RealProducer、Windows Media Encoder 等；服务器(Server)，管理并传送大量流媒体内容，如 RealServer、Windows Media Server 等；播放器(Player)，在用户端上呈现流媒体的内容，如 RealPlayer、Windows Media Player 等；另外还有许多不同的多媒体制作、合成工具，如 RealSlideShow、RealPresenter 等。因此一个完整的流媒体系统主要包括流服务应用软件、集中分布式视频系统、视频业务管理媒体发布系统、视频采集制作系统、媒体内容检索系统、数字版权管理(DRM)、媒体存储系统、客户端系统等重要组成部分。

1. 流服务应用软件

流服务应用软件是系统中的重要成分，其在最大的范围、多种连接速度的基础上提供性能最好的多媒体效果，并具有强有力的系统管理和可伸缩性能力，以及具有开放的、标准的、跨平台的架构。软件系统必须具有极高的压缩比和很好的传输能力，适合网络发布。服务器端软件应该具有强大的网络管理功能，支持多种媒体格式，支持最多的互联网用户与流媒体商业模式。

2. 集中分布式视频系统

面对越来越巨大的流式应用需求，系统必须拥有良好的可扩展性。随着业务的增加和用户的增多，系统可以灵活地增加现场直播流的数量，并通过增加带宽集群和接近最终用户端的外围流媒体服务器的数量，增加并发用户的数量，不断满足用户对系统的扩展要求。

3. 视频业务管理媒体发布系统

主要负责广播和点播的管理，节目管理，创建、发布及计费认证服务，提供定时按需录制、直播、传送节目的解决方案，管理用户访问及多服务器系统负载均衡调度服务。

4. 视频采集制作系统

主要负责利用媒体采集设备进行流媒体的制作与生成。它包括了多种的工具，从独立的视频、声音、图片、文字组合到制作丰富的流媒体，这些工具产生的流媒体文件可以存储为固定的格式，供发布服务器使用。视频采集制作系统可以实时向发布服务器提供各种视频流，提供实时的多媒体信息发布服务。

5. 媒体内容自动索引检索系统

主要负责对媒体源进行标记，捕捉音频和视频文件并建立索引，建立高分辨率媒体的低分辨率代理文件，从而可以用于检索、视频节目的审查、基于媒体片段的自动发布，形成一套强大的数字媒体管理发布应用系统。

6. 媒体数字版权加密系统(DRM)

由于通过网络传播的数字化信息的传播特点决定必须要有一种独特的技术，来加强保护这些数字化的音视频节目内容的版权，该技术就是数字权限管理技术 DRM(Digital Right Management)。它是一种在 Internet 上以安全方式进行媒体内容加密的端到端的解决方案，允许内容提供商在其发布的媒体或节目中指定的时间段、观看次数及其内容进行加密和保护。主要包括服务器鉴别、多媒体内容保护、访问权限控制等，是流媒体运营商保护内容和依靠内容盈利的技术保障。

7. 媒体存储系统

由于流媒体系统需要存储大量的影音资料，因此必须配备大容量的磁盘阵列，具有高性能的数据读写能力，访问共享数据，高速传输外界请求数据，并具有高度的可扩展性、兼容性，支持标准的接口。这种系统配置能满足上千小时的视频数据的存储，实现大量多媒体内容的海量存储。

8. 客户端系统

需要支持实时音频和视频直播和点播，可以通过播放器独立播放，也可以嵌入流行的浏览器中播放；可以播放多种流行的媒体格式，支持流媒体中的多种媒体形式，如文本、图片、网页、音频和视频等集成表现形式。在带宽充裕时，流式媒体播放器可以自动侦测视频服务器的连接状态，选用更适合的视频，以获得更好的效果。目前应用最多的播放器有 RealPlayer、Windows Media Player 和 QuickTime 等产品。

1.4 流媒体的发展和应用

1.4.1 流媒体的发展

1. 流媒体技术的起源

流媒体技术起源于窄带互联网时期，由于经济发展的需要，人们迫切渴求一种网络技术，以便进行远程信息沟通。从 1994 年一家叫做 Progressive Networks 的美国公司成立之初，流媒体开始正式在互联网上登场亮相。1995 年，他们推出了 c/s 架构的音频接收系统 Real Audio，并在随后的几年内引领了网络流式技术的潮流。1997 年 9 月，该公司更名为 RealNetworks，相继发布了多款应用广泛的流媒体播放器 Realplayer 系列，在其鼎盛时期，曾一度占据该领域超过 85% 的市场份额。RealNetworks 公司可以称得上是流媒体真正意义上的始祖。

随后，微软和苹果等都看到了流媒体的大好前景，其强大竞争攻势一方面令 RealNeworks 感到危机的存在，另一方面也无形中促进了流媒体的迅速发展，使得流媒体以惊人的发展速度深入人心。

早期的流媒体主要是在窄带互联网上应用，受带宽条件的制约，到 1999 年，人们在网上也才仅仅可以看到一个很小的视频播放窗口。2000 年下半年，随着全球范围内的互联网升温，宽带 IP 网不再是梦想，作为流媒体技术倡导者和发起者的美国 Real Networks、Microsoft、Apple 等公司几乎同时向世界宣布了他们最新的流媒体技术的宽带解决方案。在短短的时间里，流媒体技术有了飞跃性发展。

2. 流媒体技术在中国的发展

随着中国宽带网络建设的发展，为满足广大用户对多媒体内容的迫切需求，以简单图文为主的互联网内容形式逐渐向多媒体形式转变，流媒体这种实时传送多媒体内容的网络传播方式逐渐被人们所认识和广泛接受，其为新闻传播、广播电视、金融证券、教育科研及其他领域在网络上的广泛应用提供了广阔天地，使他们能够利用丰富的媒体形式为用户提供高质量的网络影音服务。

YunEr 是中国第一家面向全球进行服务的流媒体信息网，于 1999 年 6 月引入海外的流广播。它具有强烈的实效性和文化性，富有广泛影响的公众性和社会性以及深远的意义和作用。其定位于多维视听娱乐平台，依托其系列网站通过互联网、有线网、无线通讯网、卫星等多渠道的形式向全球用户提供一个集合多媒体信息内容的资讯平台，其中包含海内外影视和音乐等版权内容，网友 DIY 作品、传统媒体的节目直播、多种性质的大中小型活动的现场直播及 YunEr Live！的流广播节目等，同时为相关企事业单位提供流技术和节目设计制作的服务，让广大人们能无限领略到网络技术的深层次应用魅力。(如图 1-2)

图 1-2

此后许多电台、电视台都利用流媒体技术软件提供节目的网上直播或点播服务。普通用户也可以借助一定的软硬件设备进行网上视音频信息的发布。1999 年，上海通力公司采用 Realsystem G2 帮助中央电视台完成了 CCTV 春节联欢晚会在 Internet 上的实时直播。据中央电视台和北京电信的权威数据统计，大年三十(2 月 15 日)当天，共有 46.1 万人次访问过直播网站，有 12.4 万人次实际观看了晚会直播，另据统计，有 2/3 的访问者是海外华人观众。目前主流的媒体都拥有自己的网站，并通过流式的方式来传输各种内容。如中央电视台的央视国际网站 CCTV.com，成立于 1996 年 12 月，是我国最早发布中文信息的网站之一。经过几年的发展，目前已发展成以新闻及电视相关内容为主、以视频为特色的流式媒体专业站点。新闻内容每天随时更新，《新闻联播》、《现在播报》等主要新闻栏目与电视同步在网上进行直播，同时网站还配合重大宣传活动和国内外发生的重要新闻事件，进行深入全面、详实准确的网上报道。(如图 1-3)

图 1-3

目前，我国的流媒体技术虽然应用比较广泛，各主要媒体都有自己的直播和点播系统，但是没有形成自己完整的流媒体理论体系，所使用的系统平台也无一例外采用的都是国外公司核心技术，而且系统规模不大，重复建设较多，安全性也没有保证，很难大规模开展这方面的业务。随着网络宽带化的飞速发展，作为第四媒体的 Internet 必将超过另外三种媒体成为主流的信息交换平台，对流媒体业务平台安全性的认识需要上升到国家安全的高度来认识，独立自主开发安全可靠、具有自主知识产权的流媒体业务平台已经成为当务之急。

1.4.2 流媒体技术的应用

Internet 的发展和普及为流媒体业务发展提供了强大的动力，流媒体业务正变得日益流行。流媒体技术广泛用于新闻出版、证券、娱乐、电子商务、远程培训、视频会议、远程教育、远程医疗等互联网信息服务的方方面面，它的应用将为网络信息交流带来革命性的变化，流媒体技术改变了传统互联网的呆板形象，丰富了互联网的功能，成为一种有强大吸引力的新媒体。

1. 视频点播

随着计算机技术的发展，流媒体技术越来越广泛地应用于视频点播（VOD）。VOD（Video On Demand）是视频点播技术的简称，也称为交互式电视点播系统，意即根据用户的需要播放相应的视频节目，从根本上改变了用户过去收看电视交互性不足的弱点。通过 VOD，我们可以随时直接点播希望收看的内容，就像播放录像带或光盘一样。但又不需要购买录像带或者光盘，也不需要录像机或者 DVD 机，它通过流媒体网络将音视频节目按照个人的意愿送到广大用户。

（1）视频点播系统的构成

VOD 系统在功能上主要由三大部分构成，即服务器端系统、网络传输系统和客户端接收系统。（如图 1－4）

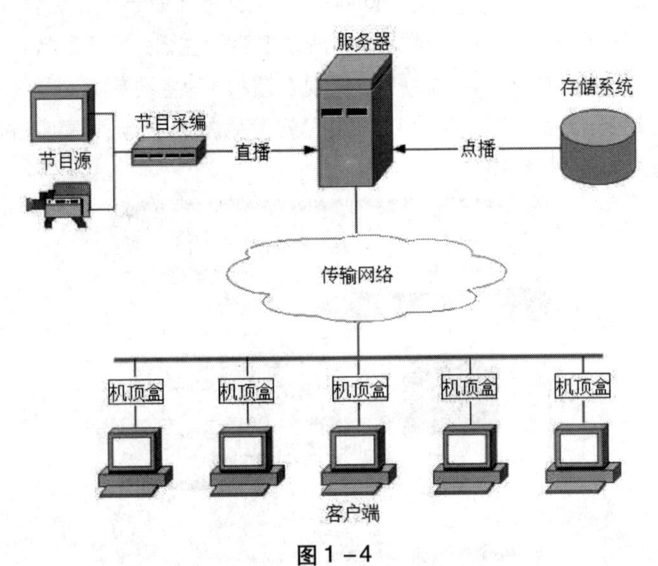

图 1－4

①服务器端系统

服务端系统主要由视频服务器、档案管理服务器、内部通讯子系统和网络接口组成。档案管理服务器主要承担用户信息管理、计费、影视材料的整理和安全保密等任务。内部通讯子系统主要完成服务器间信息的传递、后台影视材料和数据的交换。网络接口主要实现与外部网络的数据交换和提供用户访问的接口。视频服务器主要由存储设备、高速缓存和控制管理单元组成，其目标是实现对媒体数据的压缩和存储，以及按请求进行媒体信息的检索和传输。视频服务器与传统的数据服务器有许多显著的不同，需要增加许多专用的软硬件功能设备，以支持该业务的特殊需求。例如：媒体数据检索、信息流的实时传输以及信息的加密和解密等。对于交互式的 VOD 系统来说，服务端系统还需要实现对用户实时请求的处理、访问许可控制、VCR(Video Cassette Recorder)功能(如，快进、暂停、重绕等)的模拟。

②网络传输系统

网络传输系统包括主干网络和本地网络两部分。负责音视频信息流的实时传输，是影响连续媒体网络服务系统性能极为关键的部分。同时，媒体服务系统的网络部分投资巨大，故而在设计时不仅要考虑当前的媒体应用对高带宽的需求，而且还要考虑将来发展的需要和向后的兼容性。当前，可用于建立这种服务系统的网络物理介质主要是：CATV(有线电视)的同轴电缆、光纤和双绞线。而采用的网络技术主要是：快速以太网、FDDI 和 ATM 技术。

③客户端接收系统

用户通过使用相应的终端设备，与某种服务或服务提供者进行联系和互操作。在 VOD 系统中，需要电视机和机顶盒(Set－top Box)，在一些特殊系统中，可能还需要一台配有大容量硬盘的计算机以存储来自服务器的影音文件。客户端系统中，除了涉及相应的硬件设备，还需要配备相关的软件。

(2)视频点播系统的应用

VOD 系统现在广泛应用于计算机局域网、广域网、宽带综合接入网、有线电视网等，在许多领域都具有广阔的应用前景。

①影视歌曲点播

主要应用于卡拉 OK 歌厅、宾馆饭店、住宅小区、有线电视台等。如：在小区中小区住户可通过电视机机顶盒(setup－box)或 PC 登录 VOD 视频服务器，任意点播自己喜欢收看的电视及新闻节目。

②教育和培训

主要用于校进行远程教学、企业培训、医院病理分析和远程医疗等方面。如：教师备课时可通过微机终端方便及时的提取备课及教学资料。同时，课堂教学也可以为学生提供动态直观的演示，增强学生的记忆力和理解能力。

③多媒体信息发布

主要用于电子图书馆、政府企事业部分。如：企事业单位可通过 VOD 系统调用以往会议的视频资料，负责人也可通过系统发表讲话，系统会通过网络将信息实时的传送到下端各个部门，为企事业单位节省大量宝贵的时间。

④ 交互式多媒体展示

主要应用在机场、火车站、影剧院、展览馆、博物馆、商场等地，进行广告展示、信息公告等。

2. Internet 直播

随着宽带网的不断普及和流媒体技术的不断发展。用户能够在 Internet 上直接收看体育赛事、商贸展览等，厂商可以借助网上直播形式将自己的产品和活动传遍全世界。网络带宽问题的改善促进了 Internet 直播的发展，Internet 直播已经从实验阶段走向实用，并能够提供较满意的音视频效果。同时 Internet 直播技术在广电、电信门户网站中的应用能带来众多好处，世界著名的大型广播公司均有网络广播服务，其中 BBC、CNN、ABC 等均有很强的网络服务能力。通过国际互联网进行网上广播有它无与伦比的优势，将公关活动、产品讲座、展览会，通过网络直播推广到中国乃至全球，获取最大的投资回报。

(1) Internet 直播系统构成

Internet 直播系统主要由四部分构成，视频采集编码服务器、音视频广播服务器、直播管理服务器和客户端接收系统。

①视频采集编码服务器

用于无损采集各类模拟音视频节目，并实现音视频节目数字化压缩，如系统配置多块采集编码卡，就可实现多路音视频广播。

②音视频广播服务器

接收来自编码服务器送来的直播节目流，实现节目的单播、组播转发，满足大量用户的播放需求，对于大规模直播系统，系统支持多台广播服务器均衡使用。

③直播管理服务器

用于对音视频节目编码设置、录制播放时间表制定的管理，播出后的节目内容上载管理，多个直播编码器的选择控制管理，用户的权限管理等。

④客户端接收系统

通过相应的接入网络，与 Internet 连接，并预先安装相应的播放工具的客户机，主要用于对直播流的接收和解码播放。

(2) Internet 直播系统的应用

①实时信息发布

广播电视媒体和企事业单位可以利用网络直播系统，实时发布信息，并通过网络平台实时的获得用户的反馈信息，增强了信息发布者和信息使用者之间的实时互动。

②远程监控

随着城市化进程的加快，城市面积越来越大，城市管理的任务越来越重，再通过传统的人力监控是非常困难的。而面向 Internet 的交通信息监控平台和城市安全监控平台，可以实时监控整个城市的各种情况，对于城市突发事件可以做到及时有效的处理。

3. 远程教育

随着网络流媒体技术的不断提高，给远程教育带来了新的机遇。越来越多的远程教育网站开始采用流媒体作为主要的网络教学方式。在远程教学过程中，最基本的要求就是将信息从教师端传到远程的学生端，需要传送的信息可能是多元的，如视频、音频、文本、图片等。将这些信息从一端传送到另一端是实现远程教学需要解决的问题，在当前网络带宽的限制下，流式传输将是最佳选择。学生在家通过一台计算机、一条电话线、一个调制解调器就可以参加远程教学。教师也无需另外做准备，授课的方法基本与传统授课方法相同，只不过面对的是摄像头和计算机而已。

(1)远程教育系统的构成

远程教育系统主要由三部分组成，即远程教育平台、网络媒体直播系统和课件开发工具。

①远程教育平台

远程教育平台是整个远程教育系统的基础支撑平台，包括教育门户网站、教学管理系统、教务管理系统、教学资源管理系统和系统管理几部分。

教育门户网站：教育门户网站是整个远程教育系统的入口，功能包括新闻、通知、电子公告板、聊天室、信息发布等。

教学管理系统：是整个远程教育系统的教学中心，LMS 提供了教师教学和学生学习的平台，功能包括课件点播、授课直播、交互讨论、在线作业、在线考试、在线答疑、在线笔记等。

教务管理系统：是整个远程教育系统的业务管理中心。功能包括学生管理、教师管理、课程管理、排课管理、选课管理、层次管理、单位管理、基础参数维护等。

教学资源管理系统：是整个远程教育系统的资源管理中心，功能包括课件管理、素材管理、试题管理、资源检索、资源统计等。

系统管理：是整个远程教育系统的后台管理中心。功能包括权限管理、门户网站管理、分布式服务器管理、内容分发管理、基础参数维护、系统监控、日志管理等。

②网络媒体直播系统

网络媒体直播系统主要用于进行实时教学。系统能够实时采集主教室教师音视频信息和电子文档信息，压缩后以流媒体的方式在网络上同步进行直播。客户端使用 Web 浏览器就可以通过网络收看，系统还能够将授课过程自动录制成为标准课件。

③课件开发工具

课件开发工具是一套基于图形界面的完全可视化的工具软件，可以将各种素材组织成完整的教学课件。教师可以选择将制作好的课件导出到课件光盘，也可以通过网络发布到远端的课件服务器上。

(2)远程教育的优越性

随着时代的发展传统的远程教学模式的缺点逐步暴露出来，如教学模式单一，与学生的交互，特别是实时交互能力较差，缺乏高效率的课件制作工具等。而新兴的网络流媒体远程教学系统在这些方面有了长足的提高。

①提供丰富的教学模式

采用流式技术将再现传统教学中教师的讲解和对课程的说明场景，同时增加了黑板功能的 PowerPoint 讲稿，以及针对这些内容的索引标题区域，可以根据需要自由切换学习的课程章节。由于支持流式技术的多媒体文件不需要全部下载就能观看，点播延时大大缩短，不需要很大的缓冲区，对网络带宽的要求下降。流式技术采用较高效的压缩编码，提高了网络传输视频的质量，即使学员们在离教室很远的地方上课也有身临其境的感觉。

②提供良好的交互性

采用流式技术，把流式视频、音频加入答疑系统将提高它的完整性和交互能力。今天的流式技术将提供更多机会，使得远程教育节目在任何时间任何地点传播。

③提供方便的课件制作工具

采用流式技术制作课件的软件，大大节省了课件的编辑时间，使用这种软件只要连接上摄像头，就能直接把教师的授课内容传给学生，或者先录制好教师的授课内容，然后用该软件进行同步编辑，不需要写 HTML 网页和精心设计 SMIL 文件和用 Vbscript、Javascript 编程。这类软件操作简单，只需要进行几种网页框架选择，就可以选出自己希望设计的网页基本框架，使得教师能把大量精力用于课程的研究，从而提高课程的质量。

4. 视频会议

目前视频会议系统很多，这些系统基本上都支持 TCP/IP 协议，采用流媒体技术作为核心技术的系统并不多。虽然流媒体技术并不是视频会议的必须选择，但为视频会议的发展起了重要的推动作用。采用流媒体格式传送音视频文件，使用者不必等待整个影片传送完毕就可以实时、连续地观看，这样不但解决了观看前的等待问题，还达到了即时的效果。虽然在画面质量上有一些损失，但就一般的视频会议来讲，并不需要很高的图像质量。

视频会议是流媒体技术的一个商业用途，通过流媒体可以进行点对点的通信，最常见的就是可视电话。只要两端都有一台接入 Internet 的电脑和一个摄像头，在世界任何地点都可以进行音视频通信。此外，大型企业可以利用基于流媒体的视频会议系统来组织跨地区的会议和讨论。

(1)视频会议系统构成

视频会议系统主要包括视频会议终端、多点会议控制器(MCU)两部分。

①视频会议终端

主要的视频会议终端有三种类型，即桌面型、机顶盒型和会议室型。

桌面型：桌面型终端是强大的桌面型或者膝上型电脑与高质量的摄像机，ISDN 卡或网卡和视频会议软件的精巧组合。它能有效地使在办公桌旁的人或者正在旅行的人加入到你的会议中，与你进行面对面的交流。主要用于办公室里特殊的个人或者在外出差工作的人。

机顶盒型：机顶盒型终端以简洁著称，在一个单元内包含了所有的硬件和软件，放置于电视机上。安装简便，设备轻巧。开通视频会议只需要一台普通的电视机和一条 ISDN BRI 线或局域网连接。视频会议终端还可以加载一些外围设备例如文档投影仪和白板设备来增强功能。主要用于各部门之间的共享资源，适于各种规模的机构。

会议室型终端：会议室型终端几乎提供了任何视频会议所需的解决方案，一般集成在一个会议室。会议室型终端通常组合大量的附件，例如音频系统，附加摄像机，文档投影仪和 PC 协同文件通讯。双屏显示、丰富的通讯接口、图文流选择使终端成为高档的、综合性的产品。主要用于中、大型企业。

②多点会议控制器(MCU)

MCU 是视频会议系统的核心部分,只有采用 MCU 才能扩大视频会议系统的规模,使视频会议系统的效益发挥到最大。MCU 的功能分为三个部分:会议管理、MCU 级连与会议终端连接。

会议管理:MCU 可以同时进行多个会议活动,每个会议活动在逻辑上完全独立。MCU 中的会议管理功能负责对 MCU 上正在进行的全部会议活动进行监视和管理。MCU 中每一个会议活动均包含一个会议控制部分和通信处理部分。会议控制部分进行整个会议的通信控制、多点连接控制、级连控制和主席控制等。通信处理部分进行多点通信的数据处理,即按照会议控制的指令处理多个会议终端的通信数据。

MCU 级连:通常情况下,一个 MCU 只能连接一定数目的终端(4 - 32 个)。在视频会议规模较小时,一个 MCU 就可以完成需要的会议规模。但如果视频会议的规模较大,一个 MCU 就不可能完成相应的会议活动,而必须采用若干个 MCU 进行级连来扩大会议规模。在级连的情况下,MCU 将区分为主 MCU 和从 MCU。一个级连环境中只能有一个主 MCU,其他 MCU 均为从 MCU。从 MCU 只能同主 MCU 连接,构成一个星型连接结构。(如图 1 - 5)整个会议活动的全部控制均由主 MCU 完成,从 MCU 在主 MCU 的指挥下协助主 MCU 完成对其从属会议终端的控制。

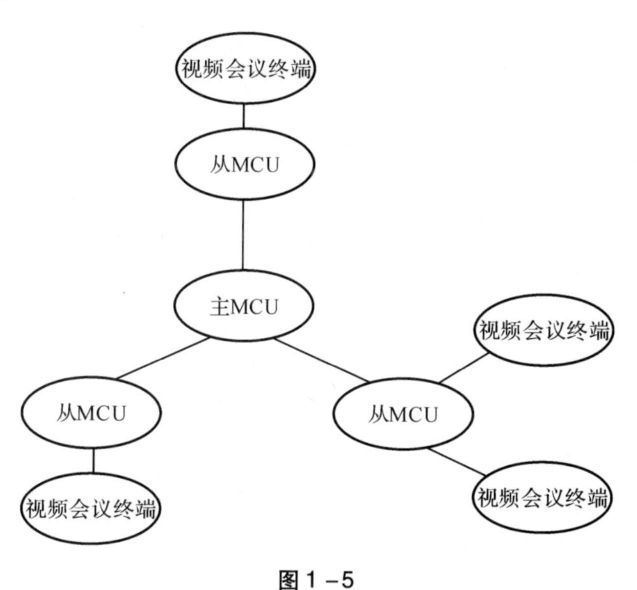

图 1 - 5

与会议终端连接:MCU 同每一个会议终端的连接并不独自占用一条物理线路,而是所有终端共享使用同一条物理线路,但使用不同的逻辑信道,从而完成通信。

(2)视频会议系统的优越性

①节约成本

可以极大地减少举行会议的交通、住宿等花费,充分利用资源,使关键人物、关键信息更容易接近和获得。

②交流畅通

人们可以更频繁的聚在一起，更有效的分享信息，更快地作出决策。

③提高效率

决策不仅会更快，而且有更多参与者的意见与赞同，无论主管人员在何时何地，都能在短时间内召集决策，可以高效地进行危机处理。

本章思考题

1. 请简述流媒体和流媒体技术的基本定义。
2. 请简述流媒体系统的主要构成。
3. 试举例说明流媒体技术的主要应用。

第二章

流媒体传输技术

CHAPTER 2

【内容提要】传统互联网的应用主要是传输文本或简单图形,传输数据量较小,对数据传输的实时性、同步性要求不高。但是通过流媒体技术所传输的对象主要是以音视频内容为主体的多媒体信息,传统的互联网传输协议无法保证这些数据的准确、迅速和实时传送,必须出现适合流媒体传输特点的新型网络传输协议才能保证流媒体技术在网络上的广泛应用。本章主要讨论几种主要的流媒体传输协议以及流媒体的传输方式和播放方式。包括"流媒体传输基础"、"流媒体传输协议"、"流媒体传输方式"和"流媒体播放技术"四个小节。

本章第一节主要讨论关于网络传输和流媒体传输的一些基本概念,包括"数据和信号"、"信道和带宽"、"信道容量和数据传输速率"等,以及 Internet 上如何控制传输服务质量,以确保信息数据的准确、实时传送。

本章第二节主要讨论几种主要的流媒体传输协议,包括流媒体传输协议的基本概念、工作原理、协议格式、工作特点和相关用途。

本章第三节主要讨论流媒体的基本传输方式,包括流媒体传输的基本原理和流媒体传输的基本特点。介绍了两种主要的流媒体传输方式,即"顺序流式传输"和"实时流式传输"。分别介绍了它们的特点和使用方位。

本章第四节主要讨论流媒体的播放技术,包括"单播和组播"、"点播和广播"等,分别介绍了它们概念和各自的优势和弱点以及系统的基本构成。特别介绍了流媒体传输中特有的"智能流"技术,介绍了智能流技术的基本概念、特点和主要的实现方式。

2.1 流媒体传输基础

2.1.1 Internet 传输的基本概念

1. 数据和信号

(1)数据

要进行信息处理,就需要将信息转换为我们可以感知的实体,数据就是指描述信息的数字、字母或符号。数据一般分为模拟数据和数字数据两种。

模拟数据是指由传感器采集得到的连续变化的值,如温度、压力以及目前在电话、无线电和电视广播中的声音和图像。

数字数据是指模拟数据经采集、量化、编码后所得到的离散的值,如在计算机中用二进制代码表示的字符、图形、音频与视频等数据。

(2)信号

信号是数据在传输过程中的表示形式,是带有信息的某种物理量,如电信号,光信号,声音信号等。信号是信息的表现形式,信息则是信号的具体内容。信息的传送一般都不是直接的,而必须借助于一定形式的信号才能传输和进行各种处理。一般分为有模拟信号和数字信号。模拟信号和数字信号之间是可以相互转换的。

2. 信道和带宽

(1)信道

信道是传输信号的通路,它以传输媒体和中继设施为基础,一条传输线路上可以存在多个信道。

按照其存在形式一般可分为有线信道和无线信道两类。

①有线信道是指传输媒介为双绞线、同轴电缆、光缆等一系列能够看得见的媒介。其特点是信号沿导线传输,能量相对集中在导线附近,具有较高的传输效率。有线信道是现代通信网中最常用的信道之一。

②无线信道是指传输媒介为自由空间,如短波电离层反射、超短波或微波视距中继、卫星中继等无线媒介。其特点是方便、灵活、通信者可移动,但信号相对分散,传输效率较低,安全性较差,没有有线信道的传输特性稳定和可靠。

信道按照其传输信号的类型还可以分为模拟信道和数字信道两类。

①模拟信道

模拟信道是指传输模拟信号的信道。其特点是信号在信道上传输一段距离之后,信号将会有所衰减,最终导致传输失真。因此,为了支持长距离的信号传输,模拟信道每隔一段距离,应当安装放大器,利用放大器使信道中的信号能量得到补充。传输媒体主要如电话线等。

②数字信道

数字信道是指传输数字信号的信道。其特点是对所有频率的信号都不衰减，或者都作同等比例的衰减。在长距离传输时，数字信号也会有所衰减，因此数字信道中常采用类似放大器功能的中继器来识别和还原数字信号。传输媒体主要如光纤等。

(2)带宽

我们平时经常提到的带宽的实际上包括两个概念，即信号带宽和信道带宽。信号带宽是指信号以电磁波形式传输，电磁波的频谱范围。而信道带宽是指信道上能够传送的最大频率范围。形象地讲，信道带宽相当于行车道的宽度，而信号带宽就是车辆的宽度，要使道路可以正常通行，车辆的宽度一定要小于行车道的宽度。因此，在通信过程中信号带宽必须小于信道带宽才能在信道上传送，否则信号会失真或无法传送。带宽的单位为 MHz。

3. 信道容量和数据传输速率

(1)信道容量是指信道在单位时间内可以传输的最大信号量，表示信道的传输能力。信道容量和信道带宽是不同的概念，信道容量是表示信道传输的最大能力，而信道带宽是表示信道可以传输的范围。

(2)数据传输速率

数据传输速率也称为数据传输率是指通信线上传输信息的速度。其有两种表示方法，即信号速率和调制速率。

①信号速率 S

信号速率是指单位时间内所传送的二制位代码的有效位数，以每秒多少比特数(bps)为单位。

②调制速率 B

调制速率是指脉冲信号经过调制后的传输速率，以波特(BAUD)为单位，通常用于表示调制器之间传输信号的速率。

信号速率 S 与调制速率 B 具有如下关系：

$$S = B \times \log_2 N$$

其中，N 为一个脉冲信号所表示的有效状态。在二进制中脉冲只有两种状态“0”或“1”，即 N=2，也就是说，信号速率 S 与调制速率 B 是一致的。

在通信过程中，信道容量应大于传输速率，否则高的传输速率得不到充分发挥利用。此外我们还要注意区别信道带宽和数据传输率，还是以车辆和道路之间的关系来进行形象的比喻，信道容量可比作道路上行车道的数量，即该道路上允许并行走几辆车，数据传输速率则可比作该道路交通流量或单位时间内该道路车辆的通过数量。

4. 差错校正和误码率

(1)差错校正

差错校正是指字符代码在传输、接收过程中，由于信道噪声或其他外界干扰，难免会发生错误，如何及时自动检测差错并进一步自动校正，是数字通信系统能够正常工作的重要保证。

(2) 误码率

误码率也称为差错率是指信息传输的错误率，是衡量数字通信系统可靠性的重要指标。它以接收信息中错误的比特数占总传输比特数的比例来度量，即误码率 Pe = 出错比特数/总传输比特数，通常应低于 10^{-6}。网络的误码率主要取决于信源至信宿之间的信道的质量，误码率越高表示信道的质量越差。

5. 宽带和窄带

宽带和窄带是我们经常涉及的基本概念，但其本身并没有一个准确的标准，一般是以网络接入的数据传输率来区分。低于 1Mbps 的连接速率我们通常称为窄带接入，而高于 1Mbps 我们称为宽带接入。有时我们也直观地将通过普通的 56Kbps 的 Modem 连接，即通过电话拨号上网称为窄带连接，而将通过 ADSL、ISDN 或 Cable Modem 连接称为宽带连接。

2.1.2 Internet 传输服务质量

Internet 在产生之初主要用来传输文本信息，因此其本身并不适合进行实时的多媒体数据的传输，主要面临以下的一些问题：

首先，多媒体信息具有庞大的数据量，一般多媒体数据的数据量是普通文本数据的几十、几百甚至上千倍，这就需要更宽的带宽；其次，多媒体数据通过网络传输要求有极高的实时性，这就要求传输数据时具有较小的延迟，因此需要建立完善的延时数据的丢弃、重发机制，防止出现因网络拥塞而造成多媒体信息播放的停顿或终止；第三，多媒体数据具有较强的数据突发性，因此网络传输中要建立合理的缓存机制，以应对数据突发，保证多媒体数据的正确传输和接收。网络带宽可以通过硬件设备的改善而提高，但单纯提高传输带宽不能完全解决后两个问题，这就需要通过改善网络传输服务质量来解决。

所谓服务质量（QoS）其英文全称为“Quality of Service”，是网络的一种安全机制，主要用来解决网络延迟和阻塞等问题的一种技术。在通常情况下，如果网络只用于特定的无时间限制的应用系统，并不需要 QoS，比如 Web 应用或 E－mail 应用等。但是对于多媒体应用就十分必要。当网络过载或拥塞时，QoS 能确保重要业务不受延迟或丢弃，同时保证网络的高效运行。一般包括两种类型，即尽力传送（best－effort）和实时传送（real－time）。

1. 尽力传送（best－effort）

best－effort 是一种单一的服务模型，也是最简单的服务模型。应用程序可以在任何时候，发出任意数量的报文，而且不需要事先获得批准，也不需要通知网络。对 best－effort 服务，网络尽最大的可能性来发送报文，但对时延、可靠性等性能不提供任何保证。best－effort 服务是现在 Internet 的缺省服务模型，它适用于绝大多数网络应用，如 FTP、EMAIL 等，它通过先入先出（FIFO）队列来实现。这种服务模型对所有的业务都无区别的等同对待，因此无法满足流媒体传输业务。

2. 实时传送（real－time）

real－time 是一种综合服务模型，它可以满足多种 QoS 需求。这种服务模型在发送报文前，需要向网络申请特定的服务。应用程序首先通知网络它自己的流量参数和需要的特定服务质量请求，包括带宽、时延等，应用程序一般在收到网络的确认信息，即确认网络已经为这个应用程序的报文预留了资源后，才开始发送报文。同时应用程序发出的报文应该控制在流量参数描述的范围以内。这种服务模型对于不同的业务给与不同的质量保证，按照业务的要求提供网络传输的资源，可以很好的处理多媒体数据在传输过程中产生的实时性和突发性的要求，因此适合于网络流媒体传输。

2.2 流媒体传输协议

大家对 Internet 是比较熟悉的，Internet 中的网页主要是通过 HTTP 或 FTP 等协议传输的，这些协议不适合多媒体数据在 Internet 上以流式传输。因此必须制定一些适合流式传输的特定协议才能更好的发挥流媒体的作用，保证传输质量。IETF(Internet 工程任务组)已经设计出几种支持流媒体传输的协议，主要有实时传输协议 RTP(Real - timeTransport Protocol)、实时传输控制协议 RTCP(Real - time Transport ControlProtocol)、实时流协议 RTSP(Real - time StreamingProtocol)等，下面我们就介绍几种主要的流媒体传输协议。

2.2.1 资源预留协议(RSVP)

资源预留协议 RSVP(Resource Reservation Protocol)，是施乐公司、麻省理工学院和加州大学共同研制的，1997 年被批准为 Internet 标准。其是非路由协议，与 IP 协议配合使用，属于 TCP/IP 协议栈中的传输层，RSVP 分组不携带任何应用数据，只是用来控制 IP 包的传输，它同路由协议协同工作，建立与路由协议计算出路由等价的动态访问列表，帮助数据接收方沿数据传输路径向支持该协议的路由器预留必要的网络资源，确保端到端的传输带宽，尽量减少实时流媒体通信中的传输延迟和数据到达时间间隔的抖动，使应用 Internet 传输数据流时能够获得特殊 QoS。其是一种用于互联网上质量整合服务的协议，通常 RSVP 请求将会引起每个节点数据路径上的资源预留。

1. RSVP 协议工作原理

RSVP 协议属于网络控制协议，在其工作中主要参与者是数据的收发端以及主机或路由器，发送端负责建立传输路径，即通知接收端有信息将发送，并提出服务质量要求；接收端要向主机或路由器发送通信的通知，以备接收数据；主机或路由器负责资源的预留。其具体步骤如图 2 - 1 所示。

(1)发送端依据传输带宽范围的高低、传输迟延以及抖动来说明发送业务。RSVP 从含有“业务类别(TSpec)”信息的发送端发送一个路径信息给接收端。每一个支持 RSVP 的路由器沿着下行路由建立一个“路径状态表”，其中包括路径信息里的源地址，即建立一条由发送端到接收端的传输路径。

(2)为了获得资源预留，接收端发送一个上行的 RESV(预留请求)消息。其中，不仅包括“业务类别”(TSpec)，还有“请求类别”(RSpec)，表明所要求的综合服务类型，一个“过滤器类别”，表征正在为分组预留资源（如传输协议和端口号）。RSpec 和过滤器类别合起来代表一个“流的描述符”，路由器就是依靠它来识别每一个预留资源的。

(3) 当每个支持 RSVP 的路由器沿着上行路径接收 RESV 的消息时，它采用输入控制过程证实请求，并且配置所需的资源。如果这个请求由于资源短缺或未通过认证得不到满足，路由器将向接收端返回一个错误消息。如果这个消息被接受，路由器就发送上行 RESV 到下一个路由器。

(4) 当最后一个路由器接收 RESV，同时接受请求的时候，它再发送一个证实消息给接收端。当发送端或接收端结束了一个 RSVP 会话时，将断开连接。

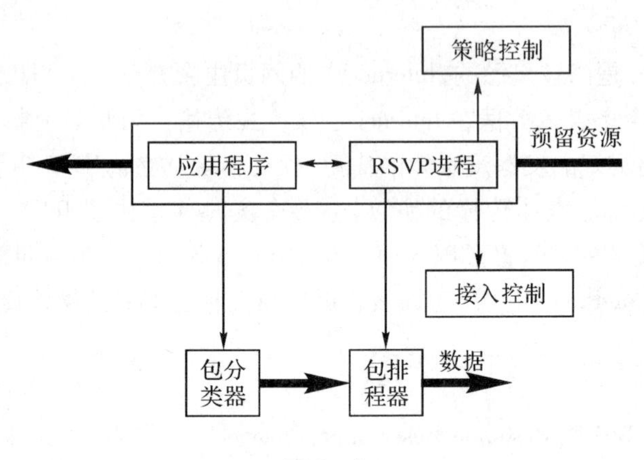

图 2－1

2. RSVP 资源预订类型

RSVP 支持两种主要资源预订：独占资源预订，主要有固定过滤类型；共享资源预订，主要有通配过滤类型和共享显式类型。独占资源预订为每个连接中每个相关发送者安装一个流；而共享资源预订由互不相关的发送者使用。

(1) 固定过滤类型

固定过滤类型指定显式范围的独占资源预订。对于这种资源预订，独占资源预订请求是数据包从特殊发送者处创建的。资源预订范围由发送者显式列表决定，对给定连接的总资源预订是所有请求发送者的固定过滤类型资源预订的总和。同一发送者的不同接收者请求的固定过滤类型资源预订必须合并为共享所给节点的单个资源预订。

(2) 通配过滤类型

通配过滤类型以通配符指定共享预订。这时资源预订可看作共享管道，其大小是所有接收者连接请求资源的最大值，与发送者数量无关。资源预订随发送者主机扩展，并随新发送者加入而自动扩展。

(3) 共享显式类型

共享显式类型以显式资源预订范围指定共享资源预订环境。和通配过滤类型一样，发送者设置由作出资源预订的接收者显式指定。

3. RSVP 包格式

RSVP 包由公共头和对象段组成。

(1)RSVP 公共头(如图 2-2)

4b	4b	8b	16b	16b	8b	8b	32b	1b	16b
Version	Flag	Type	Checknum	Length	Reserved	Send TTL	Messege ID	MF	Fragment offset

图 2-2

①版本号:4 位,表示协议版本号(当前版本为 1)。

②标志:4 位,当前没有定义标志段。

③类型:8 位,有几种可能值,1 表示路径, 2 表示资源预订请求,3 表示路径错误,表示资源预订请求错误,5 表示路径断开,6 表示资源预订断开,7 表示资源预订请求确认。

④校验和:16 位,表示基于 RSVP 消息的内容上标准 TCP/UDP 校验和。

⑤长度:16 位,表示 RSVP 包的字节长度,包括公共头和随后的可变长度对象。如设置了更多片段(MF)标志,或片段偏移为非零值,这就是较大消息当前片段长度。

⑥发送 TTL(Time to live,存活时间):8 位,表示消息发送的 IP 生存期。

⑦消息 ID(标识):32 位,提供下一 RSVP 跳/前一 RSVP 跳消息中所有片段共享标签。

⑧更多片段(MF)标志:一个字节的最低位,其他 7 位用于预订。除消息的最后一个片段外,都将设置 MF。

⑨片段偏移:24 位,表示消息中片段的字节偏移量。

(2)RSVP 对象段(如图 2-3)

16	8	8	Variable
Length	Class - num	C - Type	Object Contents

图 2-3

①长度:16 位,包含总对象长度,以字节计(必须是 4 的倍数,至少是 4)。

②分类号:表示对象类型,每个对象类型都有一个名称。RSVP 程序必须可识别分类,类型在表 14-04-5 列出。如没有识别出对象分类号,分类号高位决定节点采用什么行动。

③C-类型:在分类号中唯一。最大内容长度是 65528 个字节。分类号和 C-类型字段(与标志位一起)可用作定义每个对象唯一性的 16 位数。

④对象内容:长度、类型号和 C-类型段指定对象内容的形式。

4. RSVP 协议的特点

(1)RSVP 同时支持单址传送和多址传送中进行预留资源的申请,可以动态调节资源的分配以满足组播中组内成员的动态改变和路由状态改变的特殊需求。

(2)RSVP 比较简单,只为单向的数据流申请资源。

(3)RSVP 是面向接收端的,由数据流的接收端进行资源申请并负责维护该数据流所申请的资源。

(4) RSVP 在路由器和主机端维持“软”状态，解决了组群内成员的动态改变和路由的动态改变所带来的问题。

(5) RSVP 并不是一种路由协议，它依赖于目前或将来出现的路由协议。

(6) RSVP 本身并不处理流量控制和策略控制的参数，而仅把它们送往流量控制和策略控制模块。

(7) RSVP 提供多种资源预留的模式供选择以适应不同的应用需求。

(8) RSVP 具有良好的兼容性，对不支持它的路由器提供透明的操作，同时即 IPv4 也支持 IPv6。

2.2.2 实时传输协议(RTP)

实时传输协议 RTP(Real - time Transport Protocol)是用于 Internet 上针对多媒体数据流的一种传输协议。早在 20 世纪 70 年代人们就希望能够通过网络传输语音，因此产生了一系列相关的技术，如时戳、顺序编号等。这些技术被广泛应用到通过网络传输声音文件，一般是将数据包分成几部分用来传输语音。经过一系列发展，RTP 协议的第一版本在 1991 年 8 月由美国的一个实验室发布了。到 1996 年形成了标准的版本，很多著名的公司都支持该协议，如 Netscape 公司就宣布“Netscape Livemedia”基于 RTP 协议，此后 Microsoft 公司也宣布他们的“Netmeeting”也支持 RTP 协议。

RTP 协议被定义为传输音频、视频、模拟数据等实时数据的传输协议。最初设计是为了数据传输的多播，但是它也可用于单播。与传统的注重的高可靠的数据传输的传输层协议相比，它更加侧重数据传输的实时性。该协议提供的服务包括时间载量标识、数据序列、时戳、传输控制等。

1. RTP 协议的相关概念

(1) 时戳(Timestamping)

发送端在数据包中插入的一个即时时间标记，随时间的推移而增加。当数据包到达接收端后，接收端根据时戳重新建立原始音视频的时序，也可用于同步多个不同的数据流，帮助接收方确定数据到达时间的一致性。简要地说，时戳就是用来把接收到的语音和视频等多媒体数据按照正确的时间顺序提交给上层的。

对于语音来讲，时戳是按封包间隔和采样速率乘积而递增的。例如，如果封包时间是 20ms，而采样率是 8000Hz，则每一块的时戳递增是 160。

对于视频来说，时戳的生成依赖于应用程序是否能够分辨其帧数。如果能够分辩帧速率，则时戳可以使用一个固定的速率增加，例如对于 30f/s 的视频，时戳就每一帧增加 3000。如果一个帧被几个 RTP 包携带，则这些包应该有相同的时间戳。而如果应用程序不能够识别帧数或者采样是变化的，那么时戳就必须由系统时钟来获得。

(2) 顺序编号(Sequence Numbers)

RTP 协议通常使用 UDP 协议传输数据，但是 UDP 协议发送数据包时没有时间顺序，这就会造成数据包到达接收端时可能与发送端发出的数据包的顺序不同，为了对抵达接收端的数据包进行重排就需要的一种时间标记来进行标识。因此顺序编号主要是用来排序 RTP 分组，以消除重复分组，保持视频和音频流连续地播放。

(3)源标识(Source Identification)

帮助接收端利用发送端生成的唯一数值来区分多个同时的数据流，得到数据的发送源。

(4)载荷类型(Payload Type)

对传输的音视频等数据类型予以说明，并说明相关的编码方式，接收端从而知道如何解码和播放负载数据。

(5)混合器(Mixer)

将多个载荷数据组合起来产生一个发出的包，允许接收端确认当前数据的贡献源，具有相同的同步源标识符。

2. RTP 协议工作原理

多媒体数据传输中一个重要的问题就是不可预料数据到达时间。而流媒体的传输又需要数据的适时到达用以播放和回放。RTP 协议就是通过提供了时戳、顺序编号以及其他的结构用于控制适时数据的传输。

在流的概念中"时戳"是最重要的信息。发送端依照即时的采样在数据包里隐蔽的设置了时戳。在接收端收到数据包后，依照时戳按照正确的速率恢复成原始的适时的数据。但是 RTP 本身并不负责同步，RTP 只是传输层协议，为了简化了运输层处理，提高该层的效率。将部分运输层协议功能(比如流量控制)上移到应用层完成。同步就是属于应用层协议完成的。它没有运输层协议的完整功能，不提供任何机制来保证实时地传输数据，不支持资源预留，也不保证服务质量。RTP 报文甚至不包括长度和报文边界的描述。同时 RTP 协议的数据报文和控制报文的使用相邻的不同端口，这样大大提高了协议的灵活性和处理的简单性。

RTP 协议和 UDP 二者共同完成运输层协议功能。UDP 协议只是传输数据包，是不管数据包传输的时间顺序。RTP 的协议数据单元是用 UDP 分组来承载的。在承载 RTP 数据包的时候，有时候一帧数据被分割成几个包具有相同的时间标签，则可以知道时间标签并不是必须的。而 UDP 的多路复用让 RTP 协议利用支持显式的多点投递，可以满足多媒体会话的需求。

RTP 协议虽然是传输层协议，但是它没有作为 OSI 体系结构中单独的一层来实现。RTP 协议通常根据一个具体的应用来提供服务，RTP 只提供协议框架，开发者可以根据应用的具体要求对协议进行充分的扩展。目前，RTP 的设计和研究主要是用来满足多用户的多媒体会议的需要，另外它也适用于连续数据的存储，交互式分布仿真和一些控制、测量的应用中。

3. RTP 分组格式

RTP 协议负责对流媒体数据进行封包并实现实时传输，每一个 RTP 数据分组都由头部和负载两个部分组成，其中头部前 12 个字节的含义是固定的，而负载则可以是音频或者视频数据。下面我们就讨论一下 RTP 数据分组的头部格式。(如图 2-4)

1	2	3	8	9	16bit
V	P	X	CSRC Count	M	Payload Type
Sequence number				Timestamp	
SSRC				CSRC	

图2-4

· V 版本号:2 位,表示 RTP 协议的版本号,通信双方的版本要相同。

· P 间隙:1 位,设置时表示数据分组包含一个或多个附加间隙位组,其不属于有效载荷。

· X 扩展位:1 位,设置时表示在固定头后面,根据指定格式设置一个扩展头。

· CSRC Count:4 位,表示 CSRC 标识符在固定头后的数量。

· M 标记:1 位,标记的解释由 Profile 文件定义,允许重要事件如帧边界在数据包流中进行标记。

· Payload Type 负载类型:7 位,表示 RTP 分组中有效负载的格式。RTP 可支持 128 种不同的有效载荷类型。对于声音流,这个域用来表示声音使用的编码类型,例如 PCM 等。对于视频流,有效载荷类型可以用来表示视频编码的类型,例如 MPEG-1,MPEG-2 等。如果发送端在会话或者广播的中途决定改变编码方法,发送端可通过这个域来通知接收端。

(1) RTP 所能支持的声音有效载荷类型(如表 2-1)

表2-1

有效载荷号	声音类型	采样率(kHz)	数据率(kb/s)
0	PCM mu-law	8	64
1	1016	8	4.8
2	G.721	8	32
3	GSM	8	32
6	DVI	16	64
7	LPC	8	2.4
9	G.722	8	48~64
14	MPEG Audio	90	-
15	G.728	8	16

(2) RTP 所能支持的视频有效载荷类型(如表 2-2)

表2-2

有效载荷号	电视格式
26	Motion JPEG
28	-
31	H.261
32	MPEG-1 video
33	MPEG-2 video

· Sequence number 顺序编号:16 位。每发送一个 RTP 数据包,顺序号就加 1,接收端可以用它来检查数据包是否有丢失以及按顺序号处理数据包。

· Timestamp 时戳::32 位,表示 RTP 数据包中第一个字节的采样时间。接收端利用时戳来去除由网络引起的数据包的抖动,并且在接收端为播放提供同步功能。

· SSRC 同步源标识:32 位,表示 RTP 数据包流的来源, RTP 会话的每个数据包流都有一个清楚的 SSRC。

· CSRC 贡献源标识:32 位,确认多个包中的同步源。

4. RTP 协议的特点

(1)RTP 协议具有很大的灵活性

RTP 协议不具备传输层协议的完整功能,其本身也不提供任何机制来保证实时地传输数据,不支持资源预留,也不保证服务质量。RTP 分组不包括长度和分组边界的描述,而是依靠下层协议提供长度标识和长度限制。RTP 协议将部分传输层协议功能上移到应用层完成,从而简化了传输层处理,提高了效率。

(2)数据流和控制流分离

RTP 协议的数据分组和控制分组使用相邻的不同端口,这样大大提高了协议的灵活性和处理的简便性。

(3)RTP 协议具有很大的扩展性和适用性

RTP 协议通常为一个具体的应用来提供服务,通过一个具体的应用进程来实现,而不作为 OSI 体系结构中单独的一层来实现,RTP 只提供协议框架,使用者可以根据具体要求对协议进行充分的扩展。

RTP 协议本身包括两部分:RTP 数据传输协议和 RTCP 传输控制协议。为了可靠、高效地传送实时数据,RTP 和 RTCP 必须配合使用,通常 RTCP 包的数量占所有传输量的 5%。RTCP 协议作为 RTP 协议的一个重要的控制补充协议,以它的反馈机制实现对流媒体服务的 QoS 控制,配合传输层协议,保证了流媒体的实时性特征,满足了在 IP 网上对 QoS 的需求。下面我们就来讨论 RTCP 协议。

2.2.3 实时传输控制协议(RTCP)

RTCP 协议是 RTP 协议的姊妹协议,是一个控制协议,其与 RTP 协议共同合作,为顺序传输数据包提供可靠的传送机制,并对网络流量和阻塞进行相关控制。

1. RTCP 协议的工作原理

由于 RTP 协议本身只保证实时数据的传输,并不能为按顺序传送数据包提供可靠的传送机制,也不提供流量控制或拥塞控制,它依靠 RTCP 提供这些服务。RTCP 协议负责管理传输质量在当前应用进程之间交换控制信息。在 RTP 会话期间,每个参与者周期性地彼此发送 RTCP 控制包,包中封装了已发送的数据包的数量、丢失的数据包的数量、包抖动等发送端或接收端的统计信息。发送端可以根据这些信息改变发送速率,接收端则可以判断包丢失等问题出在哪个网络段,甚至服务器可以改变有效载荷类型(如图 2-5)。总的来说,

RTCP 在流媒体传输中主要有四个功能。

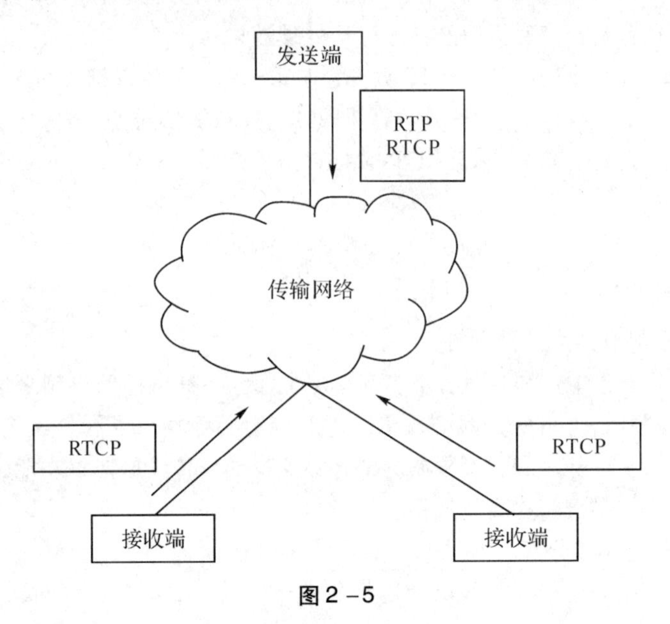

图 2－5

(1) 为数据传输的质量提供反馈，并提供 QoS 的检测

所有的接收方把它最近的接收情况报告给所有发送者，这些信息包括所接收到数据包的最大顺序号、丢失的包数、乱序包的数量以及用于估计传输时延的时间戳的信息。而这些信息反映了当前的网络状况，发送方在接收到这些信息后自动地调整它们的发送速率。

(2) 提供不同媒体间的同步

RTCP 的一个关键作用就是能让接收方同步多个 RTP 流，例如：当音频与视频一起传输的时候，由于编码的不同，RTP 使用两个流分别进行传输，这样两个流的时间戳以不同的速率运行，接收方必须同步两个流，以保证声音与影像的一致。为能进行流同步，RTCP 要求发送方给每个传送一个唯一的标识数据源的规范名，尽管由一个数据源发出的不同的流具有不同的同步源标识，但具有相同的规范名，这样接收方就知道哪些流是有关联的。

(3) 在会话的用户界面上显示会话参与者的标识

RTP 报文中提供了 SSRC 字段来进行源标识，但是还需要进一步的会话参与者的描述，为此 RTCP 的源描述数据包中包含会话参与者的全球统一标识符，提供了会话参与者的详尽描述，包括姓名、住址、E－mail 等，主要是为电视会议提供更好的支持。

(4) 调节信息的缩放

RTCP 数据包在多个会话参与者之间周期性的发送，参与者数量增加时，需要得到最新的控制信息和限制控制通信之间的调节，RTCP 必须防止调节通信量占用全部网络资源。

2. RTCP 分组格式

RTCP 数据包是控制包，由固定头和可变长结构元素组成，以一个 32 位边界结束。RTCP 包可堆叠，不需要插入任何分隔符可将多个 RTCP 包连接起来形成一个 RTCP 组合包，以低层协议用单一包发送出去。由于需要低层协议提供提供整体长度来决定组合包的结尾，在组合包中没有单个 RTCP 包显式计数。（如图 2－6）

2	3	8	16bit
Version	P	RC	Packet type
Length			

图 2－6

· Version — 识别 RTCP 版本。RTP 数据包中的该值与 RTCP 数据包中的一样。当前规定值为 2。

· P — 间隙（Padding）。

· RC — 接收方报告计数。接收方报告块的编号包含在该数据包中。

· Packet Type — 包括常量 200，识别一个 RTCP SR 数据包。

· Length — RTCP 数据包的大小，包含固定头和任意间隙。

在 RTCP 通信控制中，RTCP 协议的功能是通过不同的 RTCP 数据报来实现的，主要有以下几种类型：

第一，SR：发送端报告，发送端是指发出 RTP 数据报的应用程序或者终端，发送端同时也可以是接收端。

第二，RR：接收端报告，接收端是指仅接收但不发送 RTP 数据报的应用程序或者终端。

第三，SDES：源描述，主要功能是作为会话成员有关标识信息的载体，如用户名、邮件地址、电话号码等，此外还具有向会话成员传达会话控制信息的功能。

第四，BYE：通知离开，主要功能是指示某一个或者几个源不再有效，即通知会话中的其他成员自己将退出会话。

第五，APP：由应用程序自己定义，解决了 RTCP 的扩展性问题，并且为协议的实现者提供了很大的灵活性。

2.2.4　实时流协议（RTSP）

实时流协议（RTSP），全称为 Real－Time Streaming Protocol，其定义了如何有效地通过 IP 网络传送多媒体数据，是一种客户端到服务器端的多媒体描述协议。

RTSP 是一个非常类似于 HTTP 的应用层协议，每个发布和媒体文件都被定义为 RTSP URL。媒体文件的发布信息被写成媒体发布文件，在这个文件中包括编码器、语言、RTSP URL、地址、端口号以及其他相关参数。这个媒体发布文件可以在客户端通过 Web 网页形式获得。

RTSP 协议是由 RealNetworks 公司和 Netscape 公司以及哥伦比亚大学共同研制的。它是从 RealNetworks 的"RealAudio"和 Netscape 的"LiveMedia"的实践和经验发展而来的。第一份 RTSP 协议是由 IETF 在 1996 年 8 月 9 日正式提交，1998 年 4 月成为 Internet 的正式标准，此后该协议又经过了很多明显的变化，现在已被广泛应用，APPLE、IBM、Netscape、Silicon Graphics、Vxtreme、Sun 等公司都宣布它们的在线播放器支持 RTSP 协议，不过 Microsoft 公司一直都不支持此协议。

1. RTSP 协议的工作原理

RTSP 协议是在服务器和客户端建立和控制音视频流的协议，在服务器与客户端之间扮演着远程遥控器的角色，或者说就是通过客户端对服务器上的音视频流作播放、录制等操作的请求。RTSP 协议与我们前面提到的 RTP 协议、RSVP 协议不同，它是一个应用层协议，要与诸 RTP 协议、RSVP 协议等更低层的协议一起，提供基于 Internet 的整套流式传输服务。

(1) RTSP 协议的功能

①通过媒体服务器检索媒体。

从服务器上取得多媒体数据，要求服务器建立会话并传输被请求的数据。用户可通过 HTTP 或其他方法提交演示描述，如果演示是组播，演示就包含用于连续媒体的组播地址和端口。如果演示仅通过单播发送给用户，用户为了安全应提供目的地址。

②媒体服务器邀请进入会议。

要求服务器加入会话，并回放或录制媒体。媒体服务器可被邀请参加正进行的会议，并回放媒体，或记录其中全部或部分。这种模式在分布式教育应用上很有用，会议中几方可轮流按远程控制按钮。

③将媒体加到现成讲座中。

向已经存在的表达中加入媒体，任何附加的媒体变为可用时，客户端和服务器之间要互相通报。如服务器告诉用户可获得附加媒体内容，对现场讲座显得尤其有用。与 HTTP/1.1 中类似，RTSP 请求可由代理、通道与缓存处理。

(2) RTSP 协议的实现

RTSP 协议在流媒体传输过程中，为通信双方建立连接，但不具备任何智能，因此不能很好地应付难以预料的网络状态。因此，必须在它原有功能的基础上进行改进。其具体的实现有以下几个步骤。（如图 2－7）

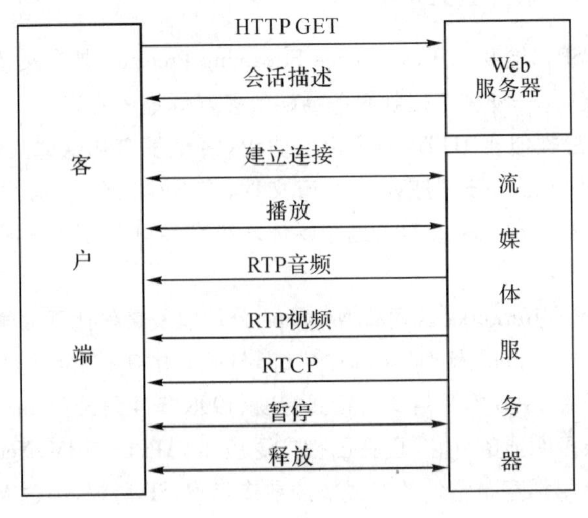

图 2－7

①初始化

在建立连接之前，客户端应向服务器提出测试请求，即要求服务器向客户端发送相应的测试数据包。初始化的目的，是为了获取客户端和服务器之间的一些网络参数，估测基本网络状况，并以此选择相应的网络传输协议，使客户端获得最佳观看效果。接到初始化请求之后，服务器将根据自身情况进行测试：①利用同客户端建立的 RTSP 通道，采用 TCP 协议，下发测试数据包。② 采用 UDP 协议，向客户端下发测试数据包。

②TCP 传输

在 TCP 测试中，客户端反馈良好，丢包率在可承受范围之内，并且在规定时间内到达，就认为客户端同服务器之间的网络状况良好，可以发送数据。由于 TCP 协议其自身具有重传机制因而没有丢包，网络状况又属于良好，因此客户端将有较高的视听享受。

③UDP 传输

在 TCP 测试中，客户端的反馈存在比较大的问题，网络情况不理想，就应该考虑进行 UDP 测试。采用 UDP 协议下发测试包。采取的策略是每间隔 2 秒钟，下发一个 1500 字节的 UDP 数据包。当丢包率处于一定范围（75% ~85%）之内，就认为客户端的网络状况基本良好，可以下发高码率的电影文件；否则，认为测试不成功，由于网络状况的限制，仅对客户端下发低码率的电影文件。

在基于 UDP 协议的播放过程中，可能会出现轻微的马赛克，这是完全可以接受的。这些马赛克出现的主要原因是：

第一，不可靠连接造成的网络丢包，为客户端被动丢包。

第二，高质量文件（DVD - >MP4）的高数据量，使得客户端解码线程和显示线程出现拥塞，从而出现客户端主动丢包。

但从整体而言，UDP 传输消耗的带宽，要比 TCP 小许多。在一般的视频点播要求下，使用基于 UDP 的传输，完全可以满足要求。

④传输反馈

在服务器收到客户端的 RTSP 回传信息后，需要对其进行判断。如果客户端的丢包率、解码率等指标在一定限度之下，就认为目前传送的视频文件可令客户端获得最大程度的音视频享受；否则，考虑改为传输更低码率的视频文件或放弃这次 RTSP 会话，以避免更大范围的拥塞。

通过以上的步骤基于 RTSP 协议的流式传输可以满足视频点播的基本要求，避免了服务器多媒体文件下发的盲目性，同时使客户端应用效果最好。

2. RTSP 协议的结构

RTSP 是一种文本协议，采用 UTF - 8 编码中的 ISO 10646 字符集。其头字段概述如下。（见表 2 - 3）

表 2 - 3

Header	Type	Support	Methods
Accept	R	opt.	entity
Accept - Encoding	R	opt.	entity

Header	Type	Support	Methods
Accept – Language	R	opt.	all
Allow	R	opt.	all
Authorization	R	opt.	all
Bandwidth	R	opt.	all
Blocksize	R	opt.	All but OPTIONS, TEARDOWN
Cache – Control	G	opt.	SETUP
Conference	R	opt.	SETUP
Connection	G	req.	all
Content – Base	E	opt.	entity
Content – Encoding	E	req.	SET_PARAMETER
Content – Encoding	E	req.	DESCRIBE, ANNOUNCE
Content – Language	E	req.	DESCRIBE, ANNOUNCE
Content – Length	E	req.	SET_PARAMETER, ANNOUNCE
Content – Length	E	req.	entity
Content – Location	E	opt.	entity
Content – Type	E	req.	SET_PARAMETER, ANNOUNCE
Content – Type	R	req.	entity
CSeq	G	req.	all
Date	G	opt.	all
Expires	E	opt.	DESCRIBE, ANNOUNCE
From	R	opt.	all
If – Modified – Since	R	opt.	DESCRIBE, SETUP
Last – Modified	E	opt.	entity
Proxy – Authenticate			
Proxy – Require	R	req.	all
Public	R	opt.	all
Range	R	opt.	PLAY, PAUSE, RECORD
Range	R	opt.	PLAY, PAUSE, RECORD
Referer	R	opt.	all
Require	R	req.	all
Retry – After	R	opt.	all
RTP – Info	R	req.	PLAY
Scale	Rr	opt.	PLAY, RECORD
Session	Rr	req.	All but SETUP, OPTIONS

Header	Type	Support	Methods
Server	R	opt.	all
Speed	Rr	opt.	PLAY
Transport	Rr	req.	SETUP
Unsupported	R	req.	all
User – Agent	R	opt.	all
Via	G	opt.	all
WWW – Authenticate	R	opt.	all

说明：

类型“g”表示请求和响应中的通用请求头；类型“R”表示请求头；类型“r”表示响应头；类型“e”表示实体头字段。在“support”支持一栏中标有“req.”的字段必须由接收者以特殊的方法实现；标有“opt.”的字段是可选的。而且不是所有的“req.”字段在该类型的每个请求中都会被发送。“req.”只表示客户机（支持响应头）和服务器（支持请求头）必须执行该字段。最后一栏列出了关于头字段产生作用的方法；其中“entity”针对于返回一个信息主体的所有方法。

RTSP 协议定义的方法一共有 11 种。

（1）OPTION

“OPTION”方法用于让服务器和客户端了解可接受的方法，客户端询问服务器有哪些方法可用，服务器回应信息中包括提供的所有可用方法。OPTIONS 请求可能在任何时候发出，它不影响服务器状态。

（2）DESCRIBE

“DESCRIBE”方法从服务器检索表示的描述或媒体对象，这些资源通过请求统一资源定位符识别，服务器端用被请求资源的描述对客户端作出响应。“DESCRIBE”的答复——响应对组成了 RTSP 协议的初始化阶段。

（3）ANNOUNCE

“ANNOUNCE”方法根据其收发的方向主要有两个用途：

①当客户端向服务器发送时，ANNOUNCE 将通过请求 URL 识别的表示描述或者媒体对象提交给服务器。

②当服务器向客户端发送时，ANNOUNCE 实时更新会话描述。

（4）SETUP

“SETUP”请求为 URI 指定流式媒体的传输机制。客户端能够发出一个 SETUP 请求为正在播放的媒体流改变传输参数，服务器可以同意这些参数的改变，也可以不同意，如果不同意，必须作出错误响应。SETUP 包括了所有传输初始化信息，用于申请资源和建立会话。

（5）PLAY

“PLAY”方法用于告知服务器通过 SETUP 中指定的机制开始发送数据。在尚未收到 SETUP 请求的成功应答之前，客户端不可以发出 PLAY 请求。PLAY 请求将正常播放时间定位到指定范围的起始处，并且传输数据流直到播放范围结束。服务器必须将 PLAY 请求放到队列中有序执行，后一个 PLAY 请求需要等待前一个 PLAY 请求完成才能得到执行。

(6) PAUSE

"PAUSE"请求引起媒体流传输的暂时中断。如果请求 URL 中指定了具体的媒体流，那么只有该媒体流的播放和记录被暂停。比如，指定暂停音频，播放将会无声。如果请求 URL 指定了一个表示或者媒体流已成组，那么在该表示或组中的所有当前活动流的传输将被暂停。在重启播放或记录后，必须维护不同媒体轨迹的同步。

(7) TEARDOWN

"TEARDOWN"请求终止了给定 URI 的媒体流传输，并释放了与该媒体流相关的所有被占用资源。

(8) GET PARAMETER

"GET PARAMETER"请求检索 URI 指定的表示或媒体流的参数值。不带实体主体的 GET PARAMETER 可用来测试客户端或服务器是否存活。

(9) SET PARAMETER

"SET PARAMETER"方法给 URI 指定的表示或媒体流设置参数值，帮助客户端检查某个特殊的请求为何失败。请求一般只附带一个参数，当请求附带多个参数时，服务器只有在这些参数全都设置正确时才作出响应。

(10) REDIRECT

"REDIRECT"请求告知客户端连接到另一个服务器位置。它包含首部域 Location，该域指出了客户端应该发出请求的 URL。它可能包含参数 Range，在重定向生效时，该域指明了媒体流的范围。如果客户端希望继续发送或接收其 URI 指定的媒体，它必须发出一个 TEARDOWN 请求来关闭当前会话，并向委派的主机发送 SETUP 以建立新的会话。

(11) RECORD

"RECORD"方法根据表示描述开始记录媒体数据。时戳表现了起始和结束时间。如果没有给定时间范围，就使用表示描述中提供的开始和结束时间。如果会话已经开启，立即开始记录。

3. RTSP 协议的特点

(1) 可扩展性

新方法和参数很容易加入到 RTSP 当中。

(2) 易解析

RTSP 可由标准 HTTP 解析器或者 MIME 解析。

(3) 安全

RTSP 使用网页安全机制。所有的 HTTP 验证机制都可以直接使用，也可以重新使用传输层或者网络层安全机制。

(4) 独立于传输

RTSP 传输通道，可使用不可靠数据包协议（UDP）或可靠数据包协议（RDP），如要实现应用级可靠，可使用诸如 TCP 的可靠流协议。

(5)多服务器能力

每一个媒体流在其播放时能够从不同的服务器传来,客户端不同的媒体服务器自动的建立几个并发控制会议,媒体同步是在传输层执行的。

(6)记录设备控制

RTSP 协议可控制记录和回放设备。其能够同时控制录像和播放,也可以选择其中的任一种模式。

(7)适合专业应用

通过 SMPTE 时标,RTSP 支持帧级精度,允许远程数字编辑。

(8)播放种类的中立性

RTSP 协议未强加特殊演示或元文件,可传送所用格式类型,但是演示描述至少需包含一个 RTSP URI。

(9)代理和防火墙的友好性

RTSP 协议可由应用层和传输层防火墙处理。防火墙需要理解 SETUP 方法,为 UDP 媒体流打开一个“缺口”。

(10)分配服务器控制

如果客户端能开始一个流,它必须能停止流。服务器不能给客户端开始流,如果这样客户端就不能停止流的流动。

(11)传输协商

实际处理连续媒体流前,用户可协调传输方法。

(12)能力协商

如基本特征无效,则必须有一些清理机制让用户决定那种方法不生效。这允许客户端提出适当的用户自定义界面。

4. RTSP 协议与其他协议的关系

(1)RTSP 协议与 HTTP 协议的关系

RTSP 协议在功能上与 HTTP 协议有重叠,最明显的交叉是在流媒体内容的发布上,绝大多数流媒体是通过网页发布的。目前的协议规范同时允许网页服务器和流媒体服务器支持 RTSP 实现。例如,演示描述可通过 HTTP 或 RTSP 获取,这样减少了基于浏览器情况下的往返传递时间,同时也支持独立的 RTSP 服务器与不依赖 HTTP 的客户端通信。

(2)RTSP 协议与 HTTP 协议的区别

①HTTP 是一个不对称协议,客户端发出请求,服务器应答。在 RTSP 中,客户端和服务器都可发出请求,且请求是有状态的。

②HTTP 是一个无状态协议,而 RTSP 在任何情况下,必须保持一定状态,以便在请求确认后的很长时间内,仍可设置参数,控制媒体流。

2.2.5 微软媒体服务协议(MMS)

微软媒体服务协议(MMS),全称为 Microsoft Media Server protocol。该协议是由微软发布的流媒体协议，通过 MMS 协议可以在 Internet 上实现 Windows Media 服务器中流媒体文件的传送与播放。这些文件包括.asf、.wmv 等，可以使用 Windows Media Player 等媒体播放软件来实时播放。MMS 建立在 UDP 或 TCP 传输上，与 RTSP 协议一样是属于应用层的。

使用 MMS 协议连接到发布点时，使用协议翻转以获得最佳连接。所谓“协议翻转”就是 MMS 协议底层是通过什么协议进行数据传输，如果通过 MMSU 连接客户端，就是 MMS 协议结合 UDP 协议进行数据传送。如果 MMSU 连接不成功，则服务器试图使用 MMST。就是 MMS 协议结合 TCP 协议进行数据传送。

如果连接到编入索引的.asf 文件，想要快进、后退、暂停、开始和停止流，则必须使用 MMS。若从独立的 Windows Media Player 连接到发布点，则必须指定单播内容的 URL。例如 mms://server_name/file_name.asf；若有实时内容要通过广播单播发布，则该 URL 由服务器名和发布点别名组成。例如 mms:/ /server_name /LiveEvents。

2.3 流媒体传输方式

2.3.1 流媒体传输的原理

由于 Internet 网络的传输方式主要是以数据包为基础的异步传输，其设计之初主要是用来传输文本数据的，对于传输实时的音视频源信息或存在的音视频文件，必须将其分解为多个数据包进行传送。但是网络是时刻动态变化的，每个数据包在传输过程中所选择的路由又不尽相同，这就会造成多媒体数据包在到达客户端时出现延迟，或后发先至等情况。为了弥补这些问题，保证客户端可以正确地接收多媒体数据，确保客户可以不间断地收看、收听多媒体片段，不出现因网络拥塞造成的播放停顿而导致播放质量下降，如同为了匹配 CPU 与内存之间的速度差异而需要高速缓存一样，流媒体传输也需要建立缓存，因此流媒体传输的一个很重要的技术就是缓存技术。一般高速缓存不需要很大的存储容量，因为高速缓存使用环形链表结构来存储数据，它通过丢弃已经播放的内容，流可以重新利用空出的高速缓存空间来缓存后续尚未播放的内容。

流式传输的过程一般是这样的：用户选择某一流媒体服务后，Web 浏览器与 Web 服务器之间使用 HTTP/TCP 交换控制信息，以便把需要传输的实时数据从原始信息中检索出来；然后客户机上的 Web 浏览器启动 A/VHelper 程序，使用 HTTP 从 Web 服务器检索相关参数对 Helper 程序初始化。这些参数可能包括目录信息、A/V 数据的编码类型或与 A/V 检索相关的服务器地址。

A/VHelper 程序及 A/V 服务器同过实时流控制协议（RTSP），交换 A/V 传输所需的控制信息，RTSP 提供了播放、快进、快退、暂停及录制等命令的方法。A/V 服务器使用 RTP/UDP 协议将 A/V 数据传输给 A/V 客户程序，一旦 A/V 数据抵达客户端，A/V 客户程序即可播放输出。（如图 2－8）

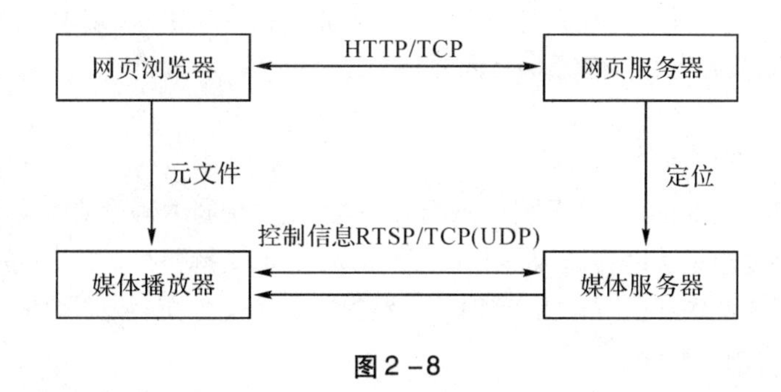

图 2-8

2.3.2 流媒体传输的特点

通过流式传输方式进行多媒体信息传送，用户不必像传统方式那样等到整个文件全部下载完毕后才能看到当中的内容，而是只需经过几秒或几十秒的启动延时即可在用户的计算机上利用相应的播放器进行多媒体片段的播放，而剩余部分的多媒体文件将在后台的服务器内继续下载，因此这种方式比传统方式更适应网络平台。

1. 启动延时大幅度地缩短

用户不用等待所有内容下载到本地硬盘上才能播放，通常情况，对于宽带接入的用户一部影片在一分钟以内就可以在客户端开始播放，而且在网络性能正常的情况下，播放过程一般不会出现断续。而且全屏播放对播放速度几乎无影响，只是在快进、快退时需要一定的时间等待。

2. 对系统缓存容量的需求较低

由于通过 Internet 以流式传送多媒体信息需要通过缓存来弥补数据包到达的延时，因此需要在客户端建立缓存系统，这势必将增加客户端的开销，但是由于不需要把所有的视音频内容都下载存储到到缓存中，因此对缓存的要求比较低，对客户端的开销不会过大。

2.3.3 顺序流式传输

顺序流式传输就是顺序下载，在下载文件的同时用户可观看在线媒体，在给定时刻，用户只能观看已下载的部分，而不能随意跳到还未下载的部分，顺序流式传输不像实时流式传输在传输期间可以根据用户连接的速度对传输进行调整。由于标准的 HTTP 服务器可发送这种形式的文件，其不需要其他特殊协议，因此，也经常被称作 HTTP 流式传输。顺序流式传输比较适合高质量的短片段，如片头、片尾和广告，由于该文件在播放前观看的部分是无损下载的，这种方法保证电影播放的最终质量。但是这种方式用户在观看前，必须经历延迟，对较慢的接入方式需要等待较长的时间。

对通过调制解调器发布短片段，顺序流式传输比较很实用，它允许用比调制解调器更高的数据速率创建视频片段。尽管有延迟，但可以发布较高质量的媒体片段。

顺序流式文件是放在标准 HTTP 或 FTP 服务器上，易于管理，基本上与防火墙无关。顺序流式传输不适合长片段和有随机访问要求的媒体传输，如：讲座、演说与现场演示。它也不支持现场广播，实际上是一种点播技术。

2.3.4 实时流式传输

实时流式传输指保证媒体信号带宽与网络连接配匹，使媒体可被实时观看到。

实时流式传输总是实时传送，特别适合现场事件，也支持随机访问，用户可快进或后退以观看前面或后面的内容。理论上，实时流一经播放就可不停止，但实际上由于网络的情况不同，可能会发生周期暂停。

实时流式传输必须配匹连接带宽，这可能造成用户以调制解调器等低速连接设备连接时由于出错丢失的信息被忽略掉，网络拥挤或出现问题时，每体质量很差。因此，如欲保证媒体质量，顺序流式传输可能更好。

实时流式传输需要特定服务器，如 QuickTime Streaming Server、RealServer 与 Windows Media Server。此外，实时流与 HTTP 流式传输不同，它需要专用的流媒体服务器与传输协议，如 RTSP 协议或 MMS 协议等，这些协议在有防火墙时可能被防火墙阻拦，导致用户不能看到实时内容。

2.4 流媒体播放技术

前面我们讨论了通过 Internet 网络进行流媒体传输的新技术，但是用户真正能够看到和听到多媒体内容还必须要有相应的媒体播放技术，下面我们就来讨论以下流媒体的播放技术。

2.4.1 单播和组播

1. 单播(Unicast)

所谓单播是指客户端与服务器之间的点到点连接。在客户端和服务器之间建立一个单独的数据通路，一台服务器发送的每个数据包只能传送给一个客户机。单播方式下，只有一个发送方和一个接收方。因此如果一台发送者同时给多个的接收者传输相同的数据，也必须相应的复制多份的相同数据包。如果有大量主机希望获得数据包的同一份拷贝时，将导致发送者负担沉重、延迟长，容易造成网络拥塞。(如图 2－9)

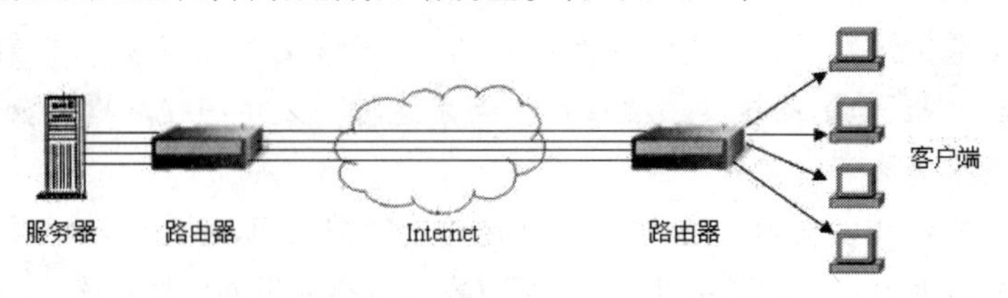

图 2－9

单播的优点：

(1)服务器可以及时响应客户端提出的请求。

(2)服务器针对每个客户不通的请求发送不通的数据，容易实现个性化服务。

单播的缺点：

(1)服务器针对每个客户机发送数据流，服务器流量 = 客户机数量 × 客户机流量；在客户数量大、每个客户机流量大的流媒体应用中服务器不堪重负。

(2)现有的网络带宽是金字塔结构，城际省际主干带宽仅仅相当于其所有用户带宽之和的5%。如果全部使用单播协议，将造成网络主干不堪重负。

2. 组播(Multicast)

所谓组播是一种基于网络硬件设备实现的一种分组广播的数据传输方式，组播数据传输时，服务器可以将一个数据包通过网络硬件设备复制的方法同时分组发送给多个需要接收的客户端，网络中的所有客户端共享同一流。这种方式很适合通过网络传输多媒体内容，因为其最大好处是可以节省网络带宽。

组播通过把224.0.0.0—239.255.255.255的D类地址作为目的地址，有一台源主机发出目的地址是以上范围组播地址的报文，在网络中，如果有其他主机对于这个组的报文有兴趣的，可以申请加入这个组，并可以接收这个组的报文，而其他不是这个组的成员是无法接收到这个组的报文的。因此采用组播的方式，源主机可以只需要发送一个报文就可以到达每个需要接收的主机上，当然这还要需要路由器对组员和组关系的维护和选择。(如图2-10)

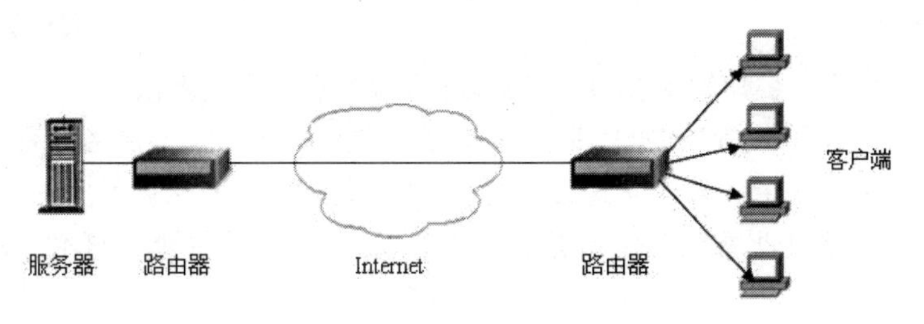

图2-10

组播的优点：

(1)需要相同数据流的客户端加入相同的组共享一条数据流，节省了服务器的负载。

(2)由于组播协议是根据接收者的需要对数据流进行复制转发，所以服务端的服务总带宽不受客户接入端带宽的限制。IP协议允许有2.6亿多个(268435456)组播，所以其提供的服务可以非常丰富。

组播的缺点：

(1)与单播协议相比没有纠错机制，发生丢包错包后难以弥补，但可以通过一定的容错机制和QOS加以弥补。

(2)现行网络虽然都支持组播的传输，但在客户认证、QOS等方面还需要完善，这些缺点在理论上都有成熟的解决方案，只是需要逐步推广应用到现存网络当中。

2.4.2 点播和广播

1. 点播(On demand)

所谓点播是客户端与服务器之间的主动的连接，在点播连接中，用户通过选择内容项目来初始化客户端连接，一个客户端从服务器接收一个媒体流，同时独占这个连接，其他用户不能占用，并且能够对媒体进行开始、停止、后退、快进或暂停等操作，客户端拥有流的控制权，就像控制本地媒体一样。这种方式由于每个客户端各自连接服务器，服务器需要给每个用户建立连接，对服务器资源和网络带宽的需求都比较大。

2. 广播(Broadcast)

所谓广播指的是用户被动接收媒体流。在广播过程中，客户端接收媒体流，但不能控制媒体流，用户不能暂停、快进或后退该媒体流，广播使用的数据发送手段有单播与广播。使用单播发送时，服务器需要将数据包复制多个拷贝，以多个点对点的方式分别发送到需要它的那些用户，而使用广播方式发送，数据包的单独一个拷贝将发送给网络上的所有用户，而不管用户是否需要，上述两种传输方式会非常浪费网络带宽和服务器资源，因此常会与组播技术共同使用。

广播的优点：

(1)网络设备简单，维护简单，布网成本低廉。

(2)由于服务器不用向每个客户机单独发送数据，所以服务器流量负载极低。

广播的缺点：

(1)无法针对每个客户的要求和时间及时提供个性化服务。

(2)网络允许服务器提供数据的带宽有限，客户端的最大带宽 = 服务总带宽。例如有线电视的客户端的线路支持100个频道，即使服务商有更大的财力配置更多的发送设备、改成光纤主干，也无法超过此极限。也就是说无法向众多客户提供更多样化、更加个性化的服务。

(3)广播禁止在Internet宽带网上传输。

2.4.3 智能流技术

随着互联网的普及，互联网的接入方式也越来越多，例如普通的56kbit/s调制解调器已经成为使用最为广泛的一种Internet接入方式，此外，ADSL、ISDN、CableModem等宽带接入方式也越来越被广泛应用。但是这些接入方式因原理不同，具有不同的接入速度，而接入速度又直接影响到用户获得的多媒体信息的质量。如果采用恒定的速率则窄带接入用户可能得不到质量高的信号，而宽带接入用户又造成资源的浪费。要解决这个问题主要有两种方法：一种解决方法是服务器减少发送给客户端的数据而阻止再缓冲，在RealSystem 5.0以上版本中，这种方法称为“视频流瘦化”。这种方法的限制是RealVideo文件为一种数据速率设计，结果可通过抽取内部帧扩展到更低速率，导致质量较低。离原始数据速率越远，质量越差。

另一种解决方法是根据不同连接速率创建多个文件，根据用户连接速率的不同传送相应文件。这种方法带来制作和管理上的困难，而且用户连接是动态变化的，服务器也无法实时协调。可以看到这两种方法都有其缺陷，为了克服这个问题，智能流技术应运而上了。

1. 什么是智能流技术

智能流技术通过两种途径克服带宽协调和媒体流瘦化。首先，确立一个编码框架，允许不同速率的多个媒体流同时编码，合并到同一个文件中；其次，采用一种复杂客户服务器机制自动探测带宽的变化。概括地说，智能流技术就是为解决由于接入方式的不同，每个用户的连接速率有很大差别，流媒体广播必须要能提供不同传输速率下的优化图像，以满足各种用户的需求而建立的一种流媒体播放技术。

智能流技术最早是由 RealNetworks 公司首先提出的，针对软件、网络设备和数据传输速度上的差别，用户以不同带宽浏览音视频内容。为满足客户要求，RealNetworks 公司编码、记录不同速率下的媒体数据，并保存在单一文件中，此文件称为智能流文件，即创建可扩展流式文件。当客户端发出请求，它将其带宽容量传给服务器，媒体服务器根据客户带宽将智能流文件相应部分传送给用户。以此方式，用户可看到最可能的优质传输，制作人员只需要压缩一次，管理员也只需要维护单一文件，而媒体服务器根据所得带宽自动切换。智能流通过描述 Intemet 上变化的带宽特点来发送高质量媒体并保证可靠性，并对混合连接环境的内容授权提供了解决方法。具体实现方式主要有以下步骤：

(1) 对所有连接速率环境创建一个文件。

(2) 在混合环境下以不同速率传送媒体。

(3) 根据网络变化，无缝切换到其他速率。

目前微软和 RealNetworks 两大公司均提供智能流技术，微软称自己的智能流技术为“Multiple Bit Rate”(多比特率编码)，而 RealNetworks 公司的技术是“Surestream”。智能流技术能够保证在很低的带宽下传输音视频流，即使带宽降低，用户只会收到低质量的节目，流不会中断，也不需要进行缓冲以恢复带宽带来的损失。

2. 智能流技术的特点

(1) 多种不同速率的编码保存在同一个文件或数据流中。

(2) 播放时服务器和客户端自动确定当前可用的网络带宽，并根据网络当前的状况服务器将提供适当比特率的媒体流。

(3) 播放时如果客户端连接速率降低，服务器会自动检测带宽变化，并提供更低带宽的媒体流，反之，提供更高带宽的媒体流。即通过调整媒体质量来保证媒体可以流畅的播放。

(4) 向后兼容老版本 RealPlayer。

本章思考题

1. 简述流媒体传输的特点和主要的传输方式。

2. 简述什么是智能流技术，其主要特点是什么。

3. 试概括说明有几种主要的流媒体传输协议，它们的工作原理各是什么。

CHAPTER 3

第三章

流媒体压缩编码技术

【内容提要】流媒体技术主要用于在网络上实时传输以音视频为主的多媒体内容,这些多媒体信息数据都具有较大的数据量,而网络带宽是有限的,过大的数据量将严重影响到流媒体数据的实时传送。因此高效的压缩编码方法对于流媒体传输是至关重要的。本章主要讨论多媒体数据的压缩编码技术,以及常见的压缩编码方式。包含两个主要部分,首先介绍数据压缩的基本概念,然后分别介绍几种目前常见的压缩编码标准。

本章第一部分主要讨论数据压缩技术的基本概念和原理,介绍数据压缩技术的产生,同时讨论了数据压缩的基本原理和其常见的分类方法。对数据压缩技术进行了较为全面的阐述。

本章第二部分主要讨论了几种常见的压缩编码标准,主要包括对 MPEG 系列标准的介绍,重点讨论了 MPEG - 1、MPEG - 2、MPEG - 4,以及 H. 261、H. 263 系列和 H. 264 标准的介绍。分别介绍了各个压缩编码标准的基本定义、组成部分、技术特点、基本应用和存在的缺陷等。

3.1 数据压缩技术

3.1.1 数据压缩的产生

数据压缩的最原始目的就是希望使用最节俭的方式来进行信息的传达,因此严格意义上的数据压缩产生于对概率的认识,例如当我们对文字信息进行编码时,如果为出现概率较高的字母赋予较短的编码,为出现概率较低的字母赋予较长的编码,总的编码长度就能缩短不少。如著名的 Morse 电码就成功地使用了这种方法,在 Morse 码表中,每个字母都对应于一个唯一的点划组合,在英文的 26 个字母中出现概率最高的是字母 e,它被编码“.”,而出现概率较低的字母 z 则被编码为“ - - . . ”。这就大大地降低了整体的编码长度，从而使数据量降低。

在现今的计算机网络传输和处理的信息中不仅包含文字信息还包含大量的多媒体信息，这些多媒体信息，特别是图像和动态视频的数据量非常巨大。如：一幅 640×480 分辨率的 24 位真彩色图像的数据量约力 900kb；而一个 100Mb 的硬盘只能存储约 100 幅静止图像画面。这样大的数据量不仅超出了计算机的存储和处理能力，更是当前网络通信信道的传输速率所不及的。因此，为了存储、处理和传输这些数据，必须进行数据压缩。

数据是信息的载体，我们通过数据来表示信息，而表示同一个信息的数据可以有多种不同的方式，这些方式中有些简单，有些繁琐，这就说明在表示信息的数据中间会存在一些多余成分，称为冗余度。这些冗余部分可以在数据压缩编码中去除或减少，同时其所表示的信息并没有减少。

此外，数据中间尤其是相邻的数据之间，常存在着相关性。如图片中常常有色彩均匀的背影，动态视频信号的相邻两帧之间可能只有少量的变化，声音信号有时具有一定的规律性和周期性等。因此，有可能利用某些变换来尽可能地去掉这些相关的数据。

对于数据压缩技术而言，最基本的要求就是要尽量降低数字化后的数据量，同时要保持一定的信号质量。因此，所谓数据压缩，就是指在一定的数据存储空间要求下，将相对庞大的原始数据，重组为满足前述空间要求的数据集合，使得从该数据集合中恢复出来的数据，能够与原始数据相一致，或者能够获得与原始数据一样的使用品质。

由此我们可以看到数据压缩技术实际上包含了两方面的内容：一是压缩技术即通过数学运算将原来较大的文件变为较小文件的数字处理技术；另一是解压技术即把压缩数据还原成原始数据或与原始数据相近的数据的技术，二者缺一不可。

这里我们还必须注意到数据压缩的对象是什么？数据压缩的对象是数据而不是信息，数据压缩的最终目的是在传送和处理信息时尽量减少数据量。

3.1.2 数据压缩原理

数据压缩编码的理论基础是信息论。从信息论的角度看，信息定义为“用来消除不确定性的东西”，压缩是去掉信息中的冗余部分，也就是确定的或可推知的部分，用一种更接近信息本质的描述来代替原有冗余的描述。而信息之所以能够被压缩，是因为信息本身通常存在很大的冗余量，这些冗余量主要是由信息之间的相似性和可推知产生的。另一个原因是人的感官对信息之间的某些相似性并不敏感，去掉这部分冗余仍然不影响人们对信息的感知和理解。由此我们可以得出以下的公式：信息量 = 数据量 - 数据冗余。

1. 空间冗余

空间冗余是静态图像中最主要的一种数据冗余情况。在一幅静态图像中，同一景物表面上各像素点的颜色之间往往存在着空间连贯性，从而产生了空间冗余。我们可以通过改变物体表面颜色的像素存储方式来利用空间连贯性，以达到减少数据量的目的。如在静止图像中有一块表面颜色均匀的区域，在此区域中所有像素点的色度、亮度和饱和度都是相同的，因此数据有很大的空间冗余。（如图 3-1）

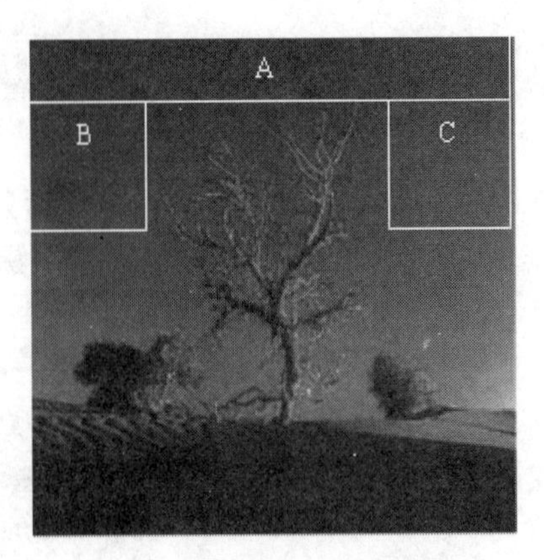

图 3－1

A、B、C 三个区域中各像素点的颜色、亮度等都是基本相同的，因此该图片中含有大量的空间冗余，我们在对该图片进行数字化时，可以对这些空间冗余进行大量压缩，而在不改变图片原有信息量和质量的基础上大幅减少文件的数据量。

2. 时间冗余

时间冗余是运动图像中经常包含的冗余情况。运动图像是由位于同一时间轴区间内的一组连续的静态画面构成，其中的相邻帧往往包含相同的背景和移动物体，只不过移动物体所在的空间位置略有不同，所以后一帧的数据与前一帧的数据有许多相同的地方，这种共同性是由于相邻帧记录了相邻时刻的同一场景画面而产生的，这就是时间冗余。例如我们平时收看的电视节目，它每秒钟的动态影像都是由 25 个静态画面构成，通常称为帧，前后帧画面中有大量相同的信息而造成时间冗余。（如图 3－2）

图 3－2

在图 3－2 中，除了白色星位置以外，这个连续画面的其他部分都是相同的，也就是说在相邻的几帧画面中存在大量的时间冗余，我们可以将其压缩，减少最终的文件数据量。

3. 结构冗余

在有些图像中存在很强的纹理结构，这些纹理结构使图像存在明显的重复分布模式。我们可以通过局部的结构而推导出全部的画面，这称为结构冗余。例如，网格状的地板图案等。（如图 3－3）

图3－3

在图3－3中，图像的像素值之间存在明显的结构分布模式，我们可以利用这种图像结构的规律性来减少图像文件的数据量。

4. 知识冗余

有时我们对图像的观察和了解与一些知识有相当大的相关性。例如，人脸的图像有固定的结构，嘴的上方有鼻子，鼻子的上方是眼睛，鼻子位于正脸图像的中线上。这类规律性的结构可由先验知识和背景知识得到，这称为知识冗余。知识冗余是模型编码主要利用的特性。（如图3－4）

图3－4

在图 3 - 4 中，我们可以看到，通过我们所固有的知识，许多相关信息我们可以通过知识进行推导，在文件存储时只需要记录一些相关的特点信息就可以再现完整的图像，从而大大减少文件的数据量。

5. 信息熵冗余

所谓“信息熵”是信息论中用于度量信息量的一个概念。一个系统越是有序，信息熵就越小；反之，一个系统越是混乱，信息熵就越大。所以，信息熵也可以说是系统有序化程度的一个度量。信息熵冗余就是数据所携带的信息量少于数据本身而反映出的数据冗余。例如北京广播学院，我们平时总是简称为“北广”，北京广播学院和北广指的是同一个信息，但是它们的数据量是不一样的，这就造成了信息熵冗余。

6. 感官冗余

人类的感官系统对图像、声音等的敏感性是非均匀和非线性的。然而，在记录原始的图像、声音数据时，通常假定感官系统是均匀的和线性的，对感官系统敏感和不敏感的部分都同等对待，从而就产生了比预计的目标编码更多的数据量，这就是感官冗余。一般又细分为视觉冗余和听觉冗余。对于视觉冗余，我们人眼对图像的亮度和色度的分辨能力是有限的，例如人类可分辨的颜色只有 1670 万中，因此高于 24 位真彩色的颜色对于我们是没有意义的；同样由于人耳对不同频率的声音的敏感性是不同的，也不能察觉所有频率的变化，对某些频率变化不特别敏感，一般人类可以感知的频率在 20Hz 到 20kHz 之间，因此存在听觉冗余。在对多媒体信息的数据进行数字化处理时，如果能将图像或音频分解成视觉或听觉上敏感和不敏感部分，对于敏感部分降低压缩比，而对于不敏感部分提高压缩比或基本忽略则可以取得较高的压缩效果。

3.1.3 压缩的分类

数据压缩的方法有许多种，从不同的角度出发有不同的分类方法，比如从信息论角度出发可分为两大类：无损压缩和有损压缩。

1. 无损压缩

无损压缩又称为冗余度压缩，是指使用压缩后的数据进行重构（即解压缩），重构后的数据与原来的数据完全相同；无损压缩用于要求重构的信号与原始信号完全一致的场合。最为很常见的例子就是磁盘文件的压缩。根据目前的技术水平，无损压缩算法一般可以把普通文件的数据压缩到原来的 1/2 ~ 1/4。

通过研究中我们知道，大多数信息的表达都存在着一定的冗余度，通过采用一定的模型和编码方法，可以降低这种冗余度。贝尔实验室的 Claude Shannon 和 MIT 的 R. M. Fano 几乎同时提出了最早的对符号进行有效编码从而实现数据压缩的 Shannon - Fano 编码方法。

1952 年，D. A. Huffman 发表了他的论文《最小冗余代码的构造方法》。从此，数据压缩开始在商业程序中实现并被应用在许多技术领域。20 世纪 60 年代到 80 年代早期，数据压缩领域一直被 Huffman 编码所垄断。

1977 年，以色列人 Jacob Ziv 和 Abraham Lempel 发表了论文《顺序数据压缩的一个通用算法》。1978 年，他们发表了该论文的续篇《通过可变比率编码的独立序列的压缩》。在这两篇论文中提出的压缩技术分别被称为 LZ77 和 LZ78。这两种压缩方法的思路完全不同于从 Shannon 到 Huffman 到算术压缩的传统思路，人们将基于这一思路的编码方法称作"字典"式编码。字典式编码不但在压缩效果上大大超过了 Huffman 编码，而且其压缩和解压缩的速度也异常惊人。

1984 年，Terry Welch 发表了名为《高性能数据压缩技术》的论文，实现了 LZ78 算法的一个变种——LZW。LZW 继承了 LZ77 和 LZ78 压缩效果好、速度快的优点，而且在算法描述上更容易被人们接受，实现也比较简单。

目前，这种基于字典方式的压缩已经成为一个被广泛认可的标准，从古老的 PKZip 到现在的 WinZip，特别是随着 Internet 上文件传输的流行，ZIP 格式成为了事实上的标准，没有哪一种通用的文件压缩、归档系统不支持 ZIP 格式。

2. 有损压缩

有损压缩又称为信息量压缩，是指使用压缩后的数据进行重构，重构后的数据与原来的数据有所不同，但不会让人对原始资料表达的信息造成误解。有损压缩适用于重构信号不一定非要和原始信号完全相同的场合。例如，图像和声音等多媒体信息的压缩就可以采用有损压缩，因为其中包含的数据往往多于我们的视觉系统和听觉系统所能接收的信息，丢掉一些数据而不至于对声音或者图像所表达的意思产生误解，但可大大提高压缩比，减少最终文件的数据量，节约系统资源。

有损压缩具有两种基本的压缩机制：一种是有损变换编解码，首先对图像或者声音进行采样、切成小块、变换到一个新的空间、量化，然后对量化值进行熵编码。另外一种是预测编解码，先前的数据以及随后解码数据用来预测当前的声音采样或者或者图像帧，预测数据与实际数据之间的误差以及其他一些重现预测的信息进行量化与编码。

上面我们主要讲解了数据压缩技术，下面我们主要讨论一下流媒体技术领域中主要应用的数据编码技术。这些编码技术主要分为两套标准，即国际便准化组织（ISO）的 MPEG 标准，主要包括 MPEG－1、MPEG－2、MPEG－4、MPEG－7 和 MPEG－21 等；国际电联（ITU－T）标准，主要包括 H.261、H.263 和 H.263+等；以及由两大组织共同制定的 H.264。

3.2 MPEG 简介

3.2.1 MPEG 专家组

MPEG 是 Moving Pictures Experts Group，动态图像专家组的英文缩写。这个专家组始建于 1988 年，专门负责为 CD 建立视频和音频压缩标准，其成员均为视频、音频及系统领域的技术专家。由于 ISO / IEC1172 压缩编码标准是由此小组提出并制定，MPEG 由此扬名世界。对于今天我们所泛指的 MPEG－X 版本，是指一组由 ITU（International Telecommunications

Union国际电信同盟）和ISO（International Standards Organization 国际标准化组织）制定发布的视频、音频、数据的压缩标准。

多媒体信息主要包括图像、声音和文本三大类，其中视频、音频等信号的信息量是非常大的。而传输数字图像所需的带宽远高于音频，例如，NTSC 图像以大约 640×480 的分辨率，24 比特/像素，每秒 30 帧的质量传输时，其数据率达 28MBps（字节/秒）或 221Mbps（比特/秒）。而且以这个速率保存的 30 秒的未压缩视频图像将占用 840M 字节的内存空间，显然这样的要求对台式计算机来说是难以接受的。所以，音视频的传输、储存采取压缩编码方法，而 MPEG 是目前普遍采用的压缩编码标准。

MPEG 的缔造者们原先打算开发四个版本：MPEG－1 到 MPEG－4，以适用于不同带宽和数字影像质量的要求。后由于在研发过程中 MPEG－2 已经达到原先 MPEG－3 的目标，所以 MPEG－3 被放弃，因此现存只有三个版本的 MPEG：即 MPEG－1，MPEG－2，MPEG－4。总体来说，MPEG 在三方面优于其他压缩/解压缩方案。首先，由于在一开始它就是作为一个国际化的标准来研究制定，所以，MPEG 具有很好的兼容性。其次，MPEG 能够比其他算法提供更好的压缩比，最高可达 200：1。更重要的是，MPEG 在提供高压缩比的同时，对数据的损失很小。

此外随着网络应用的普及和多媒体信息的数据量大、难以描述和难以检索的特点，为了解决这些问题，MPEG 进一步推出了 MPEG－7 和 MPEG－21 等标准。

3.2.2 MPEG 系列标准

1. MPEG－1

MPEG－1 制定于 1992 年，传输速率为 1.5Mbps 以下，适用于数字存储媒体，如 CD－ROM、VCD、CD－I。MPEG－1 视频标准可把图像分辨率 NTSC 制 352×240，30 帧/秒和 PAL 制 352×288，25 帧/秒的电视图像压缩成数据传输率为 1.2Mbps 的编码图像。其图像质量可以达到传统的 VHS 录像带的质量。MPEG－1 音频标准可把采样频率 48 / 44.1 / 32kHz，16bit 的音频压缩成数据传输率为 0.192Mbps 以下，而解压后音频的音质可以达到原有的 CD 音质。

MPEG－1 还被用于数字电话网络上的视频传输，如非对称数字用户线路（ADSL），视频点播（VOD），以及教育网络等。同时，MPEG－1 也可被用做记录媒体或是在 INTERNET 上传输音频。

2. MPEG－2

MPEG－2 制定 1994 年，正是公布于 1995 年，其设计目标是高级工业标准的图像质量以及更高的传输率。MPEG－2 基本标准为：图像格式为 720×480（NTSC）或 720×576（PAL）；数据传输率为 4－10Mbps；兼容 MPEG－1。

MPEG－2 视频可同时提供广播级的视像和 CD 级的音质。MPEG－2 的音频编码可提供左右中及两个环绕声道，以及一个超低音声道，和多达 7 个伴音声道，如其产品 DVD 可有八种语言的配音。由于 MPEG－2 在设计时的巧妙处理，使得大多数 MPEG－2 解码器也可播放

MPEG－1 格式的数据，如 VCD。除了作为 DVD 的指定标准外，MPEG－2 还可用于为广播，有线电视网，电缆网络以及卫星直播提供广播级的数字视频。

MPEG－2 的另一特点是，其可提供一个较广的范围改变压缩比（VBR 可变码率），以适应不同画面质量，存储容量以及带宽的要求。对于最终用户来说，由于现存电视机分辨率限制，MPEG－2 所带来的高清晰度画面质量（如 DVD 画面）在普通电视机上效果并不明显，倒是其音频特性，如加重低音、多伴音声道等效果更为引人注目。

3. MPEG－3

已经放弃的 MPEG－3 标准原本打算是为高清晰电视（HDTV）设计的。MPEG－3 要求传输速率在 20Mbps － 40Mbps 之间，但这将使画面有轻度扭曲，这需要在技术上作进一步研究。由于 MPEG－2 的出色性能，已能基本适用于 HDTV，因此，MPEG－3 的研究被放弃了。

需要解释的是，现在网络上广泛流行的数字音乐格式 MP3，并不是代表 MPEG－3，它属于 MPEG－1 标准，是 MPEG－1 的第三层（MPEG－1 Layer3）。

4. MPEG－4

MPEG－4 于 1998 年 11 月公布，原预计 1999 年 1 月投入使用的国际标准 MPEG－4 不仅是针对一定比特率下的视频、音频编码，更加注重多媒体系统的交互性和灵活性。MPEG 专家组的专家们正在为 MPEG－4 的制定努力工作。

MPEG－4 标准主要应用于视像电话（Video Phone），视像电子邮件（Video Email）和电子新闻（Electronic News）等，其传输速率要求较低，在 4.8kbps － 64kbps 之间，分辨率为 176 × 144。MPEG－4 利用很窄的带宽，通过帧重建技术，压缩和传输数据，以求以最少的数据获得最佳的图像质量。

与 MPEG－1 和 MPEG－2 相比，MPEG－4 的特点是其更适于交互 AV 服务以及远程监控。MPEG－4 大大提高了交互性，使用户不再只是观看，而可以加入其中，是第一个使你由被动变为主动的动态图像标准。此外它的另一个特点是其综合性，从根源上说，MPEG－4 试图将自然物体与人造物体相融合。MPEG－4 的设计目标还有更广的适应性和可扩展性。

MPEG4 主要要达到两个目标：

一是低比特率下的多媒体通信。

二是多工业的多媒体通信的综合。

按照这个目标，MPEG4 引入 AV 对象，使得更多的交互操作成为可能。

5. MPEG－7

MPEG－7 标准目前尚在制定阶段。1998 年 10 月开始征求标准；1999 年 2 月进入评估阶段；1999 年 12 月第一版草稿推出；2000 年 10 月推出委员会审查草稿；2001 年 2 月预定推出最终版委员会议草稿；2001 年 7 月推出国际标准初稿；2001 年 9 月国际标准初步定案。

与 MPEG－1、MPEG－2、MPEG－4 等标准着重在影音资料的压缩上相比，MPEG－7 重点是如何达到高压缩率，并同时兼顾一定的画质和音质。因此这几个压缩标准定义了各种影音压缩的演算方法、高效率的储存格式，以及不同的适用范围。

在各种影音压缩标准普及之后，新的问题又产生了。就是资料成长的速度惊人，当信息多得找不到时，信息也就成为无用的东西。而 MPEG－7 标准要解决的就是随着多媒体时代的到来而产生的重大问题，那就是如何在好浩如烟海的影音资料中找到用户所需要的资料。

最传统有效的信息分类应该是图书馆管理。它利用书名、类别、作者等选项寻找想要的书籍。在互联网的世界中，许多公司和机构提供各种功能强大的搜寻引擎。用户只要输入一定的关键字，例如“流媒体技术”，搜寻引擎就会在网上找出成千上万个和“流媒体技术”相关的网址。尽管这些是不是你要找的资料还有待确认，但总是能找到可供参考的起点。而如果你想找的是哪些多媒体信息中出现过“流媒体技术”，现在的搜寻引擎可就帮不上忙了。或者有一段你耳熟能详的旋律，但就是想不起歌名。目前的搜索引擎也帮不上忙。

MPEG－7 的出现就是要解决这种问题。MPEG－7 标准重点在于影音内容的描述和定义，以明确的资料结构和语法来定义影音资料的内容。它的正式名称是“多媒体内容描述接口”（Multimedia Content Description Interface）。通过 MPEG－7 格式定义的信息，使用者可以有效率地搜寻、过滤和定义想要的影音资料。

目前 MPEG－7 标准中定义了五种内容的信息，分别是：

第一 creation &; production：影音资料制作的基本信息。例如电影片名、导演等。

第二 media：定义资料储存的方式。例如是否经过压缩、编码方式、储存媒介等。

第三 usage：定义资料使用的方式。例如版权所有人、播放时间等。

第四 structural aspects：对影片中出现的特殊物品，或是音乐中某一片段，以及颜色、旋律等的描述。

第五 conceptual aspects：定义资料中各种控件的链接或交互。

MPEG－7 标准规定明确的阶层式语法来定义以上各种信息，同时也运用 xml 来作为语法的基础。MPEG－7 还同时支持即时和非即时的运用。“即时的运用”指的是当影音资料在传输时，可以即时从其中的 MPEG－7 资料流获取立即的信息。“非即时的运用”指搜寻及处理静态的资料。

定义这些信息需要通过国际组织来制订标准的原因，在于这是今天资料流通的重要关键。只要遵循一定的标准，不论是软件或硬件，也不管是哪种应用，都可以正确迅速地得到所需的信息，而不会受限于各公司的门户之见及商业竞争。

MPEG－7 和以前的几种压缩标准无关，它完全不管资料是什么格式。当然数字压缩的资料最方便，原有的 MPEG－1、MPEG－2 和 MPEG－4 资料中都可以夹带 MPEG－7 的资料在里面。但是 MPEG－7 不是要取代目前的 MPEG 压缩标准。除 MPEG 家族的标准之外，其实各种各样的资料都可以用 MPEG－7 的语法来定义其信息。例如画布上的油画、黑胶唱片上的歌曲或是一段电脑动画，都可以用 MPEG－7 来定义。

此外，我们要注意的是 MPEG－7 只定义信息储存的格式和语法，至于如何取得这些信息则不在其规范之列。有些信息可能可以用自动的方式取得，例如影片中的颜色，音乐中的旋律等。而有些信息则非得由人工输入，例如电影片名，导演的名字等。至于如何把现在多如天上繁星的各种资料建成 MPEG－7 的格式，那就不是 MPEG－7 管辖的范围。而 MPEG－7 也不管使用资料者如何处理资料。要如何搜寻、过滤资料属于应用程序设计者可以发挥的空间，不受现有标准的规范。

MPEG－7 应用范围很广。例如数字图书馆、多媒体资料库，以及家庭娱乐等。在信息爆炸的时代里，如何有效管理和寻找有用的信息是掌握信息的关键。传统的图书馆管理帮助我们有效管理传统书籍。互联网上的搜寻引擎则帮助我们寻找网络上的文字资料。而MPEG－7 的标准如果能成功推广到各种各样的影音资料中，将会使我们在信息的世界中更加得心应手。

6. MPEG Version 2 和 MPEG－21

1999 年 12 月举行的第 50 届 MPEG 会议上，MPEG Version 2（MPEG 第二版）规格被作为最终国际标准草案（FDIS Final Draft International Standard）正式得到承认。Version 2 在 1999 年 9 月认可的国际标准的基础上，增加了新型编码工具及其组合的标准协议；在图像处理方面增加了三维网眼编码、轮廓动画、超低编码率编码等技术；在音响处理方面则追加了可对应高错码率以及高延迟的工具。另外，MPEG Version 2 还追加了使用 Java 的 MPEG－JAPI 以及 texture 模式。

作为 MPEG－7 的后续作业对象，MPEG－21 将开始启动。MPEG－21 称为多媒体框架（Multimedia Framework），1999 年开始征集需求，现正投入开发的标准。MPEG－21 主要规定数字节目的网上实时交换协议。

制定 MPEG－21 标准的目的是：

· 将不同的协议、标准、技术等有机地融合在一起。

· 制定新的标准。

· 将这些不同的标准集成在一起。MPEG－21 标准其实就是一些关键技术的集成，通过这种集成环境就对全球数字媒体资源进行透明和增强管理，实现内容描述、创建、发布、使用、识别、收费管理、产权保护、用户隐私权保护、终端和网络资源抽取、事件报告等功能。

任何与 MPEG－21 多媒体框架标准环境交互或使用 MPEG－21 数字项实体的个人或团体都可以看做是用户。从纯技术角度来看，MPEG－21 对于“内容供应商”和“消费者”没有任何区别。

MPEG－21 多媒体框架标准包括如下用户需求：

· 内容传送和价值交换的安全性。

· 数字项的理解。

· 内容的个性化。

· 价值链中的商业规则。

· 兼容实体的操作。

· 其他多媒体框架的引入。

· 对 MPEG 之外标准的兼容和支持。

· 一般规则的遵从。

· MPEG－21 标准功能及各个部分通信性能的测试。

· 价值链中媒体数据的增强使用。

· 用户隐私的保护。

· 数据项完整性的保证。

· 内容与交易的跟踪。

· 商业处理过程视图的提供。

· 通用商业内容处理库标准的提供。

· 长线投资时商业与技术独立发展的考虑。

· 用户权利的保护，包括：服务的可靠性、债务与保险、损失与破坏、付费处理与风险防范等。

· 新商业模型的建立和使用。

7. TwinVQ 和 AAC

长期以来，作为 MPEG－4 音频编码方式的候补，TwinVQ 和 AAC 被反复研讨，现已被数据压缩方式的国际标准“MPEG－4”正式采用。

TwinVQ 以 6kbps～64kbps 的速度对音频信号或声音信号进行数据压缩编码，压缩率为 1/12～1/96。它可以根据传输线路的情况改变编码的压缩率。日本电信电话公司（NTT）和日本神户制钢公司共同开发的随身听“Solid Audio”已经采用了 TwinVQ。由于 TwinVQ 采用了向量量化方式作为基本算法，特别适用于传递速率较低的场合。NTT 的 TwinVQ 和 FhG 等公司的 AAC 两种方式被 MPEG－4 标准同时采用并不意味着两种方式合二为一，而是作为互不兼容的两种独立方式分别被国际标准采用而已。

3.3 MPEG－1

MPEG－1 的正式名称是“信息技术——用于数据速率高达大约 1.5 Mbit/s 的数字存储媒体的活动图像和伴音编码（Information technology — Coding of moving pictures and associated audio for digital storage media at up to about 1.5 Mbit/s）”，1992 年成为正式标准，国际标准号为 ISO/IEC 11172。

MPEG－1 是 MPEG 组织制定的第一个视频和音频有损压缩标准。为工业级标准设计，适用于不同带宽的设备，如 CD－ROM、Video－CD 等。MPEG－1 着眼于解决多媒体的存储问题。由于 MPEG－1 的成功制定，以 VCD 和 MP3 为代表的 MPEG－1 产品在世界范围内迅速普及。运动补偿算法：根据当前帧与前后帧之间的信息进行运算，生成对被压缩图像的预测。绝大多数自然场景运动都是有序的，因此，预测图像与被压缩图像的差分很小。

3.3.1 MPEG－1 的组成部分

MPEG－1 由五个部分及各自的勘误组成：

1. 系统部分（ISO/IEC 11172－1：1993）

该部分涉及了数据流组合的问题。数据流从符合 MPEG－1 标准的视频和音频组件出来，携带着定时信息，需要将这些数据流组合，形成一个单一的数据流。这是一个重要的功能，因为一旦组合成一个单一的流，数据才能适合数字储存或传输。

2. 视频部分(ISO/IEC 11172-2:1993)

该部分规定了一种编码的表示，可用于将625行和525行两种视频序列压缩成大约1.5Mbps位率。其开发主要用于操作存储介质，这些介质提供大约1.5Mbps连续传输速率。当然，也可更广泛地使用这部分，因为它采用的是通用的方法。

其采用了一系列技术以达到高压缩比率。首先是为信号选择一个合适的空域分辨率。然后，算法使用基于块的运动补偿以降低时域冗余。运动补偿用于从前一图片对当前图片的因果预测，从未来图片对当前图片的非因果预测，或从过去和未来图片进行内插预测。通过使用离散余弦变换(DCT)消除空域相关，差分信号(即预测误差)得到进一步压缩，然后被量化。最后，运动矢量与DCT信息组合，并使用变长度码编码。(如图3-5)

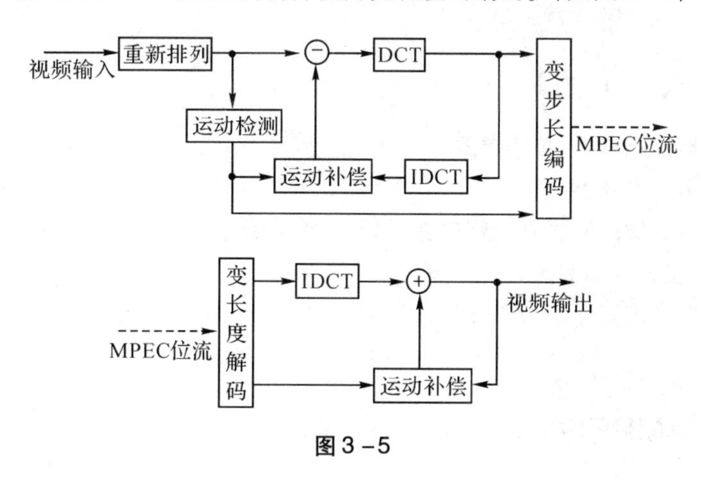

图3-5

3. 音频部分(ISO/IEC 11172-3:1993)

该部分规定了一种可以用于压缩音频序列，包括单声和立体声的编码表示。输入的音频样本被送到编码器。映射处理(mapping)对输入音频流产生滤波和子抽样。心理模块(psychoacoustic model)产生一系列数据，控制量化器(quantiser)和编码(coding)。量化器和编码将被映射的输入样本生成编码的符号序列。“帧包装”(frame packing)模块将其他模块输出的数据，并在必要的时候，还加上其他信息，如错误校正等，装配成一个实际的位流。

MPEG-1音频编码分为三层，分别为MPEG-1 Layer1主要用于VCD音频，MPEG-1 Layer2主要用于音频工作站和MPEG-1 Layer3主要用于MP3音频格式。

4. 依从性测试部分(ISO/IEC 11172-4:1995)

给部分说明如何测试比特数据流和解码器是否满足MPEG-1前三个部分中所规定的要求。这些测试主要用于以下情况：编码器制造商和用户，验证编码器是否产生合理的位流；解码器制造商和用户，验证解码器是否满足前三部分关于解码器能力规定的要求；验证所得到的位流特性是否满足该应用要求，如已编码的图片尺寸是否超过该应用允许的最大值。

5. 软件仿真部分(ISO/IEC TR 11172 -5:1998)

该部分从技术上说不是一个标准,而是一个技术报告,给出了用软件实现 MPEG - 1 标准前三个部分的结果。

3.3.2 MPEG - 1 的应用

应用 MPEG - 1 技术最成功的产品非 VCD 莫属了,VCD 作为价格低廉的影像播放设备,得到广泛的应用和普及。99% 以上的 VCD 都是用 MPEG1 格式压缩的,使用 MPEG - 1 的压缩算法,可以把一部 120 分钟长的电影压缩到 1.2 GB 左右大小,这些压缩的视频文件的格式主要有. mpg、. mlv、. mpe、. mpeg 及 VCD 光盘中的. dat 文件等。

此外,MPEG - 1 也被用于数字电话网络上的视频传输,如非对称数字用户线路(ADSL),视频点播(VOD),以及教育网络等。

3.3.3 MPEG - 1 的缺陷

第一,压缩比还不够大,所要求的磁盘空间过大。

第二,图像清晰度还不够高。

第三,对传输图像的带宽有一定的要求,不适合网络传输,尤其是在常用的低带宽网络上无法实现远程多路视频传送。

第四,录像帧数固定为每秒 25 帧,不能丢帧录像,使用灵活性较差。

3.4 MPEG - 2

MPEG - 标准的正式名称是“活动图像及有关声音信息的通用编码”(Generic Coding of Moving Pictures Associated Audio Information)标准,国际标准号为 ISO/IEC 13818,是由 MPEG 开发的第二个标准。

MPEG - 2 标准制定始于 1990 年 7 月。从 1991 年 5 月开始征集有关图像编码算法的文件,有 32 个公司和组织提供了非常详细的研究结果和 D1 格式的编解码图像录像带。1991 年 11 月,在日本的 JVC 研究所进行了对比测试,确定带有运动补偿预测和内插的 DCT 最成熟和性能最好。在 1992 年 1 月的会上又定下了 MPEG - 2 是“通用”标准。MPEG - 2 的声音和系统部分的工作始于 1992 年 7 月。MPEG 为制定 MPEG - 2 经常与有关国际组织,如 ISO、IEC、ITU - T、ITU - R 等开会协调,并注意到了与 MPEG - 1 的兼容一致。国际电联的无线电通信部门(ITU - R)从广播电视方面提出的不同需求构成了 MPEG - 2 的档次/等级(Profile/Level)概念的基础。ITU - R 在 MPEG - 2 的质量检验、测试方面做了大量工作。MPEG - 2 的委员会草案 ISO/IEC CD 13818 是 1993 年 11 月产生的。按计划在 1994 年 11 月 7 ~ 11 日的新加坡会议上被正式批准为国际标准。

3.4.1 MPEG－2 标准的构成

MPEG－2 标准目前分为九个部分，统称为 ISO/IEC13818 国际标准。各部分的内容描述如下：

第一部分，系统 System（ISO/IEC13818－1），描述多个视频，音频和数据基本码流合成传输码流和节目码流的方式。

第二部分，视频 Video（ISO/IEC13818－2），主要描述视频编码方法。

第三部分，音频 Audio（ISO/IEC13818－3），描述与 MPEG－1 音频标准反向兼容的音频编码方法。

第四部分，符合测试 Compliance（ISO/IEC13818－4），描述测试一个编码码流是否符合 MPEG－2 码流的方法。

第五部分，软件 Software（ISO/IEC13818－5），描述 MPEG－2 标准的第一、二、三部分的软件实现方法。

第六部分，数字存储媒体－命令与控制 DSM－CC（ISO/IEC13818－6），描述交互式多媒体网络中服务器与用户间的会话信令集。

第七部分，规定不与 MPEG－1 音频反向兼容的多通道音频编码。

第八部分，该部分的研制已经停止。

第九部分，规定了传送码流的实时接口。

这九部分中，前面六部分已经获得通过，成为正式的国际标准，并在数字电视等领域中得到了广泛的实际应用。其他三部分正在研制或停止。

3.4.2 MPEG－2 视频编码系统中的“级”（Level）与“类”（Profiles）

MPEG－2 视频编码标准是一个分等级的系列，按编码图像的分辨率分成四个“级”；按所使用的编码工具的集合分成五个“类”。“级”与“类”的若干组合构成 MPEG－2 视频编码标准在某种特定应用下的子集，即对某一输入格式的图像，采用特定集合的压缩编码工具，产生规定速率范围内的编码码流。通过各级和类的组合，共存在 20 种可能，目前有 11 种组合已获通过的，称为 MPEG－2 适用点。

1. MPEG－2 视频编码系统中的“级”

目前模拟电视存在着 PAL、NTSC 和 SECAM 三大制式并存的问题，因此，数字电视的输入格式标准试图将这三种制式统一起来，形成一种统一的数字演播室标准，这个标准就是 CCIR601，成为 ITU－RRec. BT601 标准。MPEG－2 中的四个输入图像格式“级”都是基于这个标准的。低级（LowLevel）的输入格式的像素是 ITU－RRec. BT601 格式的 1/4，即 352×240×30，即图像帧率为每秒 30 帧，每帧图像的有效扫描行数为 240 行，每行的有效像素为 352 个，或 352×288×25。主级（MainLevel）的输入图像格式完全符合 ITU－RRec. BT601 格式，即 720×480×30 或 720×576×25。主级之上为 HDTV 范围，基本上为 ITU－RRec. BT601

格式的4倍，其中1440高级(High－1440Level)的图像宽高比为4∶3，格式为1440×1080×30，高级(HighLevel)的图像宽高比为16∶9，格式为1920×1080×30。

2. MPEG－2视频编码系统中的“类”

根据使用的编码工具集，MPEG－2标准分为五“类”，其中较高的“类”代表采用较多的编码工具集，对编码图像进行更精细的处理，在相同比特率下将得到较好的图像质量，当然实现的代价也较大。较高类编码除使用较低类的编码工具外，还使用了一些较低类没有使用的附加工具，因此，较高类的解码器除能解码用本类方法编码的图像外，也能解码用较低类方法编码的图像，即MPEG－2的“类”之间具有后向兼容性。简单类(SimpleProfile)使用最少的编码工具。主类(MainProfile)除使用所有简单类的编码工具外，还加入了一种双向预测的方法。信噪比可分级类(SNRScalableProfile)和空间可分级类(SpatiallyScalableProfile)提供了一种多级广播的方式，将图像的编码信息分为基本信息层和一个或多个次要信息层。基本信息层包含对图像解码至关重要的信息，解码器根据基本信息即可进行解码，但图像的质量较差。次要信息层中包含图像的细节。广播时对基本信息层加以较强的保护，使其具有较强的抗干扰能力。这样，在距离较近，接收条件较好的情况下，可以同时收到基本信息和次要信息，恢复出高质量的图像；而在距离较远，接收条件较差的条件下，仍能收到基本信息，恢复出图像，不至造成解码中断。高级类(HighProfile)实际上应用于比特率更高，要求更高的图像质量时，此外，前四个类在处理Y、U、V时是逐行顺序处理色差信号的，高级类中还提供同时处理色差信号的可能性。

每种“类”因相关参数，如图像尺寸等的不同而有不同的“级”。表3－1将显示MPEG－2标准中的“类”和“级”目前的状况。

表3－1

级类	简单类	主类	4:2:2类	信噪可分级类	空间可分级类	高级类
高级		80 Mb/s				100 Mb/s
1920×1152						
1440高级		60 Mb/s			60 Mb/s	80 Mb/s
1440×1152						
主级	15 Mb/s	15 Mb/s	50 Mb/s	15 Mb/s		20 Mb/s
720×576						
低级		4 Mb/s		4 Mb/s		
352×288						

表3－1中“级”一栏的数字是表示四种图像的清晰度。高级是1920像素/行，1152行/帧，低级是352像素/行，288行/帧，表中12种组合的数据是指像素传播速率，即最高速率是100Mb/s，最低速率是4Mb/s，码率越高，图像质量越好，占用的频带也越宽。码率的选用与图像内容有很大关系，运动较多的图像如体育节目，就需要较高的码率，电影和动画片这样的节目所需的码率就要小一些。

3.4.3 MPEG-2视频编码系统原理

MPEG-2图像压缩的原理是利用了图像中的两种特性，即空间相关性和时间相关性。一帧图像内的任何一个场景都是由若干像素点构成的，因此一个像素通常与它周围的某些像素在亮度和色度上存在一定的关系，这种关系叫做空间相关性，就是我们前面提到的空间冗余；动态影片是由若干帧连续图像组成的图像序列构成，一个图像序列中前后帧图像间也存在一定的关系，这种关系叫做时间相关性，就是我们前面提到的时间冗余。这两种相关性使得图像中存在大量的冗余信息。如果我们能将这些冗余信息去除，只保留少量非相关信息进行传输，就可以大大节省传输频带。而接收机利用这些非相关信息，按照一定的解码算法，可以在保证一定的图像质量的前提下恢复原始图像。一个好的压缩编码方案就是能够最大限度地去除图像中的冗余信息。

1. MPEG-2中编码图像中的三种帧类型

根据上面的要求，我们将MPEG-2中编码图像分为三类，分别称为I帧、P帧和B帧。

(1)I帧图像采用帧内编码方式，只利用了单帧图像内的空间相关性，而没有利用时间相关性。I帧主要用于接收机的初始化和信道的获取，以及节目的切换和插入，I帧图像的压缩倍数相对较低。I帧图像是周期性出现在图像序列中的，出现频率可由编码器选择。

(2)P帧图像采用帧间编码方式，同时利用空间和时间相关性。P帧图像只采用前向时间预测，可以提高压缩效率和图像质量。P帧图像中可以包含帧内编码的部分，即P帧中的每一个宏块可以是前向预测，也可以是帧内编码。

(3)B帧图像也采用帧间编码方式，与P帧不同，B帧图像采用双向时间预测，可以大大提高压缩倍数。由于B帧图像采用了未来帧作为参考，因此，MPEG-2编码码流中图像帧的传输顺序和显示顺序是不同的。

2. MPEG-2编码码流的六个层次

为更好地表示编码数据，MPEG-2标准规定了一个层次性结构。它分为六层，自上到下分别是：视频序列层(Sequence)、图像组层(GOP：GroupofPicture)、图像层(Picture)、像条层(Slice)、宏块层(MacroBlock)和像块层(Block)。其中除宏块层和像块层外，上面四层中都有相应的起始码(SC：StartCode)，可用于因误码或其他原因收发两端失步时，解码器重新捕捉同步。因此一次失步将至少丢失一个像条的数据。

(1)视频序列层

该层是构成某路节目的图像序列，序列起始码后的序列头中包含了图像尺寸，宽高比，图像速率等信息。序列扩展中包含了一些附加数据。为保证能随时进入图像序列，序列头是重复发送的。

(2)图像组层

一个图像组由相互间有预测和生成关系的一组I、P、B图像构成，但头一帧图像总是I帧。GOP头中包含了时间信息。

(3)图像层

该层分为 I、P、B 三类。PIC 头中包含了图像编码的类型和时间参考信息。

(4)像条层

一个像条包括一定数量的宏块，其顺序与扫描顺序一致。

(5)宏块层

MPEG－2 中定义了三种宏块结构，即 4:2:0 宏块 4:2:2 宏块和 4:4:4 宏块，分别代表构成一个宏块的亮度像块和色差像块的数量关系。

其中 4:2:0 宏块中包含四个亮度像块，一个 Cb 色差像块和一个 Cr 色差像块；4:2:2 宏块中包含四个亮度像块，两个 Cb 色差像块和两个 Cr 色差像块；4:4:4 宏块中包含四个亮度像块，四个 Cb 色差像块和四个 Cr 色差像块。这三种宏块结构实际上对应于三种亮度和色度的抽样方式。

在进行视频编码前，分量信号 R、G、B 被变换为亮度信号 Y 和色差信号 Cb、Cr 的形式。4:2:2 格式中亮度信号的抽样频率为 13.5MHz，两个色差信号的抽样频率均为 6.75MHz，这样空间的抽样结构中亮度信号为每帧 720×576 样值，Cb，Cr 都为 360×576 样值，即每行中每隔一个像素对色差信号抽一次样。

4:4:4 格式中，亮度和色差信号的抽样频率都是 13.5MHz，因此空间的抽样结构中亮度和色差信号都为每帧 720×576 样值。而 4:2:0 格式中，亮度信号的抽样频率 13.5MHz，空间的抽样结构中亮度信号为每帧 720×576 样值，Cb，Cr 都为 360×288 样值，即每隔一行对两个色差信号抽一次样，每抽样行中每隔一个像素对两个色差信号抽一次样。

概括的说，4:2:0 格式中，每四个 Y 信号的像块空间内的Cb，Cr样值分别构成一个 Cb，Cr 像块；4:2:2 格式中，每四个 Y 信号的像块空间内的 Cb，Cr 样值分别构成两个 Cb，Cr 像块；而 4:4:4 格式中，每四个 Y 信号的像块空间内的 Cb，Cr 样值分别构成四个 Cb，Cr 像块。相应的宏块结构正是以此基础构成的。

(6)像块层

像块是 MPEG－2 码流的最底层，是离散余弦变换(DCT)的基本单元。在主类主级中一个像块由 8×8 个抽样值构成，同一像块内的抽样值必须全部是 Y 信号样值，或全部是 Cb 信号样值，或全部是 Cr 信号样值。另外，像块也用于表示 8×8 个抽样值经 DCT 变换后所生成的 8×8 个 DCT 系数。

在帧内编码的情况下，编码图像仅经过 DCT，量化器和比特流编码器即生成编码比特流，而不经过预测环处理。DCT 直接应用于原始的图像数据。

在帧间编码的情况下，原始图像首先与帧存储器中的预测图像进行比较，计算出运动矢量，由此运动矢量和参考帧生成原始图像的预测图像。而后，将原始图像与预测像素差值所生成的差分图像数据进行 DCT 变换，再经过量化器和比特流编码器生成输出的编码比特流。

可见，帧内编码与帧间编码流程的区别在于是否经过预测环的处理。

3.4.4 MPEG－2标准中的主要技术

1. 离散余弦变换DCT

离散余弦变换DCT(Discrete Cosine Transform)是数码率压缩需要常用的一个变换编码方法。任何连续的实对称函数的傅立叶变换中只含余弦项，因此余弦变换与傅立叶变换一样有明确的物理意义。DCT是先将整体图像分成N×N像素块，然后对N×N像素块逐一进行DCT变换。由于大多数图像的高频分量较小，相应于图像高频分量的系数经常为零，加上人眼对高频成分的失真不太敏感，所以可用更粗的量化。因此，传送变换系数的数码率要大大小于传送图像像素所用的数码率。到达接收端后通过反离散余弦变换回到样值，虽然会有一定的失真，但人眼是可以接受的。

在MPEG－2中DCT以8×8的像块为单位进行，生成的是8×8的DCT系数数据块。DCT变换的最大特点是对于一般的图像都能够将像块的能量集中于少数低频DCT系数上，即生成8×8DCT系数块中，仅左上角的少量低频系数数值较大，其余系数的数值很小，这样就可能只编码和传输少数系数而不严重影响图像质量。假设只考虑水平方向上一行数据(8个像素)的情况，DCT变换如图3－6所示：

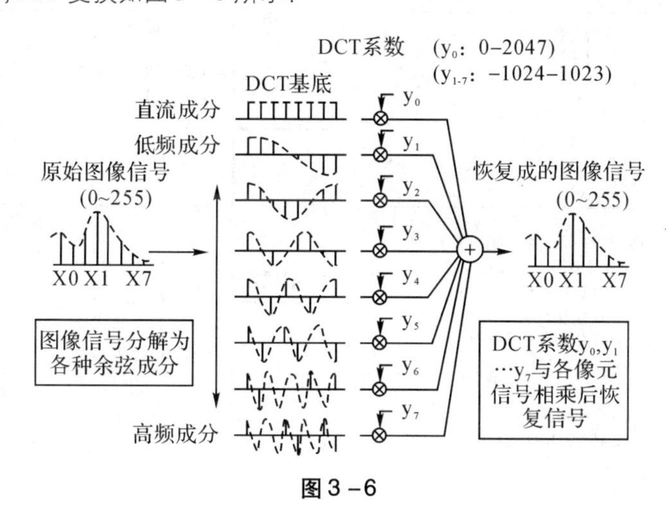

图3－6

DCT变换不能直接对图像产生压缩作用，但对图像的能量具有很好的集中效果，为压缩打下了基础。

2. 量化器

量化是针对DCT变换系数进行的，量化过程就是以某个量化步长去除DCT系数。量化步长的大小称为量化精度，量化步长越小，量化精度就越细，包含的信息越多，但所需的传输频带越高。不同的DCT变换系数对人类视觉感应的重要性是不同的，因此，编码器根据视觉感应准则，对一个8×8的DCT变换块中的64个DCT变换系数采用不同的量化精度，以保证尽可能多地包含特定的DCT空间频率信息，又使量化精度不超过需要。DCT变换系数中，低频系数对视觉感应的重要性较高，因此分配的量化精度较细；高频系数对视觉感应的重要性较低，分配的量化精度较粗，通常情况下，一个 DCT 变换块中的大多数高频系数量化后都会变为零。

3. 之型扫描与游程编码

DCT 变换产生的是一个 8 × 8 的二维数组，为进行传输，还须将其转换为一维排列方式。有两种二维到一维的转换方式，或称扫描方式：之型扫描（Zig – Zag）和交替扫描，其中，之型扫描是最常用的一种。由于经量化后，大多数非零 DCT 系数集中于 8 × 8 二维矩阵的左上角，即低频分量区，之型扫描后，这些非零 DCT 系数就集中于一维排列数组的前部，后面跟着长串的量化为零的 DCT 系数，这些就为游程编码创造了条件。

游程编码中，只有非零系数被编码。一个非零系数的编码由两部分组成：前一部分表示非零系数前的连续零系数的数量（称为游程），后一部分是那个非零系数。这样就把之型扫描的优点体现出来了，因为之型扫描在大多数情况下出现连零的机会比较多，游程编码的效率就比较高。当一维序列中的后部剩余的 DCT 系数都为零时，只要用一个“块结束”标志（EOB）来指示，就可结束这一个 8 × 8 变换块的编码，产生的压缩效果是非常明显的。（如图 3 – 7）

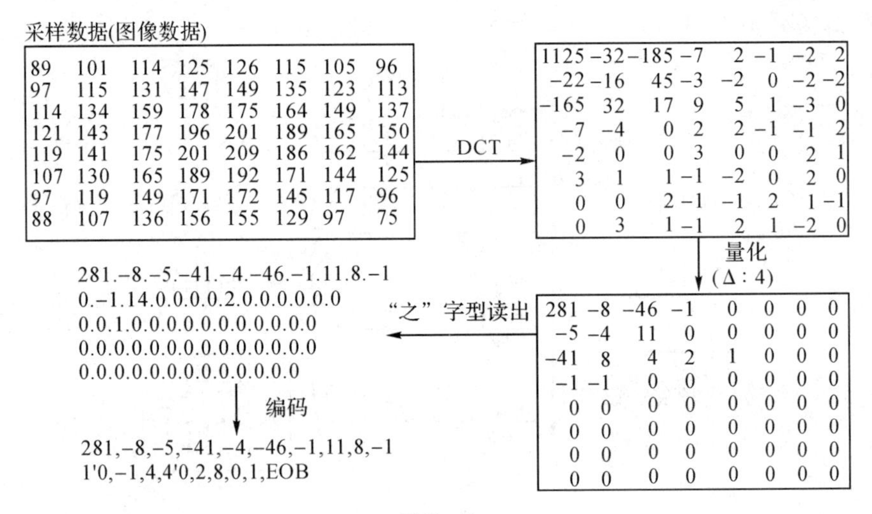

图 3 – 7

4. 熵编码

量化仅生成了 DCT 系数的一种有效的离散表示，实际传输前，还须对其进行比特流编码，产生用于传输的数字比特流。简单的编码方法是采用定长码，即每个量化值以同样数目的比特表示，但这种方法的效率较低。而采用熵编码可以提高编码效率。熵编码是基于编码信号的统计特性，使得平均比特率下降。游程和非零系数既可独立的，也可联合的作熵编码。熵编码中使用较多的一种是霍夫曼编码，MPEG – 2 视频压缩系统中采用的就是霍夫曼编码。霍夫曼编码中，在确定了所有编码信号的概率后生产一个码表，对经常发生的大概率信号分配较少的比特表示，对不常发生的小概率信号分配较多的比特表示，使得整个码流的平均长度趋于最短。

5. 信道缓存

由于采用了熵编码，产生的比特流的速率是变化的，随着视频图像的统计特性变化。但大多数情况下传输系统分配的频带都是恒定的，因此在编码比特流进入信道前需设置信道缓存。信道缓存是一缓存器，以变比特率从熵编码器向里写入数据，以传输系统标称的恒定比特率向外读出，送入信道。缓存器的大小，或称容量是设定好的，但编码器的瞬时输出比特率常明显高于或低于传输系统的频带，这就有可能造成缓存器的上溢出或下溢出。因此缓存器须带有控制机制，通过反馈控制压缩算法，调整编码器的比特率，使得缓存器的写入数据速率与读出数据速率趋于平衡。缓存器对压缩算法的控制是通过控制量化器的量化步长实现的，当编码器的瞬时输出速率过高，缓存器将要上溢时，就使量化步长增大以降低编码数据速率，当然也相应增大了图像的损失；当编码器的瞬时输出速率过低，缓存器将要下溢出时，就使量化步长减小以提高编码数据速率。

6. 运动估计

运动估计使用于帧间编码方式时，通过参考帧图像产生对被压缩图像的估计。运动估计的准确程度对帧间编码的压缩效果非常重要。如果估计做得好，那么被压缩图像与估计图像相减后只留下很小的值用于传输。运动估计以宏块为单位进行，计算被压缩图像与参考图像的对应位置上的宏块间的位置偏移。这种位置偏移是以运动矢量来描述的，一个运动矢量代表水平和垂直两个方向上的位移。运动估计时，P 帧和 B 帧图像所使用的参考帧图像是不同的。P 帧图像使用前面最近解码的 I 帧或 P 帧作参考图像，称为前向预测；而 B 帧图像使用两帧图像作为预测参考，称为双向预测，其中一个参考帧在显示顺序上先于编码帧（前向预测），另一帧在显示顺序上晚于编码帧（后向预测），B 帧的参考帧在任何情况下都是 I 帧或 P 帧。

7. 运动补偿

利用运动估计算出的运动矢量，将参考帧图像中的宏块移至水平和垂直方向上的相对应位置，即可生成对被压缩图像的预测。在绝大多数的自然场景中运动都是有序的。因此这种运动补偿生成的预测图像与被压缩图像的差分值是很小的。数字图像质量的主观评价的条件包括：评价小组结构，观察距离，测试图像，环境照度和背景色调等。评价小组由一定人数观察人员构成，其中专业人员与非专业人员各占一定比例。观察距离为显示器对角线尺寸的 3 – 6 倍。测试图像有若干具有一定图像细节和运动的图像序列构成。主观评价反映的是许多人对图像质量统计评价的平均值。

3.4.5 MPEG – 2 的实际应用

1. 视音频资料的存储

电视节目、音像资料等以前主要是以磁带为介质保存的。这种传统方式有很多弊端，如易损坏、体积大、成本高、难于重新使用等，特别是难以长期保存，不易查找、数据共享困难。随着计算机技术和视频压缩技术的发展，高速宽带计算机网络以及大容量数据存储系统给电视台节目的网络化存储、查询、共享、交流提供了可能。采用 MPEG－2 压缩编码的 DVD 视盘，给多媒体资料保存开辟了新的途径。电视节目、音像资料等可以通过 MPEG－2 编码系统编码，保存到低成本的 CD－R 光盘或高容量的可擦写 DVD－RAM 上，也可利用 DVD 编著软件制作成标准的 DVD 视盘，既可节约开支，也可节省存放空间。同时增加了多媒体数据的检索和共享能力。

2. 电视节目的非线性编辑系统及其网络

在非线性编辑系统中，节目素材是以数字压缩方式存储、制作和播出的，视频压缩技术是非线性编辑系统的技术基础。目前主要有 M－JPEG 和 MPEG－2 两种数字压缩格式。M－JPEG 技术即运动静止图像压缩技术，可进行精确到帧的编辑，但压缩效率不高。MPEG－2采用帧间压缩的方式，只需进行 I 帧的帧内压缩处理，B 帧和 P 帧通过侦测获得，因此，传输和运算的数据大多由帧之间的时间相关性得到，数据量较小，可以实现较高的压缩比。随着逐帧编辑问题的解决，MPEG－2 将广泛应用于非线性编辑系统，并大大地降低编辑成本，同时 MPEG－2 的解压缩是标准的，不同厂家设计的压缩器件压缩的数据可由其他厂家设计解压缩器来解压缩，可以保证各厂家的设备之间能完全兼容。

采用 MPEG－2 视频压缩技术，数据量成倍减少，降低了存储成本，提高了数据传输速度，减少了对计算机总线和网络带宽的压力，可采用纯以太网组建非线性编辑网络系统已成为可能，而在目前以太网是最为成熟的网络，系统管理比较完善，价格也比较低廉。

因此，基于 MPEG－2 的非线性编辑系统及非线性编辑网络将成为未来的发展方向。

3. 信息传输

MPEG－2 已经通过 ISO 认可，并在广播领域获得广泛的应用，如数字卫星视频广播（DVB－S）、DVD 视盘和视频会议等。目前，全球有数以千万计的 DVB－S 用户，DVB－S 信号采用 MPEG－2 压缩格式编码，通过卫星或微波进行传输，在用户端经 MPEG－2 卫星接收解码器解码，以供用户观看。此外，采用 MPEG－2 压缩编码技术，还可以进行远程电视新闻或节目的传输和交流。

4. 电视节目的播出

在整个电视技术中播出是一个承上启下的环节，对播出系统进行数字化改造是非常必要的，最关键一步就是构建硬盘播出系统。MPEG－2 硬盘自动播出系统因编播简便、储存容量大、视频指标高等优点，而为人们所青睐。但以往 MPEG－2 播出设备因非常昂贵，只有少量使用。随着 MPEG－2 技术的发展和相关产品成本的下降，MPEG－2 硬盘自动系统播出可望得到普及。

3.5 MPEG－4

MPEG－4 标准的正式名称为“超低比特率活动图像和语音压缩标准”，国际编号为“ISO/IEC14496”。它是 MPEG 专家组继 MPEG—1 和 MPEG—2 之后，于 1993 年 7 月开始制订的全新标准,并分别于1999年年初和2000年年初正式公布了版本1和版本2。到2001年10月,MPEG-4已定义了19个视像类(Visual Profile),其中新定义的简单演播室类(Simple Studio Profile)和核心演播室类(Core studio Profile)使MPEG-4对MPEG-2类别保留了一些形式上的兼容,其码率可高达2Gbps。随着MPEG-4标准的不断扩展,它不但能支持码率低于64kbps的多媒体通信,也能支持广播级的视频应用。

MPEG-4标准广泛运用于数字电视、动态图像、万维网、实时多媒体监控、基于内容存储和检索的多媒体系统、互联网上的视频流与可视游戏、基于面部表情模拟的虚拟会议、DVD上的交互多媒体应用、基于计算机网络的可视化合作实验室场景应用、演播电视等,它将推动电信、计算机、广播电视三大网络的最终融合,成为未来压缩标准的主流。

3.5.1 MPEG-4标准的构成

1. 多媒体传送整体框架DMIF(The Dellivery Multimedia Integration Framework)

多媒体传送整体框架(DMIF),主要解决交互网络中,广播环境下以及磁盘应用中多媒体应用的操作问题。通过传输多路合成比特信息来建立客户端和服务器端的交互和传输。MPEG4可以通过DMIF建立具有特殊品质服务(QoS)的信道和面向每个基本流的带宽。DMIF在原则上与文件传输协议FTP类似,其差别是FTP返回的是数据,而DMIF返回的是指向到何处获取数据流的指针。DMIF覆盖了三种主要技术:广播技术、交互网络技术和光盘技术。

2. 数据平面

MPEG4中的数据平面可以分为两部分:传输关系部分和媒体关系部分。

为了使基本流和AV对象在同一场景中出现,MPEG4引用了对象描述(OD)和流图桌面(SMT)的概念。OD传输与特殊AV对象相关的基本流的信息流图。桌面把每一个流与一个CAT(Channel Assosiation Tag)相连,CAT可实现该流的顺利传输。

3. 缓冲区管理和实时识别

MPEG4定义了一个系统解码模式(SDM),该解码模式描述了一种理想的处理比特流句法语义的解码装置,它要求特殊的缓冲区和实时模式。通过有效地管理,可以更好地利用有限的缓冲区空间。

4. 音频编码

MPEG4的优越之处在于——它不仅支持自然声音,而且支持合成声音。MPEG4的音频部分将音频的合成编码和自然声音的编码相结合,并支持音频的对象特征。

5. 视频编码

与音频编码类似,MPEG4也支持对自然和合成的视觉对象的编码。合成的视觉对象包括2D、3D动画和人面部表情动画等。

6. 场景描述

MPEG4提供了一系列工具,用于组成场景中的一组对象。一些必要的合成信息就组成了场景描述，这些场景描述以二进制格式 BIFS(Binary Format for Scene description)表示，BIFS 与 AV 对象一同传输、编码。场景描述主要用于描述各 AV 对象在一具体 AV 场景坐标下，如何组织与同步等问题。同时还有 AV 对象与 AV 场景的知识产权保护等问题。MPEG4 为我们提供了丰富的 AV 场景。

3.5.2 MPEG－4 的编码原理

MPEG－4 编解码的基本思想是基于图像内容的第二代视频编解码方案，将基于合成的编码方案结合在标准中。它根据图像的内容将图像分割成不同的视频对象 VO(Video Object)，在编码过程中对前景对象和背景对象采用不同的编码策略，对于人们所关心的前景对象，尽可能的保持对象的细节及平滑，而对不大关心的背景对象采用大压缩比的编码策略。

MPEG－4 将编码图像分成五个层次，从上至下依次为视频段 VS(Video Session)、视频对象 VO(Video Object)、视频对象层 VOL(Video Object Layer)、视频对象组层 GOV(Group of Video Object Plane)和视频对象平面 VOP(Video Object Plane)。

其中 VO 主要被定义为画面中分割出来的不同物体，每个 VO 有三类信息来描述，即运动信息、形状信息和纹理信息。VO 的构成依赖于具体应用和系统实际所处环境，在要求超低比特率的情况下，VO 可以是一个矩形帧，即传统 MPEG－1 中的矩形帧，从而与原来的标准相兼容；对于基于内容的表示要求较高的应用来说，VO 可能是场景中的某一物体或某一层面，如新闻节目中的解说员的头肩像；此外，VO 也可能是计算机产生的二维、三维图形等。

MPEG－4 的编解码的主要流程：

首先是 VO 的形成(VO Formation)，先要从原始视频流中分割出 VO，之后由编码控制(Coding control)机制为不同的 VO 以及各个 VO 的三类信息分配码率，之后各个 VO 分别独立编码，最后将各个 VO 的码流复合成一个位流。其中，在编码控制和复合阶段可以加入用户的交互控制或由智能化的算法进行控制。现在的 MPEG－4 包含了基于网格模型的编码和 Sprite 技术。在进行图像分析后，先考察每个 VO 是否符合一个模型，典型的如人头肩像，先按模型编码，再考虑背景能否采用 Sprite 技术，如果可以则将背景产生一幅大图，为每帧产生一个仿射变换和一个位置信息，最后对其余的 VO 按上述流程编码。解码的过程就是编码的逆过程。

3.5.3 MPEG－4 标准的主要技术

1. 视频对象提取技术

视频对象分割的一般步骤是，先对原始视频/图像数据进行简化以利于分割，然后对视频/图像数据进行特征提取，可以是颜色、纹理、运动、帧差等特征，再基于某种均匀性标准来确定分割决策，根据所提取特征将视频数据归类，最后是进行相关后处理，以实现滤除噪声及准确提取边界。一般采用分水岭算法。

2. VOP 视频编码技术

视频对象平面(VOP)是视频对象(VO)在某一时刻的采样，是 MPEG－4 视频编码的核心概念。编码过程中针对不同 VO 采用不同的编码策略,即对前景 VO 的压缩编码尽可能保留细节和平滑;对背景 VO 则采用高压缩率的编码策略,甚至不予传输而在解码端由其他背景拼接而成。这种基于对象的视频编码使用户可与场景交互,从而既提高了压缩比,又实现了基于内容的交互。

3. 视频编码可分级性技术

视频编码的可分级性是指码率的可调整性,即视频数据只压缩一次,却能以多个帧率、空间分辨率或视频质量进行解码,从而可支持多种类型用户的各种不同应用要求。

对视像内容来说,分为自然视频内容,自然和合成混合图像内容两部分。自然视频内容的类又分为五类:简单视像类,用于移动通信;简单可分级视像类,用于有质量分级的互联网的软件解码;核心视像类,对简单视像类补充任意形状和随时间缩放的对象的编码,用于互联网多媒体应用;主视像类,对核心视像类补充隔行、半透明和子图画对象编码,用于交互多媒体质量的广播和 DVD 的应用;N－比特视像类,对核心视像类对象的样本量化深度进行调节,可有 4 比特到 12 比特量化的核心视像类,用于监视等应用。对于合成的自然图像混合视像内容又有四类:简单面部动画视像类、可分级纹理视像类、基本动画 2D 纹理视像类和混合视像类。图形类共有两类:2D 图形类和完全的图形类。场景描述类共有五类:简单场景类、2D 场景类、虚拟现实模块语言(VRML)场景类、音频场景类和完全场景类。音频的类型有:话音类、低码率合成音频类、可分级音频类和主音频类。级是对比特率、取样率、图像分辨率及复杂性进行分级。不可能有没有级的类,但有的类只有一级。

MPEG－4 通过视频对象层(VOL)数据结构来实现分级编码。提供两种基本分级工具,即时域分级和空域分级,此外还支持时域和空域的混合分级。每一种分级编码都至少分为基本层和增强层。基本层提供了视频序列的基本信息,增强层提供了视频序列更高的分辨率和细节。

3.5.4 MPEG－4 标准的特点

1. 交互性

(1)基于内容的操作与比特流编辑支持无须编码就可进行基于内容的操作与比特流编辑。如使用者可在图像或比特流中选择一具体的对象(Object)(例如图像中的某个人,某个建筑等),随后改变它的某些特性。

(2)自然与合成数据混合编码,提供将自然视频图像同合成数据(文本、图形)有效结合的方式,同时支持交互性操作。

(3)增强的时间域随机存取,MPEG－4 提供有效的随机存取方式,在有限的时间间隔内,可按帧或任意形状的对象,对一音、视频序列进行随机存取。如以一序列中的某个音、视频对象为目标进行搜索。

2. 高压缩率

(1)提高编码效率,在与现有的或正在形成的标准的可比拟速率上,MPEG－4 标准提供更好的主观视觉质量的图像。这使其可以在迅速发展中的移动通信网中进行应用,但提高编码效率不是 MPEG－4 的唯一的主要目际。

(2)对多个并发数据流的编码，MPEG－4 提供对一景物的有效多视角编码，加上多伴音声道编码及有效的视听同步。在立体视频应用方面，MPEG－4 利用对同一景物的多视点观察所造成的信息冗余，有效地描述三维自然景物。

3. 灵活多样的存取

(1)错误易发环境中的抗错性

MPEG－4 允许采用各种有线、线网和各种存储媒体，大大提高抗错误能力，尤其是在易发生严重错误的环境下的低比特应用中，如移动通信环境。MPEG－4 是第一个在其音、视频表示规范中考虑信道特性的标准。目的不是取代已由通信网提供的错误控制技术，而是提供一种对抗残留错误的坚韧性。如选择性前向纠错、错误遏制或错误掩盖等。

(2)基于内容的尺度可变性

内容尺度可变性意味着给图像中的各个对象分配优先级。其中，比较重要的对象用较高的空间和或时间分辨率表示。基于内容的尺度可变性是 MPEG－4 的核心，因为一旦图像中所含对象的目录及相应的优先级确定后，其他的基于内容的功能就比较容易实现了。对甚低比特率应用来说，尺度可变性是一个关键的因素，因为它提供了自适应可用资源的能力。如对具有最高优先级的对象以可接受的质量显示，第二优先级的对象则以较低的质量显示，而其余内容则不予显示，这样可以有效地利用有限的资源。

3.5.5 MPEG－4 的应用

基于上面提到特点 MPEG－4 在众多领域有广泛的应用，如因特网多媒体应用、广播电视、交互式视频游戏、实时可视通信、交互式存储媒体应用、演播室技术及电视后期制作、电视虚拟会议、多媒体邮件、移动通信条件下的多媒体应用、远程视频监控等。下面简要总结一下 MPEG－4 的主要应用。

1. 因特网视音频广播

由于上网人数与日俱增，传统电视广播的观众逐渐减少，随之而来的便是广告收入的减少，所以现在的固定式电视广播最终将转向基于 TCP/IP 的因特网广播，观众的收看方式也由简单的遥控器选择频道转为网上视频点播。视频点播的概念不是先把节目下载到硬盘，然后再播放，而是流媒体视频(streaming video)，点击即观看，边传输边播放。

现在因特网中播放视音频的有 Real Networks 公司的 Real Media，微软公司的 Windows Media，苹果公司的 QuickTime，它们定义的视音频格式互不兼容，这可能导致媒体流中难以控制的混乱，而 MPEG－4 为因特网视频应用提供了一系列的标准工具，使视音频码流具有规范一致性。

2. 无线通信

MPEG－4 高效的码率压缩，交互和分级特性尤其适合于在窄带移动网上实现多媒体通信，未来的手机将变成多媒体移动接收机，不仅可以打移动电视电话、移动上网，还可以移动接收多媒体广播和收看电视。

3. 电视电话

传统用于窄带电视电话业务的压缩编码标准,如 H261,采用帧内压缩、帧间压缩、减少像素和抽帧等办法来降低码率,但编码效率和图像质量都难以令人满意。MPEG－4 的压缩编码可以做到以极低码率传送质量可以接受的声像信号,使电视电话业务可以在窄带的公用电话网上实现。

4. 计算机图形、动画与仿真

MPEG－4 特殊的编码方式和强大的交互能力,使得基于 MPEG－4 的计算机图形和动画可以从各种来源的多媒体数据库中获取素材,并实时组合出所需要的结果。因而未来的计算机图形可以在 MPEG－4。

5. 实时多媒体监控

实时多媒体监控以前主要采用 MPEG－1 标准,但由于 MPEG－4 压缩技术是一种适用在低带宽下进行信息交换的音视频处理技术,它的特点是可以动态的侦测图像各个区域变化,基于对象的调整压缩方法可以获得比 MPEG－1 更大的压缩比,使压缩码流更低。因此,尽管 MPEG－4 技术并不是专为视频监控压缩领域而开发的,但它高清晰度的视频压缩,在实时多媒体监控上,无能是存储量,传输的速率,清晰度都比 MPEG－1 具有更大的优势。

6. 基于内容存储和检索的多媒体系统

由于 MPEG－4 在压缩方法上优于 MPEG－1 技术,经过专家的测试表明,在相同清晰度对应 MPEG－1(500Kbits/sec)码流情况下,MPEG－4 比 MPEG－1 节省了2/3 的硬盘空间,在一般活动场景下也节省近一般的容量。因此,无论是从内容存储量,还是从多媒体文件的检索速度来说,MPEG4 技术都优于以前的压缩标准。

7. 电子游戏

MPEG－4 可以进行自然图像与声音同人工合成的图像与声音的混合编码,在编码方式上具有前所未有的灵活性,并且能及时从各种来源的多媒体数据库中调用素材。这可以在将来产生像电影一样的电子游戏,实现极高自由度的交互式操作。

3.6 H.261

1984 年国际电报电话咨询委员会(CCITT)的第 15 研究组成立了一个专家组,专门研究电视电话的编码问题,所用的电话网络为综合业务数据网络(ISDN),当时的目标是推荐一个图像编码标准,传输速率为 $m \times 384$kb/s,$m = 1,2,3,4,5$。后来因为 384kb/s 速率作为起始点偏高,广泛性受限制,跨度也太大,灵活性受影响,改为 $p \times 64$kb/s,$p = 1,2,3,\cdots 30$。最后又把 P 扩展到 32,因为 32×64kb/s = 2084kb/s,基本上等于 2Mb/s,已超过了窄带 ISDN 的最高速率 1920kb/s,最高速率也称通道容量。经过 5 年以上的精心研究和努力,终于在 1990 年 12 月完成和批准了 CCITT 推荐书 H.261,正是名称为“采用 $p \times 64$kb/s 的声像业务的图像编解码"，H. 261 简称 p×64。

H. 261 是 ITU－T 制作的第一个针对动态图像的视频编解码标准，用于电视电话和电视会议，其推荐的图像编码算法是实时处理的，并且要求最小的延迟时间，因为图像必须和语音密切配合，否则必须延迟语音时间。当 p 取 1 或 2 时，速率只能达到 64kb/s 或 128kb/s，由于速率较低，只能传清晰度不太高的图像，所以只适合于面对面的电视电话。当 p＞6 时，速率＞384kb/s，速率较高，可以传输清晰度尚好的图像，适用于电视会议。

3.6.1 H. 261 的编码原理

编码方法包括 DCT 变换，可控步长线性量化，变长编码及预测编码等。具体编码方式如图 3－8 所示。

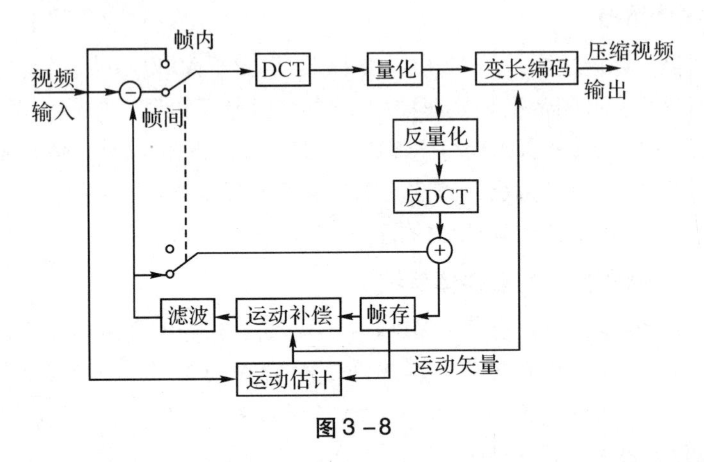

图 3－8

其中 DCT 变换的输入输出选择开关由帧内/帧间模式选择电路控制。在帧内模式时，开关打到上面，输入信号经 DCT 变换，线性量化和变长编码后输出，图像只进行帧内压缩。在帧间模式时，开关打到下面，前一帧图像信号经过预测环中的运动补偿后产生一个后帧的预测信号。后帧的实际输入信号与其预测值相减后，在进行一个帧内压缩编码的过程后输出。

其中变长编码器产生的控制信号送量化器以控制其量化步长。当变长编码器的输入中连续出现许多大数值的数据，导致集中出现长的码组，使缓存器接近溢出时，控制信号使量化器的量化步长加大，以降低大数值数据的出现；反之，也可控制量化器以减小其量化步长。在预测环路中由于存在用于恢复前帧信号的反量化器，量化步长控制信号也要送到预测环中的反量化器中。

H. 261 标准仅仅规定了如何进行视频的解码，开发者在编码器的设计上拥有相当的自由来设计编码算法，只要他们的编码器产生的码流能够被所有按照 H. 261 规范制造的解码器解码就可以了。编码器可以按照自己的需要对输入的视频进行任何预处理，解码器也有自由对输出的视频在显示之前进行任何后处理。如去块效应滤波器就是一个有效的后处理技术，它能明显的减轻因为使用分块运动补偿编码造成的马赛克效应。

后来的视频编码标准都可以说是在 H. 261 的基础上进行逐步改进，引入新功能得到的。

现在的视频编码标准比起 H. 261 来在各性能方面都有了很大的提高，这使得 H. 261 成为过时的标准，除了在一些视频会议系统和网络视频中为了向后兼容还支持 H. 261，已经基本上看不到使用 H. 261 的产品了。

3.6.2 H. 261 的数据结构

为了解决彩色电视制式不同而引起的矛盾，在 H. 261 标准中，对数字视频压缩编码的输入采用公共的中间格式，即 CIF（Common Intermediate Format）或准 CIF，即在编码时，首先将 PAL 制、NTSC 制或 SECAM 制的数字视频信号转化为 CIF 格式，即所谓的 CIF 格式转换。解码时，再将 CIF 信号转换回 PAL、NTSC 或 SECAM 制视频信号。

H. 261 建议将 CIF 和 QCIF 格式的数据结构划分为如下四个层次：图像层（P）、块组层（GOB）、宏块层（MB）和块层（B），这样的数据结构可保证解码器在解码时没有二义性。（如图 3－9）

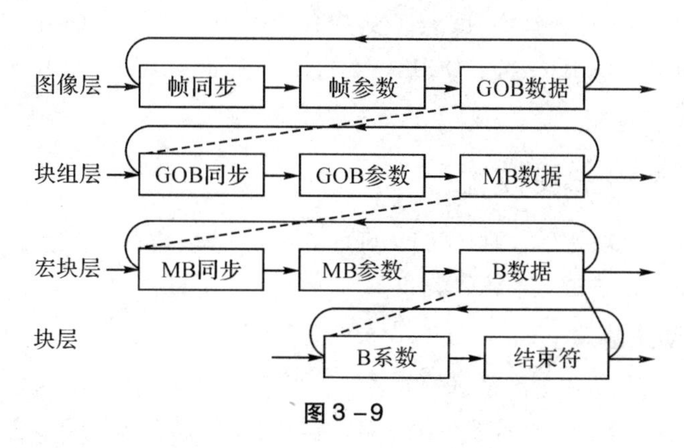

图 3－9

图像层：由图像头和块组数据组成，图像头包括一个 20bit 的图像起始码和一些标志信息，如 CIF/QCIF、帧数（时间参数）等。

块组层：在一帧数字视频信号中，亮度信号 Y 的有效抽样点为 352 点/行和 288 行/帧，将这些有效抽样点抽样分成 12 个块组（GOB），由块组头（16bit 块组起始码、块组编码号等）和宏块数据组成。

宏块层：每个块组分成 33 个宏块（MB），由宏块头（宏块地址、类型等）和块数据组成。

块层：每个宏块（MB）又分成 4 个块（B），每个块（B）由 8 × 8 像素组成，块（B）是 CIF 格式中最基本的编码单位，由变换系数和块结束符组成。

3.7 H. 263 系列标准

1996 年 3 月 ITU－T 在 H. 261 标准的基础上制定了 H. 263 标准，这是一种用于低比特率视频业务中运动图像部分的压缩编码方法。视频编码算法的基本思想都是基于 ITU－T 的 H. 261 标准，把减少空间冗余的帧内预测法和减少时间冗余的变换编码法结合起来。H. 263

是为低码流通信而设计的，但实际上这个标准可用在很宽的码流范围，而非只用于低码流应用，它在许多应用中取代了 H.261。263 标准在低码率下能够提供比 H.261 更好的图像效果。

3.7.1 H.263 与 H.261 的区别

H.263 与 H.261 主要区别如下：

第一，H.263 的运动补偿使用半像素精度，而 H.261 则用全像素精度和循环滤波。

第二，数据流层次结构的某些部分在 H.263 中是可选的，使得编解码可以配置成更低的数据率或更好的纠错能力。

第三，H.263 包含四个可协商的选项以改善性能。

第四，H.263 采用无限制的运动向量以及基于语法的算术编码。

第五，采用事先预测和与 MPEG 中的 P－B 帧一样的帧预测方法。

第六，H.263 支持五种分辨率，即除了支持 H.261 中所支持的 QCIF 和 CIF 外，还支持 SQCIF、4CIF 和 16CIF，SQCIF 相当于 QCIF 一半的分辨率，而 4CIF 和 16CIF 分别为 CIF 的 4 倍和 16 倍。

3.7.2 H.263 的主要技术

H.263 标准为了改善性能，提供了四个可选的编码方案，即非限制运动矢量，先进预测模式，PB 帧模式和基于语法的算术编码。

1. 非限制运动矢量

该方案允许运动矢量指向图像以外的区域。当某一运动矢量所指的参考宏块位于编码图像之外时，就用其边缘的图像像素值来代替。当存在跨边界的运动时，这种模式能取得很大的编码增益，特别是对小图像而言。另外，这种模式包括了运动矢量范围的扩展，允许使用更大的运动矢量，这对摄像机运动特别有利。

2. 先进预测模式

在一般情况下，每一宏块对应一个运动矢量。在先进的预测模式下，一个宏块中四个 8×8 亮度块可以各对应一个运动矢量，从而提高了预测精度，两个色度块的运动矢量则取这四个亮度块运动矢量的平均值。补偿时，使用重叠的块运动补偿，8×8 亮度块的每个像素的补偿值由三个预测值加权平均得到。是否使用四个 8×8 块运动矢量代替 16×16 块运动矢量由编码器决定。通常，该模式的使用可以产生相当显著的编码增益，特别是采用重叠的块运动补偿会减少块效应，提高主观质量。

3. PB 帧模式

在基本 PB 帧模式下，一个 PB 帧是一个 P 帧和一个 B 帧组成的整体。当前 P 帧由前一个 P 帧预测得到，B 帧则由前一个 P 帧和当前 P 帧预测得到。PB 帧模式在增加较少比特数的情况下，将帧率提高了近一倍。

增强 PB 帧模式的主要改进点在于预测方式的增强。基本 PB 帧模式对 B 帧图像仅允许使用双向预测，而增强的PB帧模式对B帧图像则允许使用前向预测、后向预测和双向预测三种手段。这样，在压缩过程中，有机会选择更适合的预测方法处理B帧图像，从而提高B帧的压缩效率。基本PB帧模式的B帧只能通过双向预测获得，这对慢速运动图像效果较好。当输入运动图像存在快速不规则的运动时，B帧质量会急剧恶化，而增强PB帧模式的B帧有三种预测方式可选，可以解决这一难题。通过分析和测试表明，增强PB模式比基本PB帧模式有更强的鲁棒性，更适用于运动图像远程实时传输。

4. 基于语法的算术编码

基于语法的算术编码模式使用算术编码代替霍夫曼编码，可在信噪比和重建图像质量相同的情况下降低码率。

3.7.3 H.263+标准

1997年9月ITU-T又制定了H.263+（H.263的第二版）标准，它兼容H.263。H.263+能更好的提高恢复图像的质量和压缩性能，有广阔的应用前景。H.263+在H.263的基础上实施了许多改进，它允许使用更多的图像格式、图像形状和时钟频率，增加了H.263+应用的灵活性。另外，图像大小、形状和时钟频率可以在H.263+的比特流中给出。

H.263+标准的改进：

首先，原H.263标准限制了其应用的图像输入格式，仅允许五种视频源格式。H.263+标准允许更大范围的图像输入格式，自定义图像的尺寸，从而拓宽了标准使用的范围，使之可以处理基于视窗的计算机图像、更高帧频的图像序列及宽屏图像。

其次，H.263+标准为提高压缩效率，采用先进的帧内编码模式；增强的PB-帧模式改进了H.263的不足，增强了帧间预测的效果；去块效应滤波器不仅提高了压缩效率，而且提供重建图像的主观质量。

再次，H.263+标准在H.263标准的基础上采用可放缩性，提高视频信息在易出错、数据丢失或不同环境中的传输正确率，进一步限制图像。

最后，H.263+标准为适应网络传输，在H.263标准增加了时间分级、信噪比和空间分级，对在噪声信道和存在大量包丢失的网络中传送视频信号很有意义。另外，片结构模式、参考帧选择模式增强了视频传输的抗误码能力。

3.7.4 H.263++标准

H263++在H263+基础上增加了三个选项，主要是为了增强码流在恶劣信道上的抗误码性能，同时为了提高增强编码效率。

这三个选项为：

选项U：称为增强型参考帧选择，它能够提供增强的编码效率和信道错误再生能力（特别是在包丢失的情形下），需要设计多缓冲区用于存贮多参考帧图像。

选项V：称为数据分片，它能够提供增强型的抗误码能力（特别是在传输过程中本地数据被破坏的情况下），通过分离视频码流中DCT的系数头和运动矢量数据，采用可逆编码方式保护运动矢量。

选项W：在H263+的码流中增加补充信息，保证增强型的反向兼容性，附加信息包括：指示采用的定点IDCT、图像信息和信息类型、任意的二进制数据、文本、重复的图像头、交替的场指示、稀疏的参考帧识别。

3.8 H.264标准

H.264标准是ITU-T的视频编码专家组和ISO的活动图像专家组联合制定的新的视频编码标准。其目的是在低比特率下获得很好的图像压缩效果并可适应不同的网络环境。

3.8.1 H.264标准的产生

制订完H.263标准后，ITU-T的视频编码专家组（VCEG）将开发工作分为两部分：一部分称之为"短期"（short-term）计划，目的是给H.263增加一些新的特性，即开发H.263+和H.263++标准；另一部分被称为"长期"（long-term）计划，其最初的目标就是要制定出一个比当时其他的视频编码标准效率提高一倍的新标准。这一计划在1997年开始，其成果就是作为H.264前身的H.26L（起初叫H.263L）。在2001年年底，由于H.26L优越的性能，ISO/IEC的MPEG专家组加入到VCEG中来，共同成立了联合视频小组（JVT），接管了H.26L的开发工作。

JVT（Joint Video Team，视频联合工作组）于2001年12月在泰国Pattaya成立。它由ITU-T和ISO两个国际标准化组织的有关视频编码的专家联合组成。JVT的工作目标是制定一个新的视频编码标准，以实现视频的高压缩比、高图像质量、良好的网络适应性等目标。2002年6月，JVT第五次会议通过了H.264的FCD版，2002年12月，ITU-T在日本的会议上正式通过了H.264标准，这一标准正式成为国际标准是2003年3月在泰国Pattaya举行的JVT第7次会议上通过的。由于该标准是由两个不同的组织共同制定的，因此有两个不同的名称：在ITU-T中，它的名字叫H.264；而在ISO/IEC中，它被称为MPEG-4的第10部分，即高级视频编码（AVC）。

3.8.2 H.264标准介绍

H.264不仅比H.263和MPEG-4节约了50%的码率，而且对网络传输具有更好的支持功能。它引入了面向IP包的编码机制，有利于网络中的分组传输，支持网络中视频的流媒体传输。H.264具有较强的抗误码特性，可适应丢包率高、干扰严重的无线信道中的视频传输。H.264支持不同网络资源下的分级编码传输，从而获得平稳的图像质量。H.264能适应于不同网络中的视频传输，网络亲和性好。

该标准的压缩系统由视频编码层（VCL）和网络提取层（Network Abstraction Layer，NAL）两部分组成。VCL中包括VCL编码器与VCL解码器，主要功能是视频数据压缩编码和解码，它包括运动补偿、变换编码、熵编码等压缩单元。NAL则用于为VCL提供一个与网络无关的统一接口，它负责对视频数据进行封装打包后使其在网络中传送，它采用统一的数据格式，包括单个字节的包头信息、多个字节的视频数据与组帧、逻辑信道信令、定时信息、序列结束信号等。包头中包含存储标志和类型标志。存储标志用于指示当前数据不属于被参考的帧。类型标志用于指示图像数据的类型。

H.264 标准可分为三档：基本档次（其简单版本，应用面广）；主要档次（采用了多项提高图像质量和增加压缩比的技术措施，可用于 SDTV、HDTV 和 DVD 等）；扩展档次（可用于各种网络的视频流传输）。

3.8.3 H.264 标准的技术特点

1. 帧内预测编码

帧内编码用来缩减图像的空间冗余。为了提高 H.264 帧内编码的效率，在给定帧中充分利用相邻宏块的空间相关性，相邻的宏块通常含有相似的属性。因此，在对一给定宏块编码时，首先可以根据周围的宏块预测（典型的是根据左边和上边的宏块，因为这些宏块已经被编码处理），然后对预测值与实际值的差值进行编码，这样，相对于直接对该帧编码而言，可以大大减小码率。

2. 帧间预测编码

帧间预测编码利用连续帧中的时间冗余来进行运动估计和补偿。H.264 的运动补偿支持以往的视频编码标准中的大部分关键特性，而且灵活地添加了更多的功能，除了支持 P 帧、B 帧外，H.264 还支持一种新的流间传送帧——SP 帧，码流中包含 SP 帧后，能在有类似内容但有不同码率的码流之间快速切换，同时支持随机接入和快速回放模式。

3. 不同大小和形状的宏块分割

对每一个 16×16 像素宏块的运动补偿可以采用不同的大小和形状，H.264 支持七种模式。小块模式的运动补偿为运动详细信息的处理提高了性能，减少了方块效应，提高了图像的质量。

4. 高精度的亚像素运动补偿

在 H.263 中采用的是半像素精度的运动估计，而在 H.264 中可以采用 1/4 像素或者 1/8 像素精度的运动估值。在要求相同精度的情况下，H.264 使用 1/4 像素或者 1/8 像素精度的运动估计后的残差要比 H.263 采用半像素精度运动估计后的残差来得小。这样在相同精度下，H.264 在帧间编码中所需的码率更小。

5. 多帧预测

H.264 提供可选的多帧预测功能，在帧间编码时，可选五个不同的参考帧，提供了更好的纠错性能，这样更可以改善视频图像质量。这一特性主要应用于以下场合：周期性的运动、平移运动、在两个不同的场景之间来回变换摄像机的镜头。

6. 去块滤波器

H.264 定义了自适应去除块效应的滤波器，这可以处理预测环路中的水平和垂直块边缘,大大减少了方块效应。

7. 整数变换

在变换方面,H.264使用了基于4×4像素块的类似于DCT的变换,但使用的是以整数为基础的空间变换,不存在反变换因为取舍而存在误差的问题。与浮点运算相比,整数DCT变换会引起一些额外的误差,但因为DCT变换后的量化也存在量化误差,与之相比,整数DCT变换引起的量化误差影响并不大。此外,整数DCT变换还具有减少运算量和复杂度,有利于向定点DSP移植的优点。

8. 量化

H.264中可选32种不同的量化步长,这与H.263中有31个量化步长很相似,但是在H.264中,步长是以12.5%的复合率递进的,而不是一个固定常数。在H.264中,变换系数的读出方式也有两种:之字形(Zigzag)扫描和双扫描。大多数情况下使用简单的之字形扫描;双扫描仅用于使用较小量化级的块内,有助于提高编码效率。

9. 熵编码

视频编码处理的最后一步就是熵编码,在H.264中采用了两种不同的熵编码方法:通用可变长编码(UVLC)和基于文本的自适应二进制算术编码(CABAC)。

在H.263等标准中,根据要编码的数据类型如变换系数、运动矢量等,采用不同的VLC码表。H.264中的UVLC码表提供了一个简单的方法,不管符号表述什么类型的数据,都使用统一变字长编码表。其优点是简单;缺点是单一的码表是从概率统计分布模型得出的,没有考虑编码符号间的相关性,在中高码率时效果不是很好。

因此,H.264中还提供了可选的CABAC方法。算术编码使编码和解码两边都能使用所有句法元素(变换系数、运动矢量)的概率模型。为了提高算术编码的效率,通过内容建模的过程,使基本概率模型能适应随视频帧而改变的统计特性。内容建模提供了编码符号的条件概率估计,利用合适的内容模型,存在于符号间的相关性可以通过选择目前要编码符号邻近的已编码符号的相应概率模型来去除,不同的句法元素通常保持不同的模型。

3.8.4 H.264标准的应用

1. 对话应用

比如像视频电话和视频会议,有严格的时延限制,要求端到端时延小于1s,最好小于100ms。编解码器的参数能实时调整,错误恢复机制要根据实际网络变化而改变。编解码的复杂度不能很高,比如双向预测的模式就不能被采用。

2. 下载服务

可使用可靠的传输协议如FTP和HTTP将数据全部传输。由于这种应用的非实时性,编码器可以通过优化进行高效编码,而且对时延和错误恢复机制没有要求。

3. 流媒体服务应用

对时延要求介于上面两者之间,初始化时延是10s以内。与实时编码相比对时延要求降低，编码器可以进行优化实现高效编码(比如双向预测)。然而通常流媒体服务使用不可靠的传输协议，所以编码时要进行差错控制并进行信道纠错编码。

3.8.5 H.264 标准的优越性

第一，码率低：和 MPEG－2 等压缩技术相比，在同等图像质量下，采用 H.264 技术压缩后的数据量只有 MPEG－2 的 1/2～1/3。显然，H.264 压缩技术的采用将大大节省用户的下载时间和数据流量收费。

第二，图像质量高：H.264 能提供连续、流畅的高质量图像。

第三，容错能力强：H.264 提供了解决在不稳定网络环境下容易发生的丢包等错误的必要工具。

第四，网络适应性强：H.264 提供了网络适应层，使得 H.264 的文件能容易地在不同网络上传输。

本章思考题

1. 简述数据压缩的基本原理。
2. 简述 MPEG－4 的编码原理。
3. 简述 H.264 标准的优越性及其主要应用。

CHAPTER 4

第四章

REAL NETWORKS 流媒体解决方案

【内容提要】Real Networks 是流媒体技术的创始者，Real Networks 公司的流媒体制作及播放系统 Real System 是一个完整的数据流解决方案，可以将视频、音频、动画、图片、文字等内容转换为数据流媒体，在所有带宽上为最终用户提供丰富的实用的数据流媒体。本章以 Real System 流媒体解决方案为实例介绍流媒体技术的实现过程，包括“Real Networks 简介”、“客户播放器 Real Player”、“Real Producer”、“Real Slideshow”、“Real Presenter”、“Real Server”和“Real Text”几个部分。

本章第一部分主要对 Real Networks 进行基本的介绍，包括 Real Networks 的产生和发展过程，Real System 系统的基本组成，以及 Real System 的基本通信原理。

本章第二部分主要对构成 Real System 系统的软件进行相关的介绍，主要包括三大类：播放端软件、编码制作软件和服务器端软件。播放端软件主要介绍 Real Player，包括系统界面介绍、基本功能介绍和系统属性设定；编码制作软件主要介绍编码器 Real Producer 以及 Real Slideshow、Real Presenter 两个制作软件，包括各个软件的系统界面介绍，各自处理的基本过程和相关的系统设置方法；服务器端软件主要介绍 Real Server，包括系统概述、系统安装、系统的具体应用方式和系统的基本设定等。

本章第三部分主要介绍 Real Text 语言，这是一种标记性语言，可以将文字转化为流媒体内容通过网络实时传送。包括构成该语言的各种标记的作用和使用方法，以及该语言的基本语法结构等。

4.1 REAL NETWORKS 简介

4.1.1 REAL NETWORKS 的产生

流媒体技术正式在互联网上进行使用是始于美国 Progressive Networks 公司。1995 年 4

月，位于美国华盛顿州西雅图市的 Progressive Networks 公司在美国全国广播者联合会上推出了基于 C/S 架构的音频接收系统 RealAudio，实现音频在因特网上的实时传送。1997 年 9 月，Progressive Networks 公司更名为 Real Networks，正式整合了流音乐及流影片的格式，Real Player 也改名为 Real Player G2。此后，从 1998 年至 2000 年，Real Networks 陆续推出 Real Player 5.0、Real Player 6.0 和 Real Player 7.0 播放器为以后 Real Player 的进一步发展奠定了基础；2000 年推出分别推出了 Real Player 8 Basic 和 Real Player 8 Plus 两个版本，开始向收费方向发展。2003 年 8 月推出 Real One Player，加入对 DVD 播放以及光盘烧制支持；2004 年 3 月新版 Real Player 10 问世，提供了高级音频编码、在线音乐商店等功能。目前，其客户端播放器 Realplayer的全球注册人数已经超过了 1.6 亿人，占据了 60% 的网上流式音视频点播市场。

Real Networks 公司的流媒体制作及播放系统 Real System 是一个完整的数据流解决方案，可以将视频、音频、动画、图片、文字等内容转换为数据流媒体，在所有带宽上为最终用户提供丰富的实用的数据流媒体。对于开发者来说，它是一种开放的、基于标准的可扩展的应用平台；对于节目播放来说，Real System 系统是可靠的、多功能的、经过充分测试的系统。它提供了广播和点播等多种传输手段，能传输高品质的音频和视频，支持种类繁多的 Internet 或 Intranet 上的远程教育、远程医疗和电子商务等应用；对于节目制作者来说，Real System 系统提供了一套功能强大的操作简便的制作工具，能够方便地将实时采集的视音频信号、录像带、计算机文件等转换为 Real 格式的数据流文件，对于最终用户，Real System 系统提供了功能齐全、界面友好的播放软件。目前国内许多著名的电视台、电台、ISP（如 CCTV、BTV、东方电视台、清华远程教育网、新浪网等）都使用该系统。

4.1.2 Real System 系统的组成

Real System 由服务器端流播放引擎（Real Server）、内容制作、客户端播放三个方面的软件组成（如表 4－1）：

表 4－1

	产品	功能
内容制作端	Real System Producer	将一般影音内容转换为串流格式
	Real Slideshow	制作可做串流播放的幻灯片网页
	Real Presenter	将 Power Point 档案转换成串流播放的格式
服务器端	Real System Server	将档案由服务器传送至指定的观众，可同时服务 60 名串流观众
客户端	Real Player	播放串流及其他格式的影片及音乐

1. 内容制作端

Real Producer 有初级版（Basic）和高级版（Plus）两个版本。Real Producer 的作用是将普通格式的音频、视频或动画媒体文件通过压缩转换为 Real Server 能进行流式传输的流格式文件。它也就是 Real System 的编码器（encoders）。Real Producer 是一个强大的编码工具，它提供两种编码格式选择：HTTP 和 Sure Stream，能充分利用 Real Server 服务器的服务能力。

此外，在内容制作方面还包括 Real Slideshow、Real Presenter 等软件工具，它们都包括初级版和高级版两种，初级版免费，但功能受到一定的限制。Real Slideshow 主要用来制作可做串流播放的幻灯片网页，Real Presenter 主要用来将 Power Point 档案转换成串流播放的格式。

2. 服务器端

服务器端软件 Real Server 用于提供流式服务。根据应用方案的不同，Real Server 可以分为 basic、plus、intranet 和 professional 几种版本。代理软件 Real System Proxy 提供专用的、安全的流媒体服务代理，能使 ISP 等服务商有效降低带宽需求。

3. 客户端

客户端播放器 Real Player 分为 Basic 和 Plus 两种版本，Real Player Basic 是免费版本，但 Real Player Plus 不是免费的，能提供更多的功能。Real Player 既可以独立运行，也能作为插件在浏览器中运行。个人数字音乐控制中心 Real Jukebox 能方便地将数字音乐以不同的格式在个人计算机中播放并且管理。

4.1.3 Real System 的通信原理

Real Server 使用两种通道与客户端软件 Real Player 通讯：一种是控制通道，用来传输诸如“暂停”、“向前”等命令，使用 TCP 协议；另一个是数据通道，用来传输实际的媒体数据，使用 UDP 协议。Real Server 主要使用两个协议来与客户端联系：RTSP（Real Time Streaming Protocol）和 PNA（Progressive Networks Audio）。

在 Real System 中，通信过程主要分为两部分：编码器（Encoder）与服务器（Real Server）之间的通讯和服务器（Real Server）与播放器（Real Player）之间的通讯。（如图 4－1）

1. Encoder 与 Real Server 之间的通讯

当 Encoder 需要向 Real Server 传输压缩好的数据时，通常使用 UDP 协议与 Real Server 通讯。但是一些网络防火墙通常会禁止 UDP 数据包通过，因此，编码器 Real Producer 也可以设置成使用 TCP 协议的方式向服务器传输数据。

2. Real Player 与 Real Server 之间的通讯

当用户在浏览器上点击一个指向媒体文件的链接时，Real Player 打开一个与 Real Server 的双路连接，通过这个连接与 Real Server 之间来回传输信息。一但 Real Server 接受了客户端的请求，它将通过 UDP 协议传输客户请求的数据。

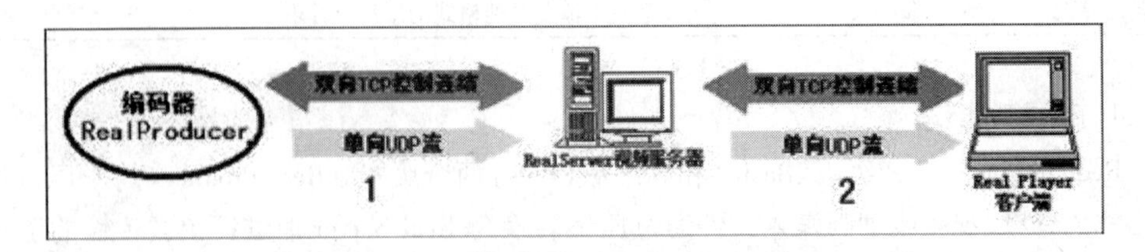

图 4－1

4.2 客户播放器 Real Player

4.2.1 Real Player 简介

Real Player 是 Real Networks 公司开发的客户端播放器软件，它是在网络上收听、收看实时音频、视频和 Flash 的最佳工具，即使网络带宽较窄，也可以提供丰富的网络多媒体体验。Real Player 是一个在 Internet 上通过流技术实现音频和视频的实时传输的在线收听工具软件，使用不下载音频/视频内容，只要线路允许，就能完全实现网络在线播放，极为方便地在网上查找和收听、收看自己感兴趣的广播、电视节目。当然它也支持本地的多媒体播放，并且支持多种文件格式。

1. 系统界面介绍

Real Player 从产生到现在已经经历过多个版本，现在我们以 Real Player10.6 中文版为基础介绍 Real Player 的相关功能。

Real Player10.6 中文版是一个集成功能的应用软件，主要分为三个部分：媒体播放器、现在播放列表和媒体浏览器。(如图 4－2)

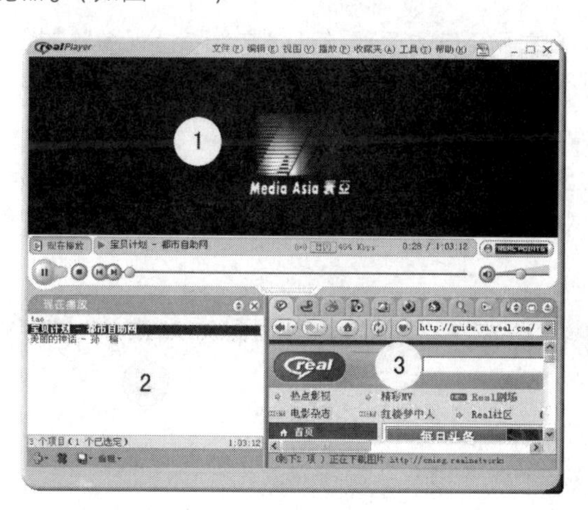

图 4－2

(1) 媒体播放器(图 4－2 中 1 区)

媒体播放器是 Real Player 的核心部件，它主要是用来播放本地和网络上的音视频剪辑。

(2) 现在播放列表(图 4－2 中 2 区)

现在播放列表中显示当前排队等待播放的剪辑以及最近播放过的剪辑。

(3) 媒体浏览器(图 4－2 中 3 区)

媒体浏览器主要用于访问 Real Guide、Internet、电台和搜索，以及随 Real Player 提供的大量工具，例如内置的媒体库、CD/DVD 播放和保存以及传送和 CD 刻录功能。

以上三个部分可以组合在一起使用，也可以分别单独使用，用户可以根据各自的使用需要而灵活应用。

2. 基本功能介绍

(1)显示模式

Real Player 运行时在操作系统的桌面上显示为一个应用程序窗口，根据用户不同的应用可以调整其显示的模式，通常有正常模式、影院模式和工具栏模式三种。

①正常模式

是 Real Player 的默认模式，该模式运行时，程序窗口中包含演示区域和所有播放器控制。此时媒体浏览器可以根据用户的要求打开或关闭。

②影院模式

在该模式下，媒体播放器控制作为工具栏显示在屏幕底部，桌面更换为黑色背景。视频图像显示在屏幕中央，若此时媒体浏览器被打开，则将变成隐藏的分离窗口。该模式也就是我们通常说的全屏播放模式。

③工具栏模式

在该模式下，媒体播放器控制作为工具栏显示在屏幕底部。视频或视觉外观图像显示在分离的演示区域中，若此时媒体浏览器被打开，则将作为单独的分离窗口显示。

(2)菜单栏

Real Player 的主菜单位于窗口的顶部，包括“文件”、“视图”、“播放”、“收藏家”、“工具”和“帮助”等菜单项，每个菜单项可以通过下拉的方式展开，以显示在菜单和功能列表，通过他们可以控制 Real Player 的基本功能。(如图 4-3)

此外，Real Player 还包括许多上下文菜单，即我们常说的快捷菜单，通常通过单击鼠标右键展开，在上下文菜单中使用的命令取决于在播放器中当前选择的功能或项目。

realPlayer 文件(F) 视图(V) 播放(P) 收藏夹(A) 工具(T) 帮助(H)

图 4-3

(3)播放器控制

在 Real Player 的媒体播放器部分有以下的控制按钮，分别控制媒体的播放、窗口的大小、音量的高低等基本功能。

:单击可以打开 Real 消息中心。

:用于控制程序窗口的最小化、最大化、还原和关闭窗口。

现在播放:单击可以在浏览器中打开或关闭现在播放面板，显示当前正在播放的媒体剪辑的名称和相关信息。

：单击可以从起始处或暂停处开始播放媒体剪辑，点击后变成“暂停”按钮。

：单击暂停播放媒体剪辑。再次点击播放按钮后将从退出剪辑处继续播放。

：单击停止播放，并将媒体剪辑重设至起始处。

：单击一次可在现在播放列表中移至上一段或下一段媒体剪辑，单击并按住此按钮，可以“快进”或“快退”当前播放的媒体剪辑。

：单击并拖动该按钮可以向媒体剪辑的结束处或开始处移动播放点。

：将 Real Player 的音量暂时设置为零或使音量返回原来的状况。

：拖动音量按钮可以增大或减小播放音量。

(4)我的媒体库

我的媒体库用以显示、管理、选择、搜索和播放已导入或已使用 Real Player 保存的媒体剪辑。播放器会对媒体剪辑进行自动排序，同时我们也可以使用我的媒体库更改管理媒体剪辑的方式，使播放等操作增加方便快捷。此外，通过我的媒体库，还可以创建自定义 CD，或将我的媒体库中的剪辑复制到 MP3 播放器和其他设备中。

展开媒体浏览器后通过点击“我的媒体库”标签，可以切换到“我的媒体库”管理界面。(见图 4－4)“我的媒体库”按照设定的类别将媒体剪辑进行分类，主要包括“所有媒体”、“音乐”、“视频”、“新剪辑”、“播放列表”、“自动播放列表”、“搜索结果”和“购买的音乐”等类别。由于媒体剪辑是根据其属性(如标题、来源、流派等)排序的，因此同一媒体剪辑可位于多个类别中。

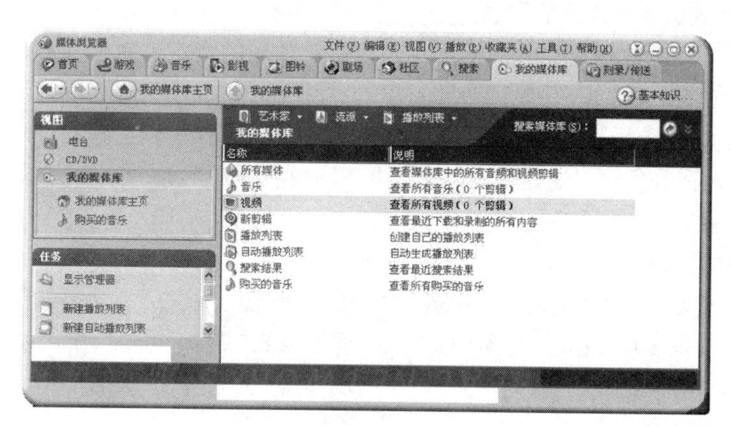

图 4－4

①将剪辑添加到我的媒体库

我的媒体库是 Real Player 提供给我们存储和管理喜爱的媒体剪辑的功能模块，通过它我们可以方便地随时播放媒体剪辑。因此我的媒体库相当于计算机中保存 CD、音乐文件、视频剪辑和从 Internet 下载的媒体剪辑的仓库。

那么我们如何将媒体剪辑加入到我的媒体库中呢，根据获取媒体剪辑的方式的不同，可以有三种方式：

第一，将计算机上的媒体剪辑导入。

对于计算机中已经包含的音乐或其他媒体剪辑，可以使用“文件”下来菜单中的“在磁盘中扫描媒体”向导轻松地将其添加至“我的媒体库”。该命令可以通过向导的方式在指定的路径中根据媒体文件类型进行搜索，将搜索到的媒体剪辑添加到媒体库中。

第二，保存 CD 中的曲目。

在通过 Real Player 播放 CD 时，会自动提示用户将 CD 中的曲目保存到“我的媒体库”中。如果播放时 Real Player 没有提示保存 CD 曲目，我们也可以通过单击页面左侧工具条“任务”区域中的保存曲目命令来完成保存 CD 曲目的功能。将 CD 中的曲目保存到“我的媒体库”后，Real Player 就变成了虚拟点唱机，此时无需插入 CD 盘就可以播放器中的音乐，并对曲目的播放顺序等进行任意操作。

第三，下载剪辑。

通过网络搜索我们可以获得一些音乐或视频剪辑，这些媒体剪辑一般以链接的方式出现在网页中，点击下载后这些媒体剪辑将出现在“我的媒体库”中的相关类别中，如“音乐”或“视频”等。

②播放列表

播放列表按特定的顺序播放媒体剪辑，可以像控制 CD 播放器的曲目顺序一样控制这些媒体剪辑的播放顺序。播放列表包含任何剪辑，如音乐、视频或 Real Player 可以播放的其他任何媒体剪辑，同时这些媒体剪辑可以在本地的计算机上或者在 Internet 上。

创建播放列表主要有以下几种方式：

第一，从选定剪辑创建播放列表。

在“我的媒体库”或播放列表中搜索并选择需要加入的特定剪辑使其高亮显示；在左侧“任务”区域中单击“新建播放列表”启动新建向导；在“新建播放列表”向导窗口中键入新建播放列表的名称，并选择“当前视图中选定的剪辑”选项；单击“确定”按钮，新的播放列表就建立完成了。此后我们可以通过单击“任务”区域中的“添加剪辑”命令，将以后选定的媒体剪辑加入到新建的播放列表中。

第二，创建空播放列表。

单击“任务”区域中的“新建播放列表”命令启动新建向导；在“新建播放列表”向导窗口中键入新建播放列表的名称，并选择“制作空的播放列表”选项；单击“确定”按钮，空的播放列表就建立完成了。此时在“我的媒体库”中出现“添加剪辑”热点链接，单击可以向空播放列表中添加媒体剪辑。

第三，创建自动播放列表。

自动播放列表是通过指定一些简单选项，“随意”生成一个歌曲随机播放列表。

单击“任务”区域中的“新建自动播放列表”命令启动新建向导；在“新建自动播放列表”向导窗口中选择创建的方式，分成三种类型，即“通过搜索条件创建”、“通过流派/艺术家创建（仅限音乐）”和“通过规则创建”；根据选择的创建方式，填入相关的内容，单击“完成”按钮，建立自动播放列表。

③管理“我的媒体库”

媒体库管理器类似于 Windows 资源管理器，以目录树的方式显示相关内容。我们可以象在 Windows 资源管理器中拖放文件一样拖放剪辑，单击加号“+”可以在“管理器”中展开任何项目以查看其子分组，单击减号“-”则可以再次将其折叠起来。通过它我们可以查看所有曲目。（如图 4-5）媒体库管理器可以单击“任务”区域中的“显示管理器”命令打开或关闭。

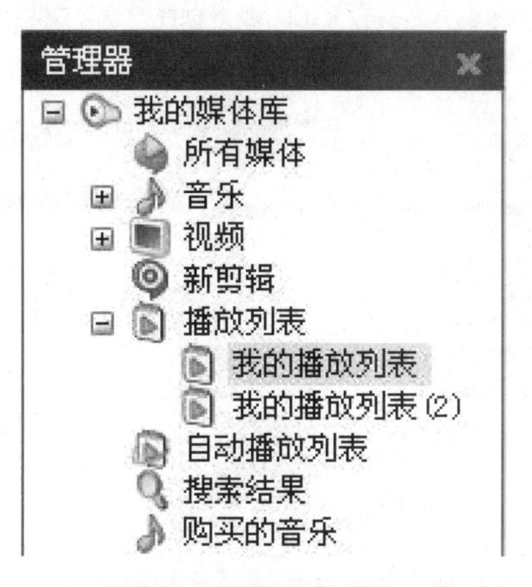

图 4-5

（5）CD 和 DVD

通过使用“CD/DVD”页面，可以查看、选择、播放和保存音频 CD 中的音频曲目或播放 DVD。单击“视图”区域中的“CD/DVD”命令，打开“CD/DVD”页面。（如图 4-6）

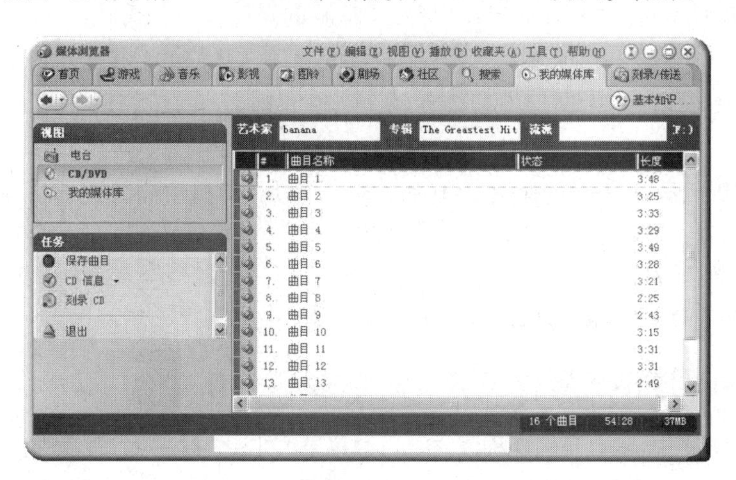

图 4-6

①播放 CD

将音频 CD 放入光盘驱动器，计算机一般会自动启动 Real Player 并开始播放 CD，播放时 CD 中的曲目将添加到“现在播放列表”中，同时“CD”页面顶部将显示“艺术家”、“专辑”和“流派”等信息。媒体浏览器主显示区域中将显示 CD 曲目信息，如曲目名称、每首曲目的长度及其保存状态等。

②刻录 CD

通过使用 RealPlayer 和光学录制媒体，如 CD－R、CD－RW 等，可以创建包含音频曲目并可在标准 CD 播放器上播放的自定义音频 CD，或者创建包含从音乐媒体库中复制的媒体文件的自定义数据 CD。(如图 4－7)

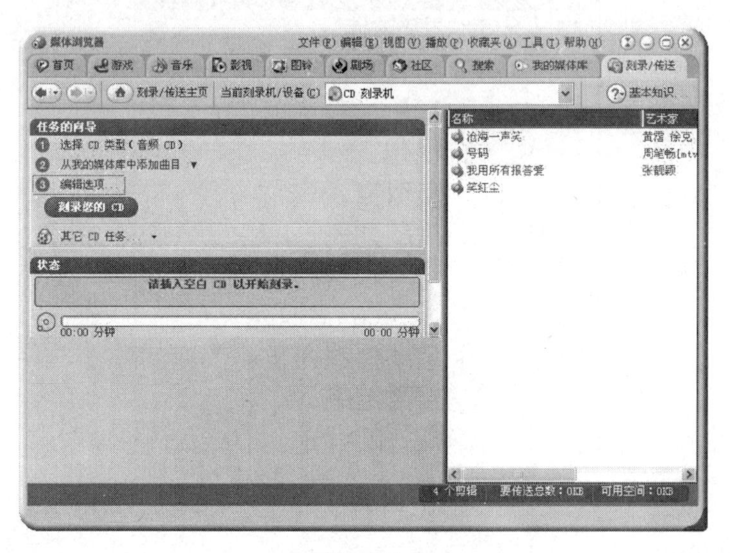

图 4－7

通过任务向导页面，单击“选择 CD 类型”命令以确定要刻录的 CD 的数据类型，主要包括两种，即音频 CD 和数据 CD(如 MP3)；单击“从我的媒体库中添加曲目”命令，向 CD 中加入等待刻录的媒体文件；单击“编辑选项”命令，设置刻录 CD 的基本属性，如刻录速度、CD 曲目的基本信息等内容；单击 刻录您的 CD 按钮，开始 CD 刻录。

③播放 DVD

与播放 CD 相同，最简单的播放 DVD 的方法就是在计算机中安装的 DVD 兼容驱动器中放入一张 DVD 光盘。如果 Real Player 是 DVD 的默认播放器，它将自动启动并开始播放 DVD。播放开始后，显示模式将自动更改为影院模式。同时 DVD 主菜单将显示，通过它可以控制播放的章节、声道、字幕、视角等属性。

4.2.2 Real Player 属性设定

在 Real Player 中，其自身的各种属性都通过菜单栏中的“首选项”命令进行控制，它的设定有助于 Real Player 更好地发挥其功能。

1. 常规

“常规”选项主要用于确定 Real Player 在使用时的基本行为，如调整大小、默认文件位置以及现在播放列表的工作方式等。(如图 4－8)

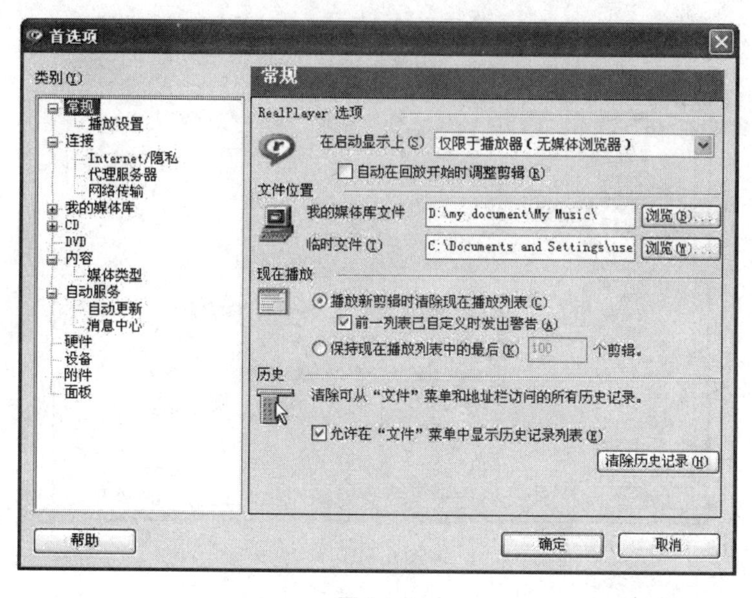

图 4－8

2. 连接

“连接”选项主要用于确定 Real Player 在连接到 Internet 时将采取的操作，如连接速度、超时处理等。通常情况下，使用默认设置就可以很高地工作。(如图 4－9)

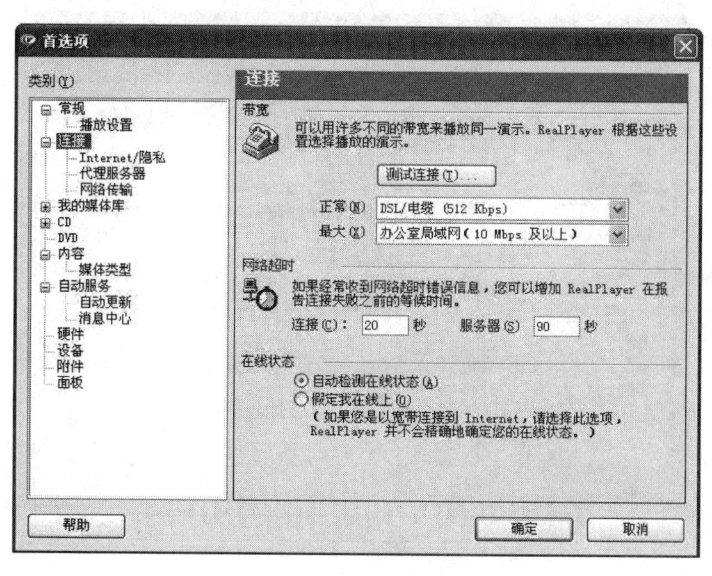

图 4－9

3. 我的媒体库

“我的媒体库”选项主要用于设置监视文件夹并更改“我的媒体库”中剪辑列表的外观。（如图 4－10）

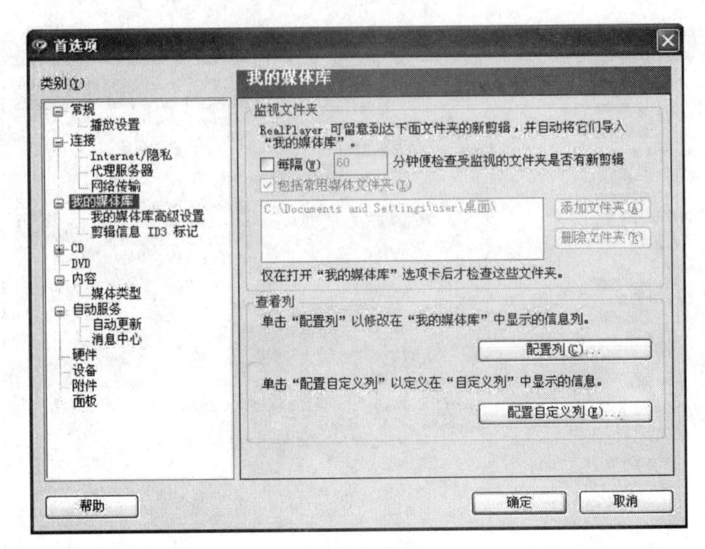

图 4－10

4. CD

“CD”选项主要用于控制 CD 曲目保存的方式、时间以及在音频 CD 放入 CD 驱动器时是否自动播放；播放时是否从 Internet 上收集 CD 信息；保存到我的媒体库中的文件格式、质量等。（如图 4－11）

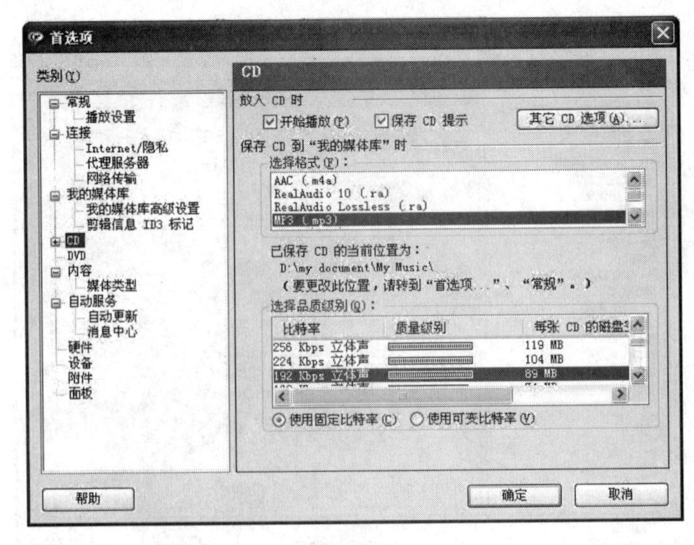

图 4－11

5. 内容

“内容”选项主要用于更改语言首选项和辅助选项，并且可使 Real Player 更高效地处理频繁播放的内容，如缓存的大小、语言的种类、分级的控制等。(如图 4 – 12)

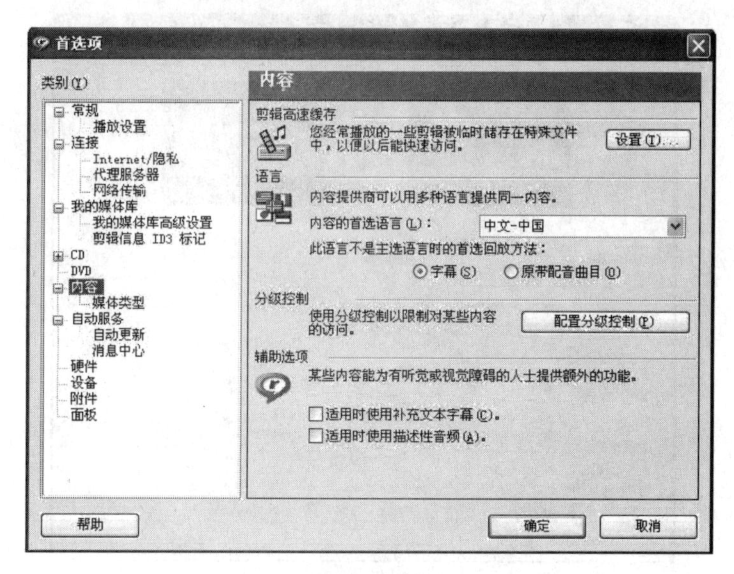

图 4 – 12

4.3 Real Producer

4.3.1 Real Producer 介绍

Real Producer 是 Real Networks 公司出品的一款制作网络上运行音频和视频文件的软件，也是 Real Networks 公司 Real 格式文件的制作工具。它可以将. Wav、. Au、. qt、. Mov、. Avi 等格式的影音文件转换成 Real 格式(. rm)的影音文件。

Real Producer 主要用于将标准的音视频文件转换为流媒体文件。通过向导指引，用户可以方便地将本地的媒体文件进行转换，也可以捕获来自该计算机多媒体设备输入的影音信号，如从视频捕获卡捕获的视频信号、从声卡线路输入的音频信号等，都可以直接转换成 Real 格式的文件，并进行流媒体实时广播。

1. 系统界面介绍

Real Producer 的主界面主要分成六个区域(如图 4 – 13)，1 号区域是音视频监视区，左右两个视频窗口，分别用于查看输入和编码输出的视频内容，中间的音量表用于监视输入音频的音量，防止过载；2 号区域是编码片段的信息输入区域，用于输入编码片段的标题、作者和版权的等信息；3 号区域是用户连接区域，用于控制连接用户的带宽的高低和种类；4 号区域是音视频格式及质量控制区，用于编码文件的格式和最终质量的控制；5 号区域是控制区，用于编码的开始、停止和播放等命令的控制；6 号区域是编码文件的发布区，用于编码文件的发布及网页的生成。

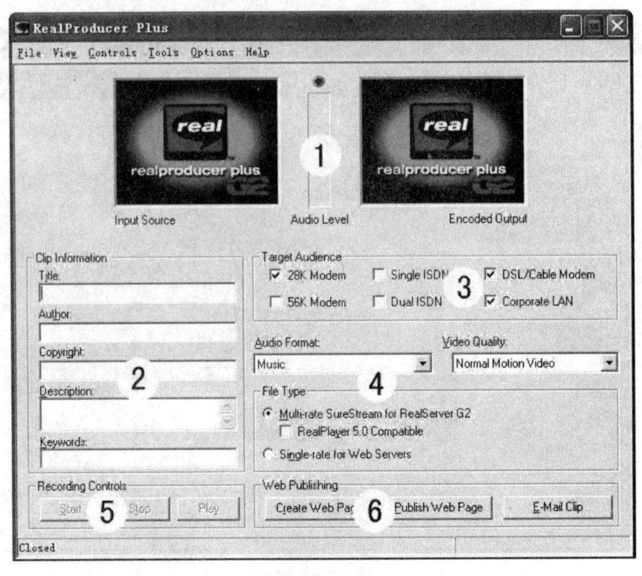

图 4－13

2. Real Producer 创建流媒体

Real Producer 的主要功能就是创建适合在网络上实时播出的媒体流，软件提供一个向导程序帮助用户制作媒体流(如图 4－14)，在系统默认设置下，每次启动 Real Producer 改向导窗口将自动打开，高级用户也可以不经向导而自定义创建媒体流。

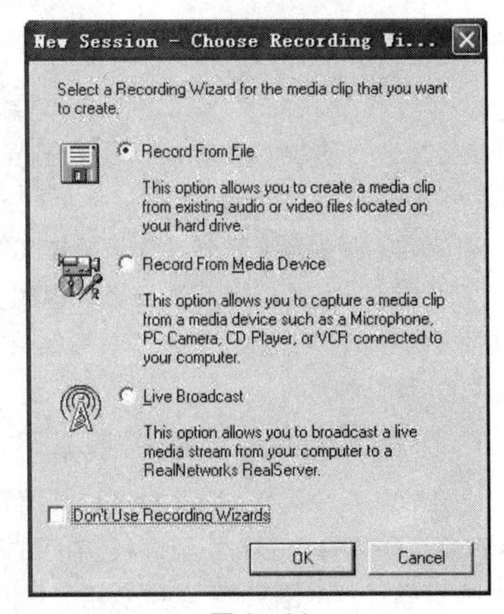

图 4－14

(1)录制媒体文件(Record From File)

在新任务向导窗口中,选择"Record From File"后,单击"OK"按钮,出现选择录制文件窗口(如图4-15)。在"File Name"栏中填入需要录制的文件的路径和名称,或通过"Borwse"按钮,在文件管理器中选择文件。

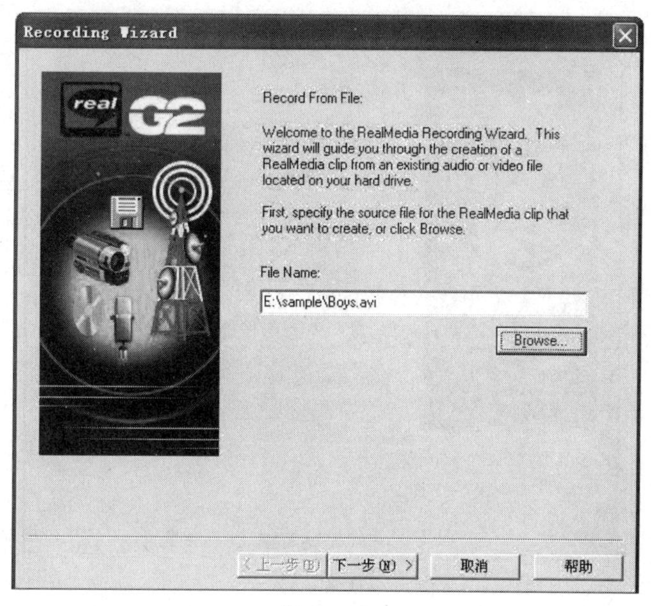

图4-15

单击"下一步"后,进入输入媒体信息窗口(如图4-16),在窗口中可以输入标题、作者、版权、描述和关键字等内容。

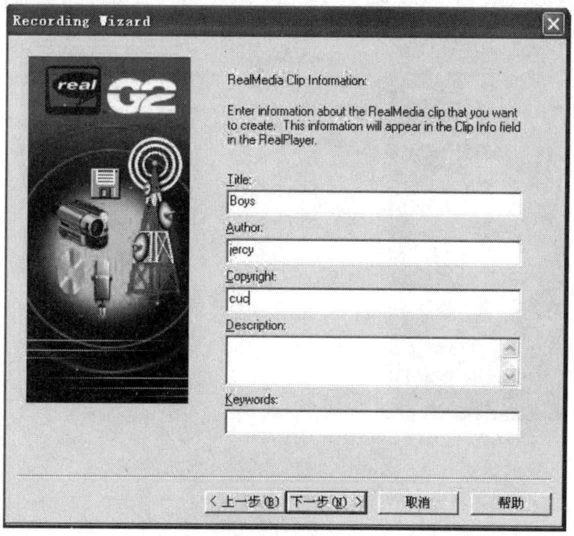

图4-16

单击“下一步”后，进入选择文件类型窗口（如图4－17），在窗口中可以选择编码文件是具有智能流技术的类型，还是只有单一连接速率的文件类型，通常我们都选择具有智能流技术的类型（Multi－rate SureStream for RealServer G2），该类型支持智能流技术，在同一个文件中可以包含多种连接速率，大大提高文件播放的自适应能力，有利于提高文件的播出质量。

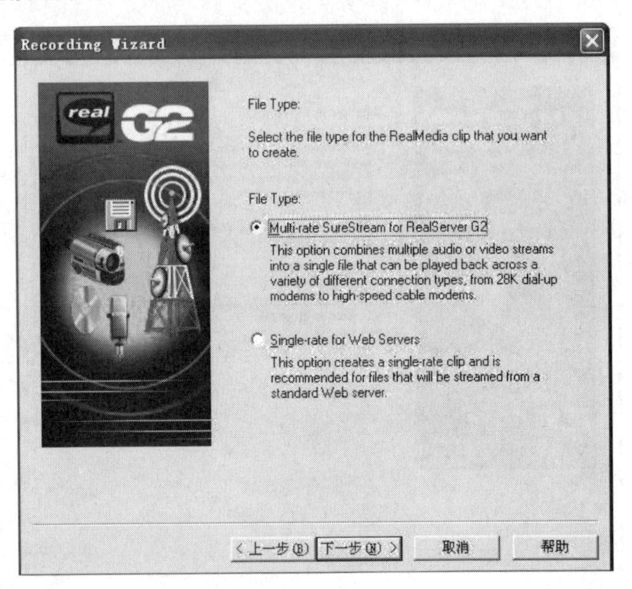

图4－17

单击“下一步”后，进入选择受众连接速率窗口（如图4－18），在窗口中可以根据主要受众的连接速率和种类来选择一个或多个网络连接的数据传输率。

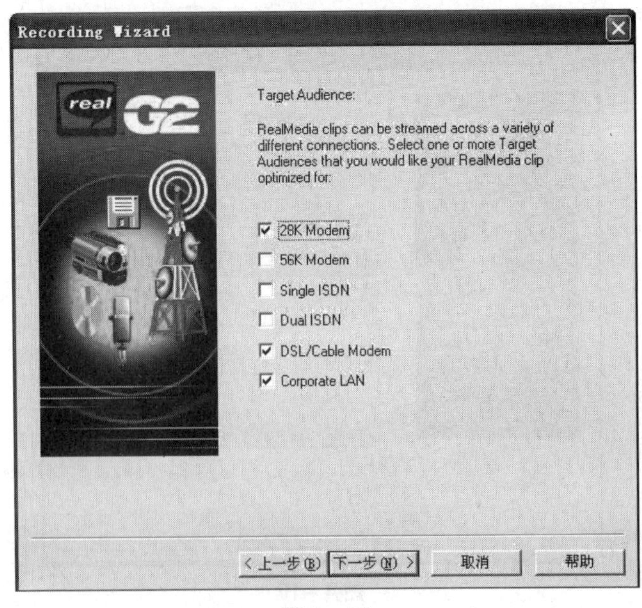

图4－18

单击“下一步”后，进入音频格式选择窗口（如图4-19），在窗口中可以根据编码音频所需的质量来选择音频的格式，根据音频质量的高低分为四种格式，即语音文件、语音和背景音乐文件、音乐文件和立体声音乐文件。

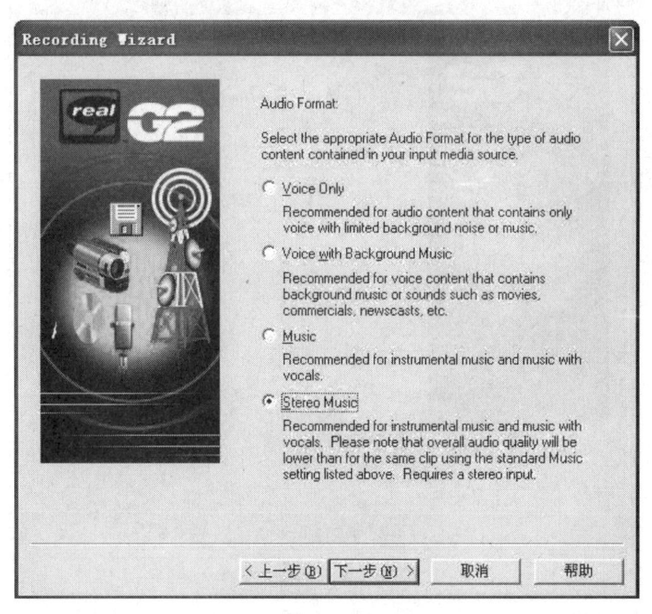

图4-19

单击“下一步”后，进入视频质量选择窗口（如图4-20），在窗口中可以选择编码视频的格式，分为普通运动图像、平滑运动图像、清晰图像视频和幻灯演示四种。

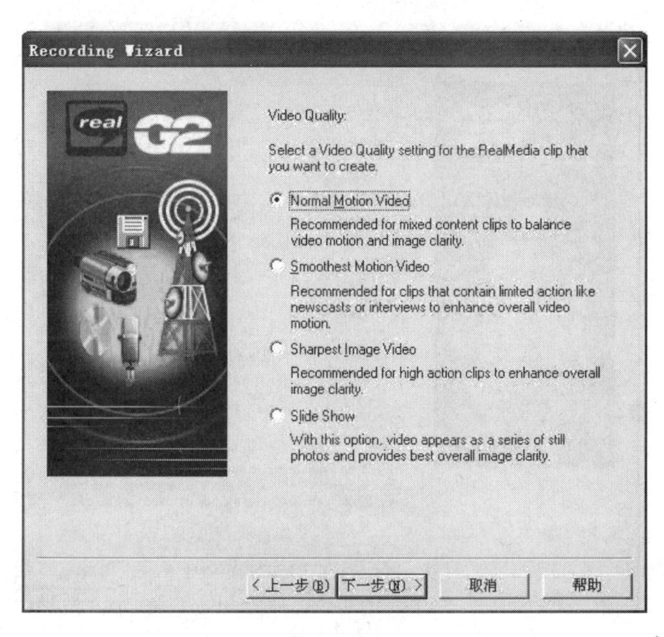

图4-20

单击“下一步”后，进入输出设置窗口（如图4－21），在窗口中可以输入编码文件的最终输出路径和文件名称。

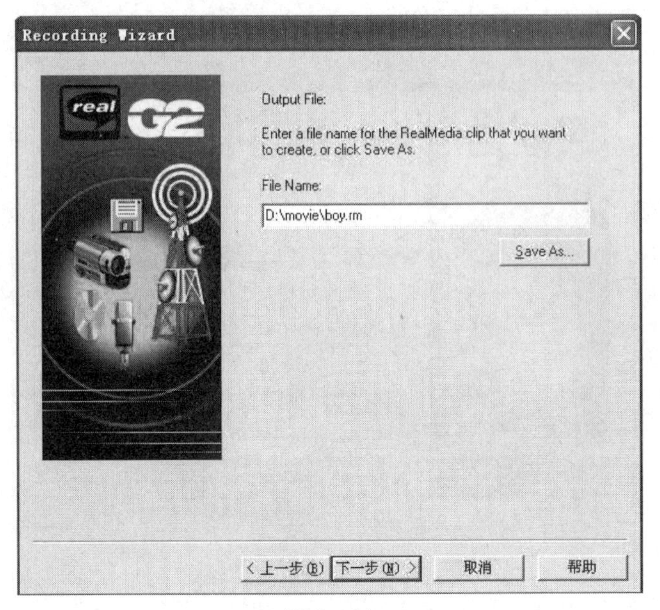

图4－21

单击“下一步”后，进入设置确认窗口（如图4－22），在窗口中可以看到我们刚才对编码文件进行的所有的属性设置，若有问题可以通过“上一步”按钮进行修改，没有问题单击“完成”按钮，确定所有设置，返回主界面后，单击“Start”按钮，开始进行文件编码。

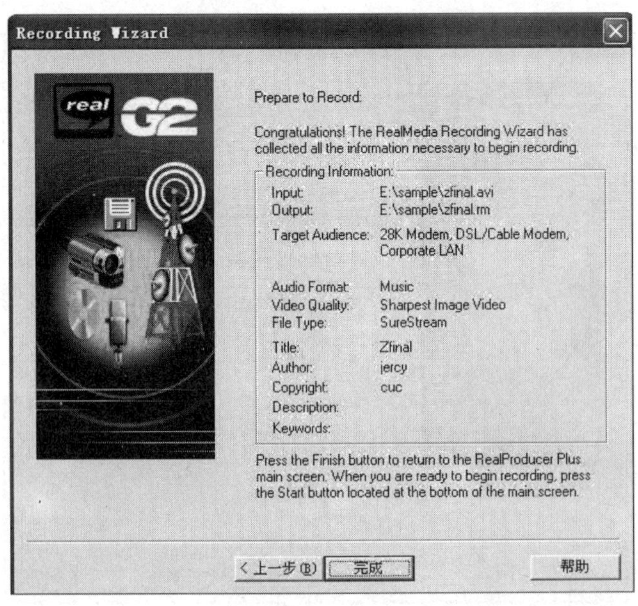

图4－22

编码完成后，系统会弹出处理完成窗口（如图4－23），在窗口中可以查看编码的具体分析数据。

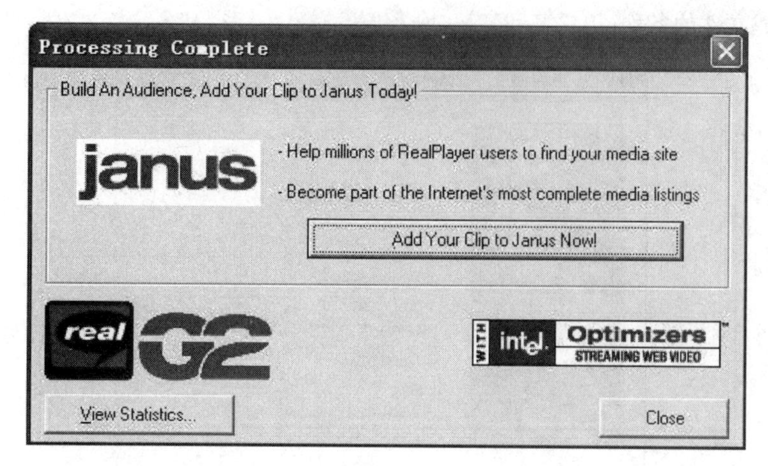

图4－23

（2）从媒体设备录制（Record From Media Device）

如果在新任务向导窗口中选择"Record From Media Device"选项，就进入从媒体设备录制界面，除了第一步有所区别外，其他步骤都与录制媒体文件相同。（如图4－24）

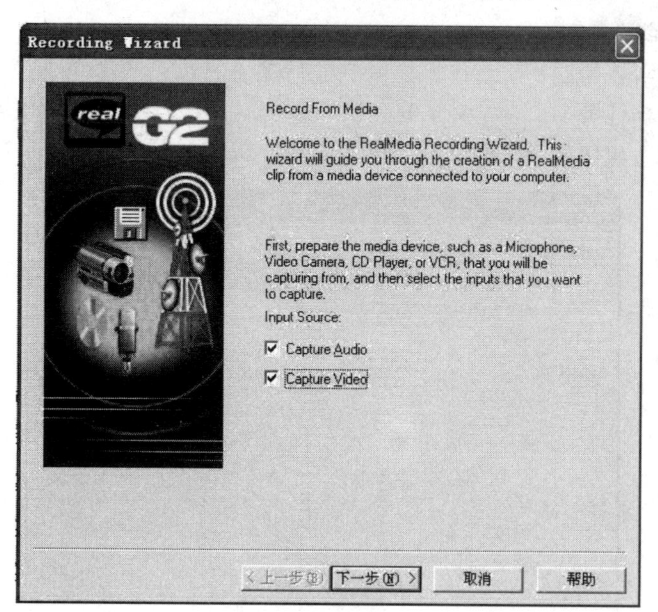

图4－24

（3）实时广播

如果在新任务向导窗口中选择"Live Broadcast"选项，就进入实时广播界面，在这种状态下，Real Producer可以将通过音视频采集设备采集的音视频片段转化为媒体数据流通过Internet 进行网络直播。在“实时广播”状态，需要进行流媒体服务器(RealServer)的环境设置(如图 4－25)。在服务器设置窗口中，需要依次输入流媒体服务器的名称或 IP 地址，服务的端口号，编码文件的名称，用户名和密码，以及备份文件的路径和名称等内容。

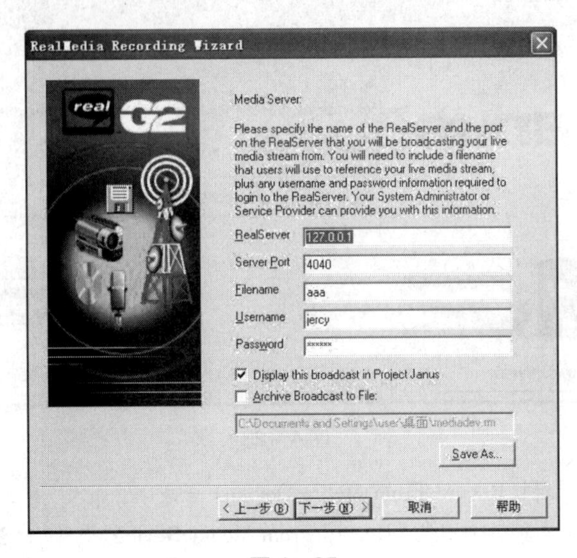

图 4－25

(4) 自定义创建录制

新任务向导可以帮助初学者非常方便的进行媒体的录制设置，但是高级用户也可以不经过向导而通过新任务窗口自定义录制媒体(如图 4－26)。在新任务窗口中，和向导相似也分成三种方式建立媒体的录制设置。

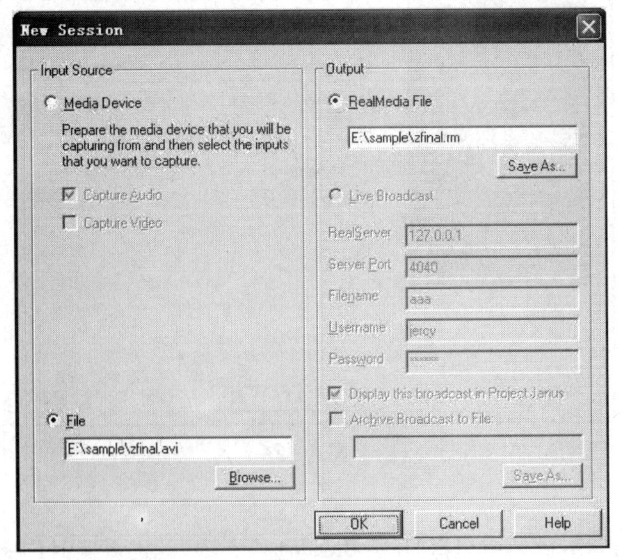

图 4－26

3. 发布媒体

录制完成的媒体文件已经是适合于在网络上以流式的方式播放的流媒体文件，可以通过网页制作软件将其添加到网页中进行播放，同时 Real Producer 软件允许用户通过向导将录制完成的流媒体文件创建到网页并发布到 Internet。

在 Real Producer 主界面的右下角分布这三个按钮，就是用来控制流媒体文件发布的。

(1) 创建网页(Create Web Page)

点击"Create Web Page"按钮将激活网页向导(如图 4-27)。

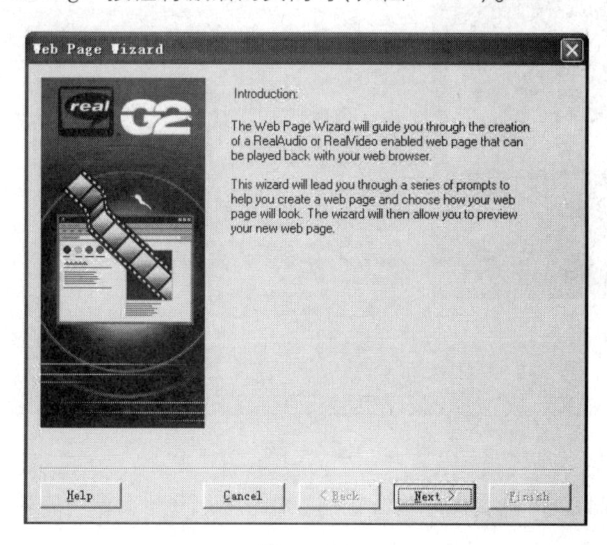

图 4-27

单击"Next"按钮，进入媒体定位窗口(如图 4-28)，在窗口中输入要嵌入网页的流媒体的路径和名称。

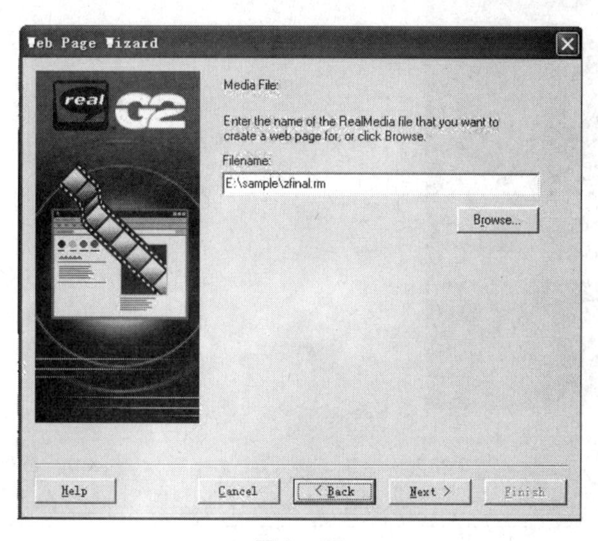

图 4-28

单击"Next"按钮,进入选择播放方式窗口(如图 4-29),在窗口中为嵌入到网页中的流媒体内容选择是以弹出窗口的方式还是以嵌入的方式来播放。

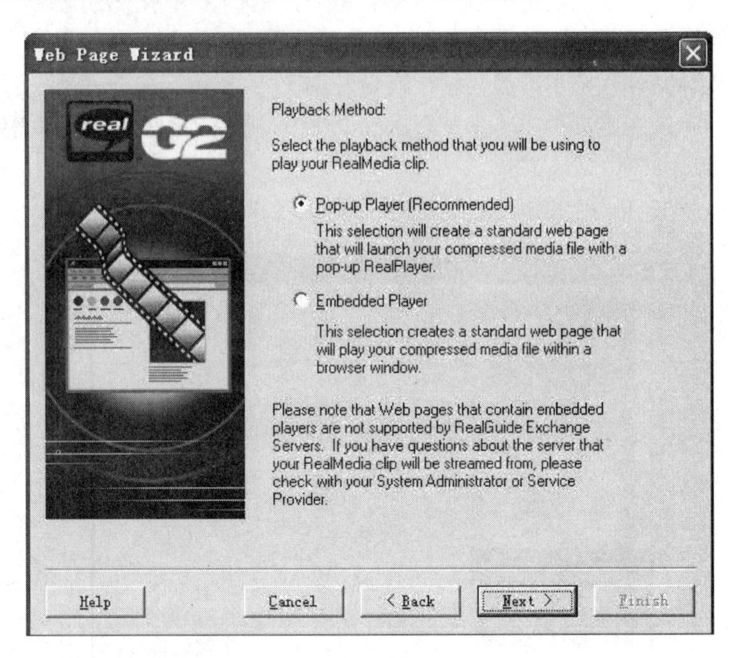

图 4-29

单击"Next"按钮,进入网页标题输入窗口(如图 4-30),在窗口中输入将用创建的网页的标题。

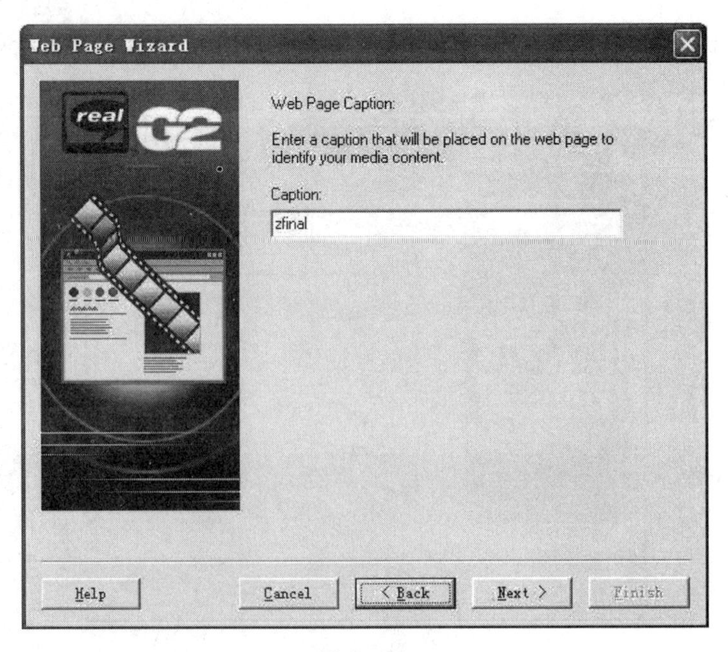

图 4-30

单击“Next”按钮，进入网页文件保存窗口（如图4－31），在窗口中输入将要创建的网页文件的保存路径和名称。

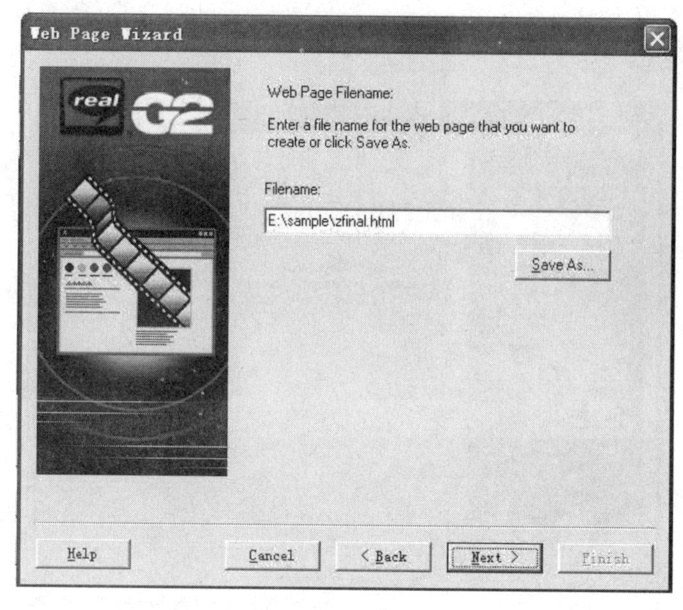

图4－31

单击“Next”按钮，进入网页创建结果窗口（如图4－32），在窗口中显示创建网页的基本属性，如路径、文件名称等，并可以点击“Preview”按钮，预览网页，点击“Finish”按钮完成网页创建。

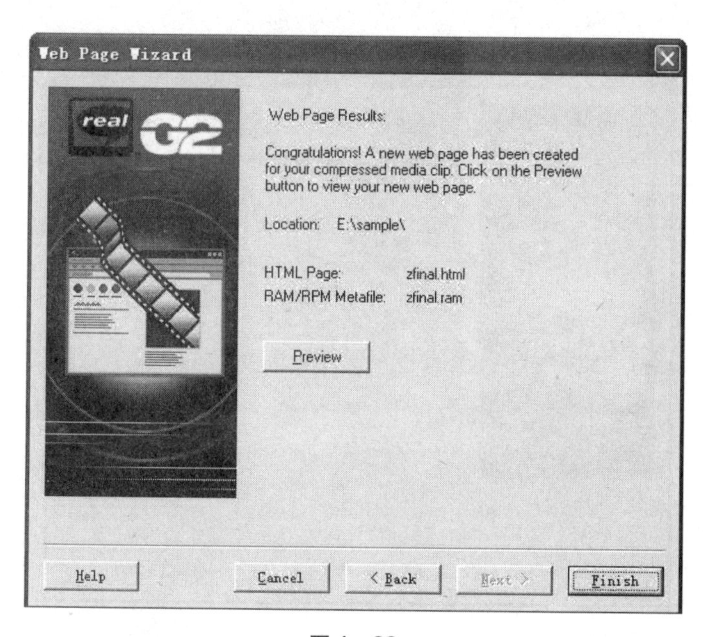

图4－32

(2)发布网页

上面我们了解了创建包含流媒体内容的网页的过程，下面讨论以下将创建的网页发布到网络中的过程。在 Real Producer 主界面右下角点击"Publish Web Page"按钮，进入网页发布向导界面。(如图 4－33)

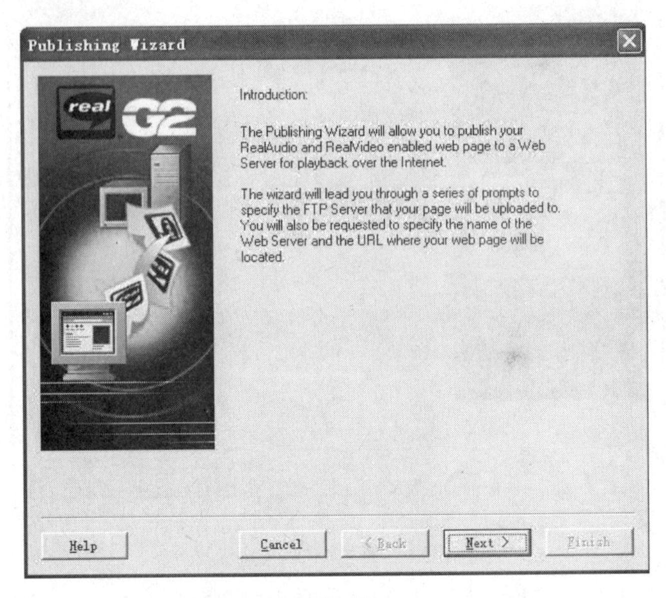

图 4－33

单击"Next"按钮，进入网页文件输入窗口(如图 4－34)，在窗口中输入将要发布的网页的名称。

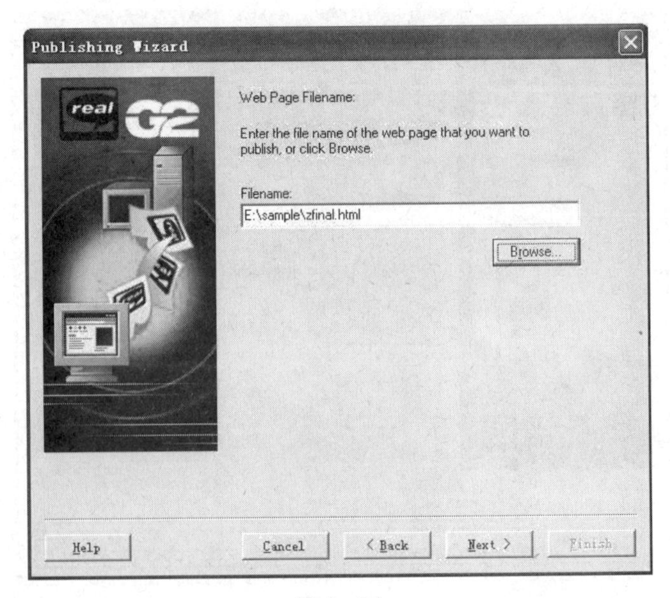

图 4－34

单击“Next”按钮，进入选择 ISP 窗口（如图 4－35），在窗口中可以通过选择列表的方式，选择发布网页的 ISP。

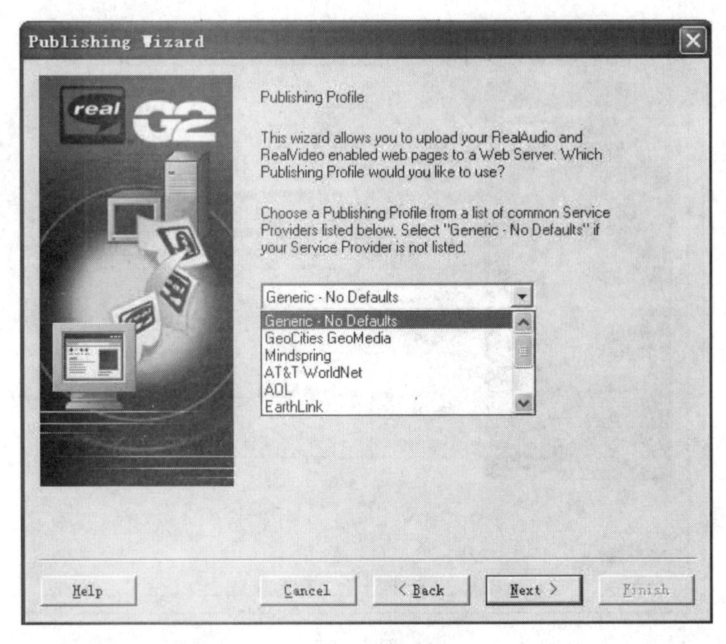

图 4－35

单击“Next”按钮，进入流类型选择窗口（如图 4－36），在窗口中选择采用网页服务器提供流还是采用流服务器（Real Server）提供流。

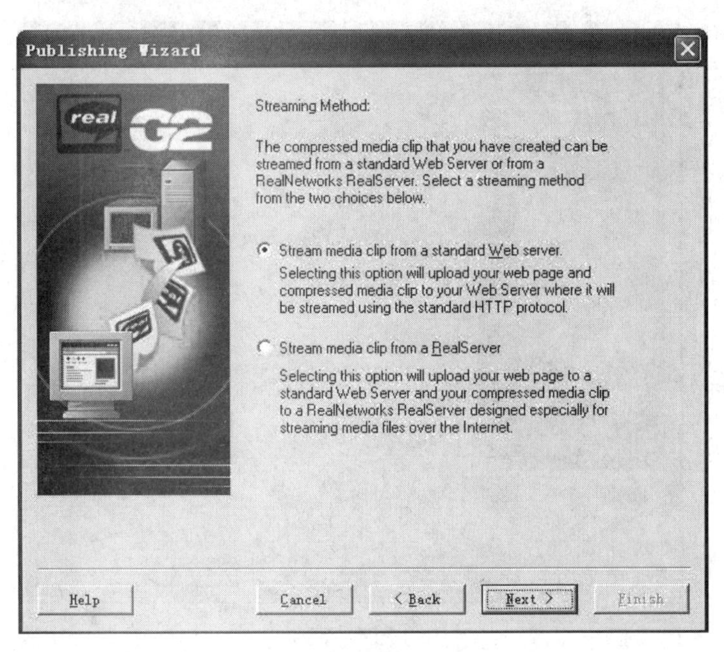

图 4－36

单击"Next"按钮，进入服务器信息输入窗口（如图4－37），在窗口中输入服务器名称或IP地址，网站目录，用户名和密码。

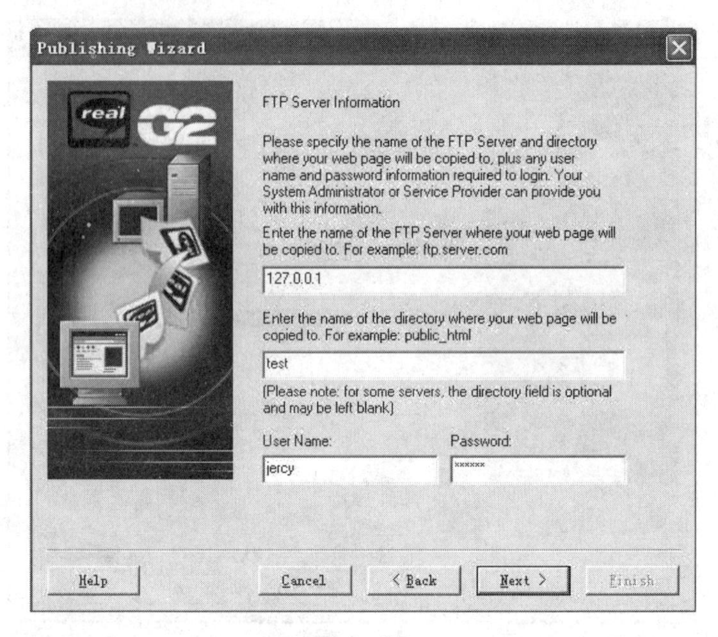

图4－37

单击"Next"按钮，进入上传网页窗口（如图4－38），在窗口中提示将上传网页文件，点击"Finish"按钮，完成网页发布。

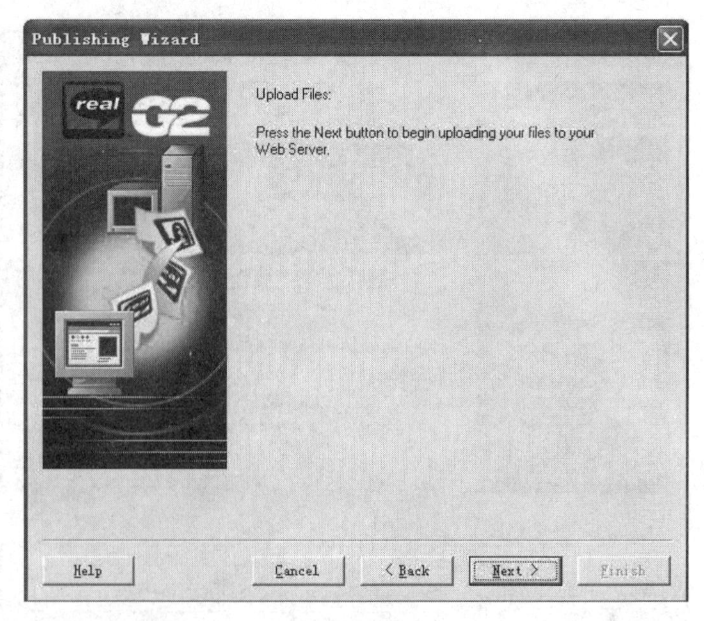

图4－38

(3)邮寄片段

除了创建和发布网页,Real Producer 还可以通过 E－mail 的方式将录制的流媒体内容传送给对方。单击主界面右下角的"E－mail Clip"按钮,打开邮寄窗口,将录制的流媒体的流媒体片段作为邮件附件进行发送(如图 4－39)。

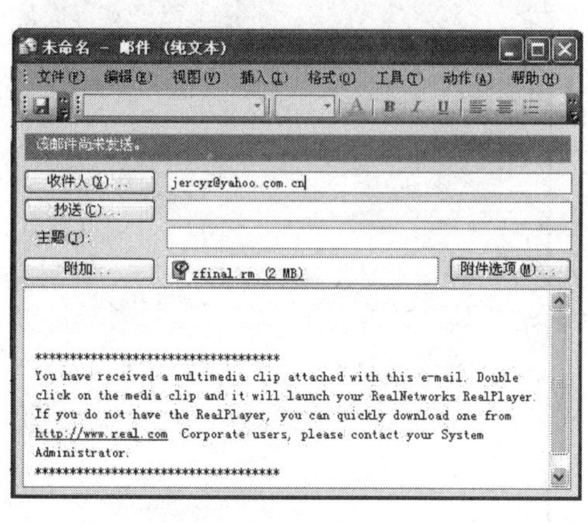

图 4－39

4.3.2 Real Producer 的设置

通过菜单栏中的"Preference"命令可以调整 Real Producer 的基本属性参数,以进一步提高 Real Producer 的各项功能。点击"Options > Preference"选项,打开参数窗口,窗口包含三个选项页,即 General、SureStream 和 Live Broadcast。

1. General

通用设置(General)用于 Real Producer 的基础设置,主要包括文件属性,新建项目显示方式、临时文件存放目录等。(如图 4－40)

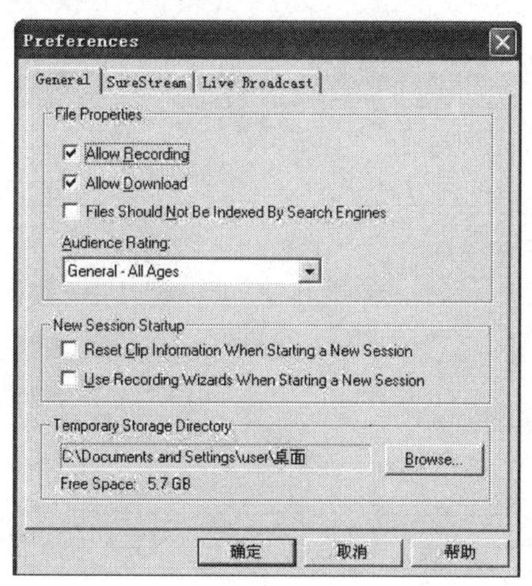

图 4－40

2. Sure Stream

智能流设置(Sure Stream)用于控制流媒体文件与播放器的兼容性以及对音视频传输时优先级的控制。(如图4－41)

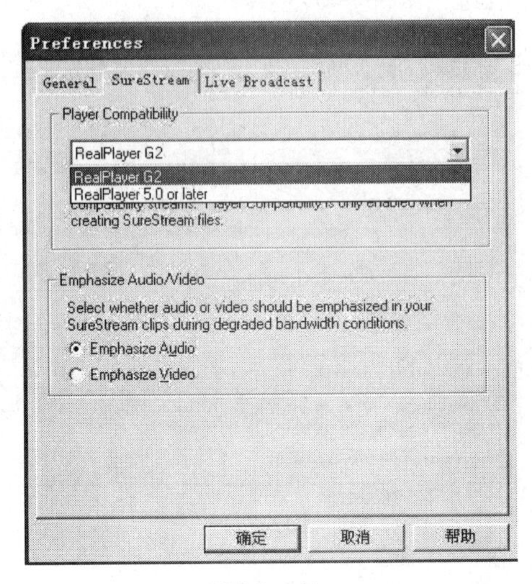

图4－41

3. Live Broadcast

服务器连接设置(Live Broadcast)用于确定连接服务器时使用UDP协议,还是TCP协议,默认使用UDP协议,它的速度比较快,网络实时性好,但其容易被防火墙阻挡,因此必要时需要使用TCP协议进行连接。(如图4－42)

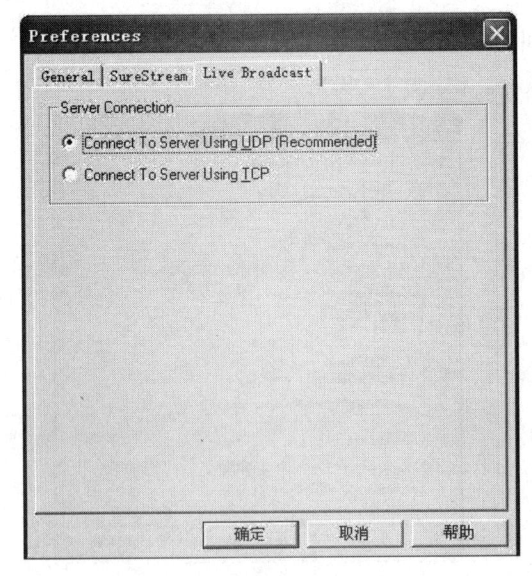

图4－42

4. 视频设定

通过选择“Options > Video Setting”选项，可以打开“Video Setting”窗口，对将要编码的视频进行相关的设置（如图4-43）。在窗口中，可以设定源视频的尺寸、编码输出的视频的尺寸以及降噪的处理等。

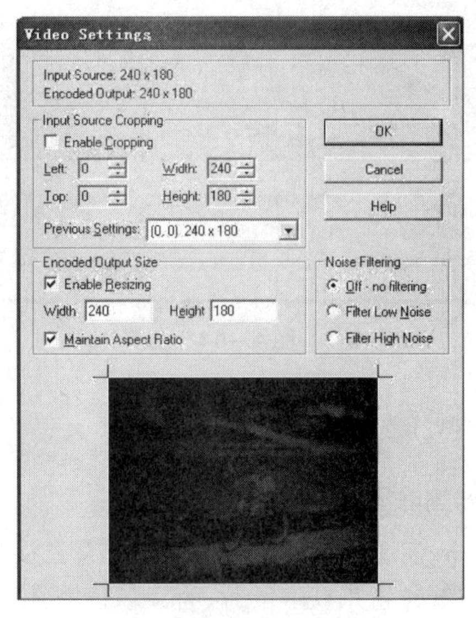

图4-43

4.4 Real Slideshow

Real Slideshow是Real System中的一个组成部分，可以把图片、超链接、背景音乐等以时间线的方式组织放在相应的轨道中，最后形成有动态过渡效果的流式幻灯片。对于图片，可以把现有的jpg图片用Real Slideshow转换成Realpix文件，并且配上旁白做成网络播放文件；对于声音，可以用麦克风采集或者是现有的wav文件，为演示配上旁白和背景音乐，而做出一个专业的演示文件，然后放到网络上用Realplayer播放。

4.4.1 Real Slideshow界面介绍

Real Slideshow的主界面主要由四部分组成（如图4-44）。1号区域是菜单栏，Real Slideshow基本的命令都包含其中。2号区域是Real Slideshow的主要工作界面，包括图片轨道（Images），在其中可以添加图片；下载时间显示（Download），显示图片下载时间，与图片的尺寸大小和网络连接速度相关。语音轨道（Voice），在其中添加录制的语音旁白或为图片添加伴音；音乐轨道（Music），在演示中添加背景音乐；时间线轨道（TimeLine），可以显示和调整演示时间的长短。3号区域是属性控制区，包括项目属性（Properties），用来调整项目的基本属性，如项目信息、背景音乐、显示大小和网络连接等；布局属性（Layout），用来调整演示区域中各种元素的排布方式。4 号区域是创建按钮，包括创建（Generate）、播放（Play）和发送（Send），用来完成演示的创建和发布。

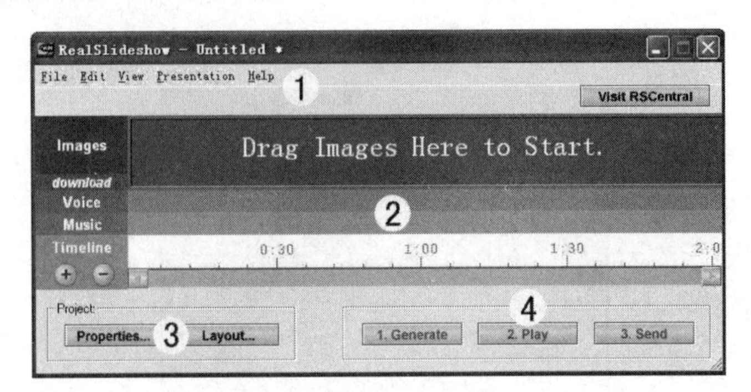

图 4－44

4.4.2 Real Slideshow 的基本操作

1. 向图片轨道中添加和删除图片

图片是创建 Real Slideshow 演示的主要内容，图片的质量直接关系到演示的整体质量，我们可以通过数码相机、扫描仪等设备来获取图片，为了保证图片的质量，要注意图片的尺寸和清晰度等。Real Slideshow 演示可以使用的图片文件格式主要有 jpg、gif、png 和 bmp 四种。我们可以通过菜单栏中"File > Add Images"命令来添加图片（如图 4－45），添加图片时在文件浏览窗口选择所需文件，确定后图片文件就出现在图片轨道中，可以使用相同方法反复添加多张图片。要删除已添加的图片，只需选中图片，再按下"Del"键即可。

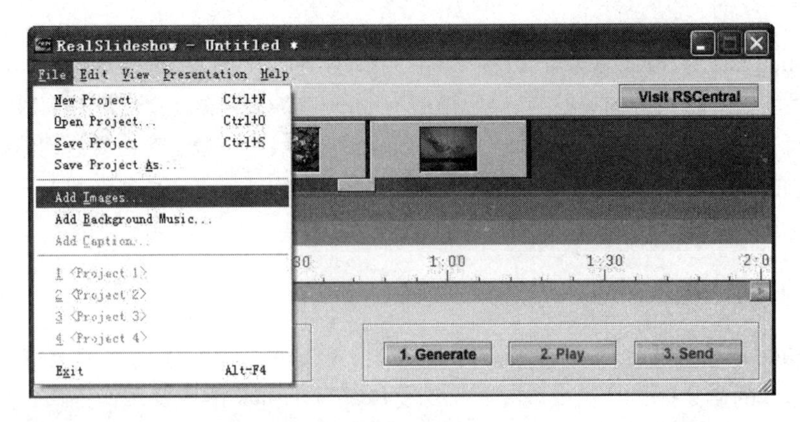

图 4－45

2. 调整图片属性

为了使图片能够在演示中更好的体现，Real Slideshow 允许对加入的图片进行相关属性的调整。点击菜单栏"Edit > Image Properties"进行图片属性调整。

(1)图片信息显示及超链设置

在图片属性设置窗口中选择"Info"标签,显示图片的基本信息,主要包括名称、尺寸、大小、下载时间、开始播放时间和持续时间等,同时还可以为图片添加超级链接。(如图4-46)

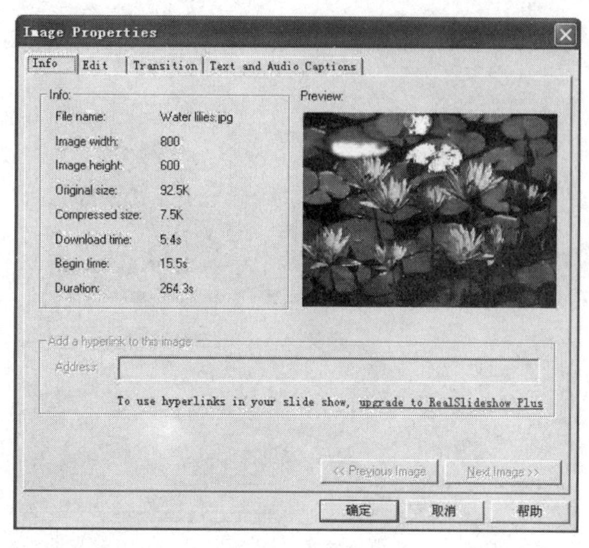

图4-46

(2)图片编辑

在图片属性设置窗口中选择"Edit"标签,对图片进行裁剪、翻转,调整图片的压缩方式及显示质量,图片的压缩方式和显示质量的调整直接关系到图片的下载时间的长短,其可以通过主界面中下载时间显示条的变化来显示。(如图4-47)

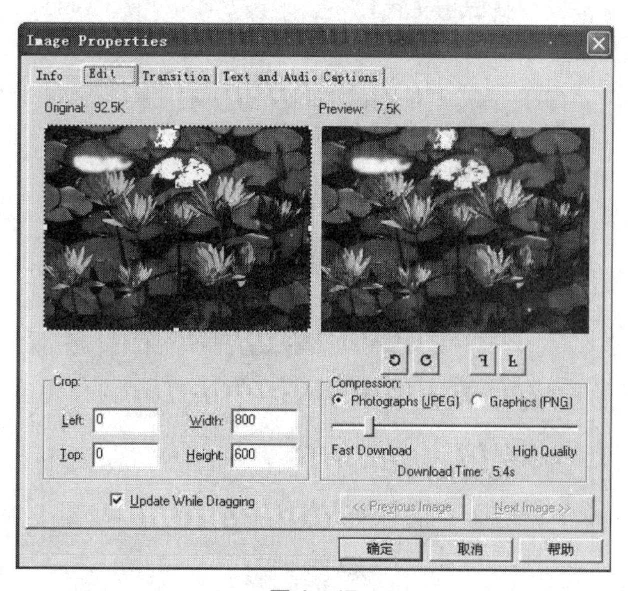

图4-47

(3)转场设置

在图片属性设置窗口中选择"Transition"标签,为相邻的图片之间加入过渡转场效果,并调整效果的种类和持续时间,同时可以预览加入转场后的播放效果。(如图4-48)

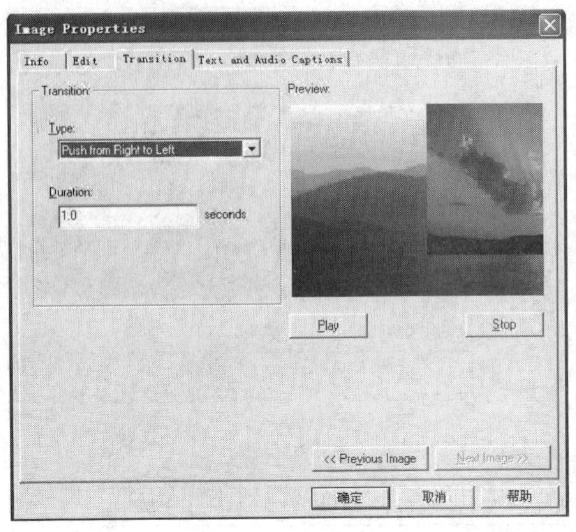

图4-48

(4)文本和音频设置

在图片属性设置窗口中选择"Text and Audio Captions"标签,为图片添加伴音,主要有两种方式,即通过音频采集设备现场采集音频,或使用计算机中存在的音频文件作为图片的伴音,添加的音频显示在主界面的"Voice"轨道中。要调整已经添加的图片伴音,只需在Voice轨道上双击鼠标左键就可以打开属性面板进行调整。此外,还可以为图片添加文本标题。(如图4-49)

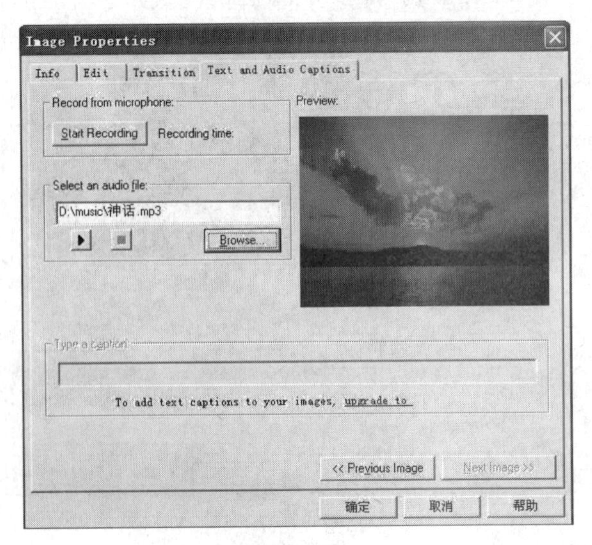

图4-49

3. 添加音频

(1)音频轨道的显示

通过单击菜单栏"View > Voice Track 和 Music Track"命令,可以显示声音轨道和音乐轨道,同时添加的图片伴音和演示背景声音的音频波形将显示在相应的轨道中。(如图 4-50)

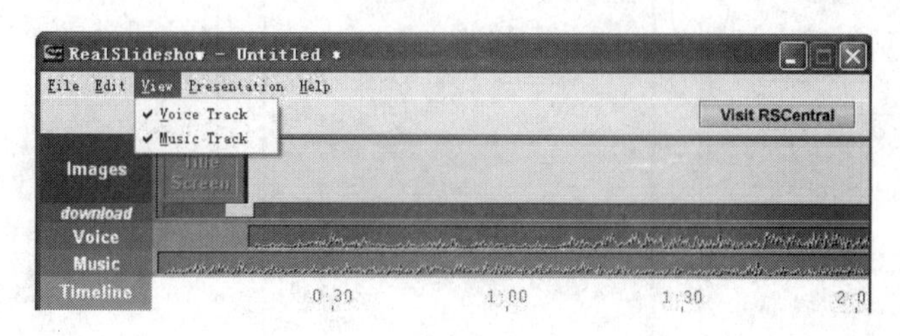

图 4-50

(2)添加背景音乐

除了为图片添加伴音,Real Slideshow 还允许为整个演示添加背景音乐。点击菜单栏"File > Add Background Music"命令,打开添加背景音乐窗口。通过该窗口可以从当前播放的 CD 中录制背景音乐,也可以通过选择计算机中已经存在的音频文件插入背景音乐,允许添加的音频文件格式主要包括 wav 和 mp3 两种(如图 4-51)。要调整已经添加的背景音乐,只需在 Music 轨道上双击鼠标左键就可以打开属性面板进行调整。

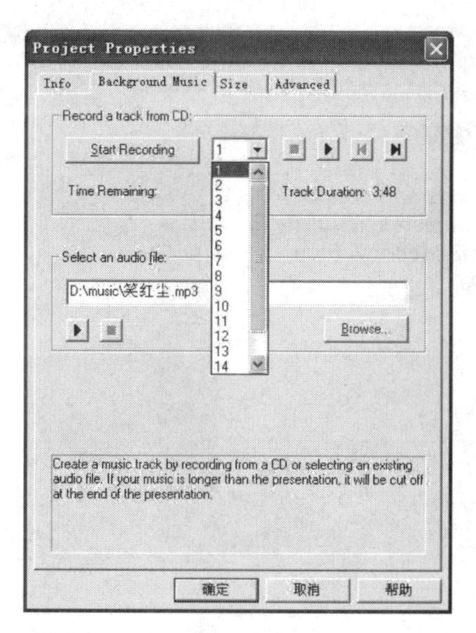

图 4-51

4. 演示文件属性调整

添加完图片和音频之后,我们可以调整其属性来完善整个演示的播放,主要包括演示属性调整和演示布局调整。

（1）演示属性调整

单击主界面中的“Properties”按钮，进入演示属性窗口（如图4－52、4－53、4－54）。可以为演示添加标题、作者、版权等基本信息，以及演示的尺寸和用户连接速率等。

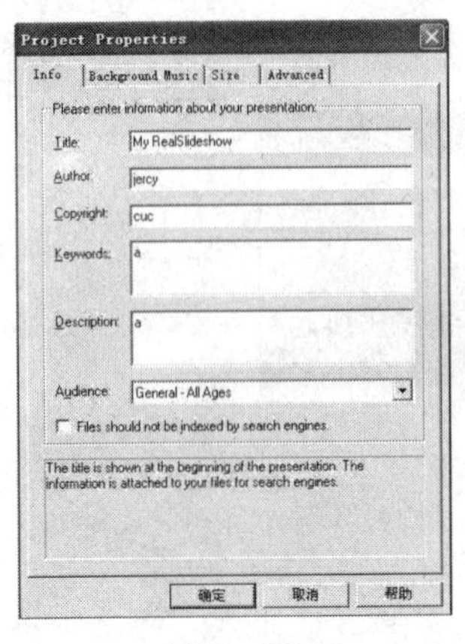

图4－52

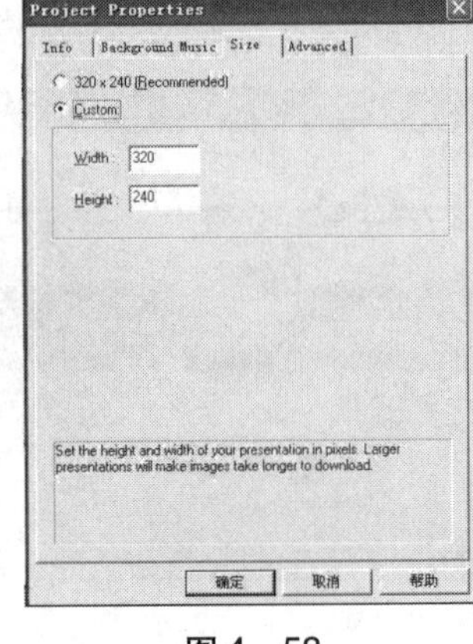

图4－53

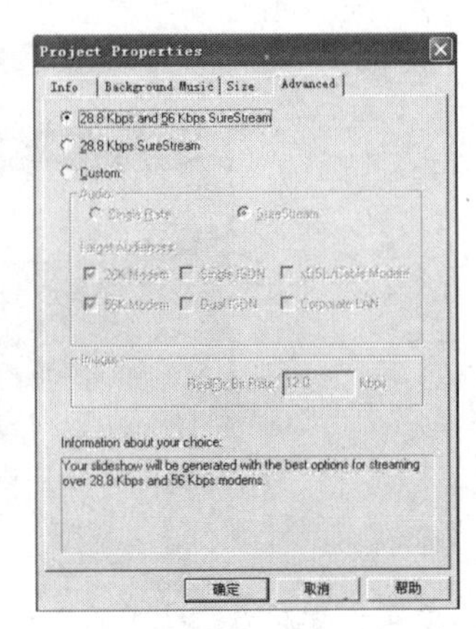

图4－54

（2）演示布局调整

单击主界面中的“Layout”按钮，进入演示布局调整窗口（如图4－55）。可以自定义为演示中各种元素确定不同的显示区域、位置和大小等，如图片区域、文字标题区域、logo区域等。

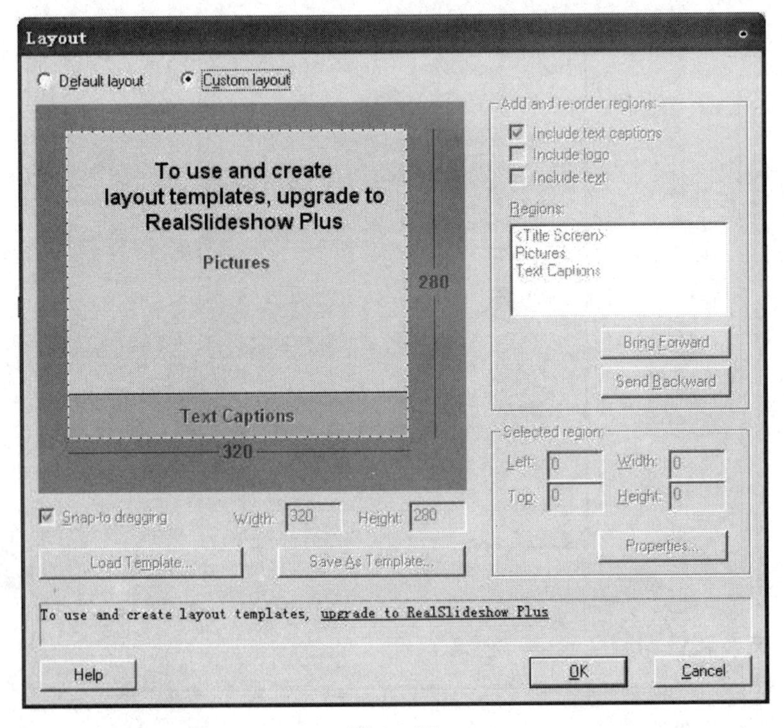

图4－55

5. 生成演示文件

当演示文件所需的图片和音频素材设置完成后就要开始进行演示文件的生成了，点击主界面中的“Generate”按钮，打开生成文件保存窗口，确定文件名称和保存路径后进行转换，完成后出现生成文件成功对话框。（如图4－56）

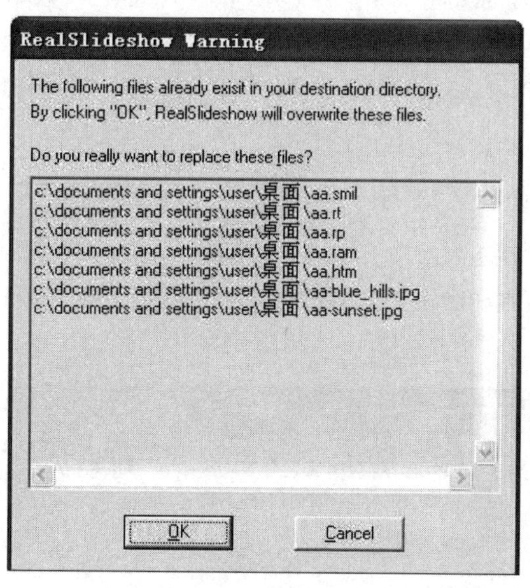

图4－56

生成过程将产生Html文件、Smil文件、rm文件、ram文件、rt文件、rp文件以及演示所使用的jpg、png等图像文件。

演示生成完成后，可以点击主界面的“Play”按钮，播放生成的演示文件。点击主界面的“Send”按钮可以打开发送向导窗口，通过向导添加发布主机和用户名及密码，将演示文件发布到Internet。（如图4－57）

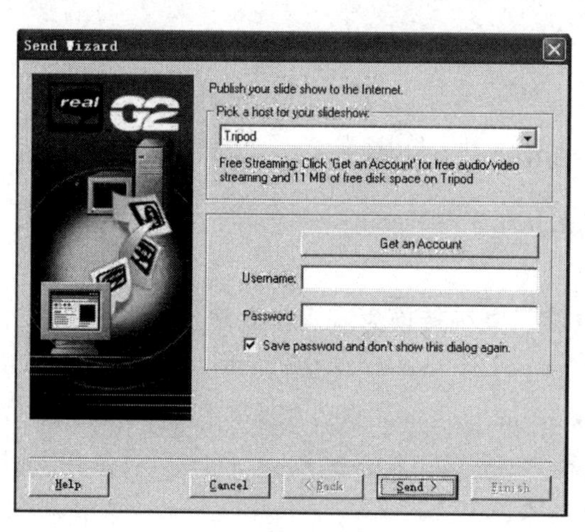

图4－57

4.5 Real Presenter

Real Presenter 是 Real System 的一部分，它与 Real Producer 一样属于流媒体编码器，不同的是 Real Presenter 主要是专门针对 Power Point 演示文稿进行设计，它可以现场直播 Power Point 演示文稿，也可以把制作好的 Power Point 演示文稿转化成流媒体格式存储在硬盘上用来点播。

4.5.1 Real Presenter 介绍

Real Presenter 的主界面由两部分组成（如图 4－58），1 号区域是用来选择建立 Power Point 演示文稿的演示脚本和建立 Web 浏览的演示脚本。2 号区域是对建立脚本的基本属性的控制。

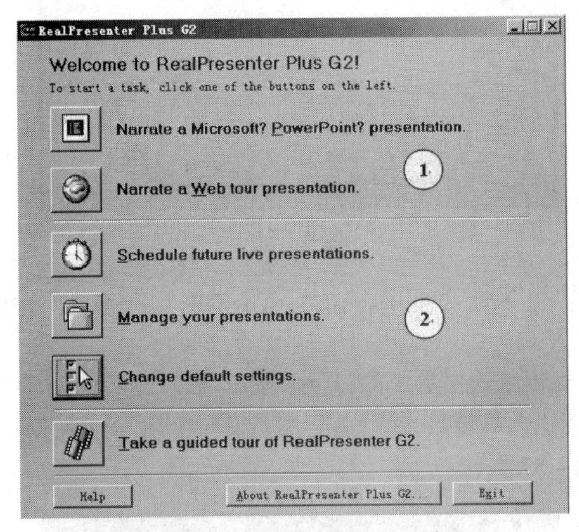

图 4－58

4.5.2 Real Presenter 基本操作

Real Presenter 的基本功能是将 Power Point 演示文稿和 Web 浏览转换成流式文件，以便在互联网上播放。

1. 将 Power Point 演示文稿转换为流媒体文件

有两种方式可以启动 PPT 文稿的流式转换，第一种是在 Real Presenter 主菜单中选择"Narrate a Microsoft_PowerPoint_presentation"，在弹出的窗口中选择一个已经制作完成的 Power Point 演示文稿；另一种方式是通过打开的 Power Point 软件调用 Real Presenter，在安装 Real Presenter 后 Power Point 的菜单中会出现一个 Real Presenter 菜单项，选择相应的命令启动程序。（如图 4－59）

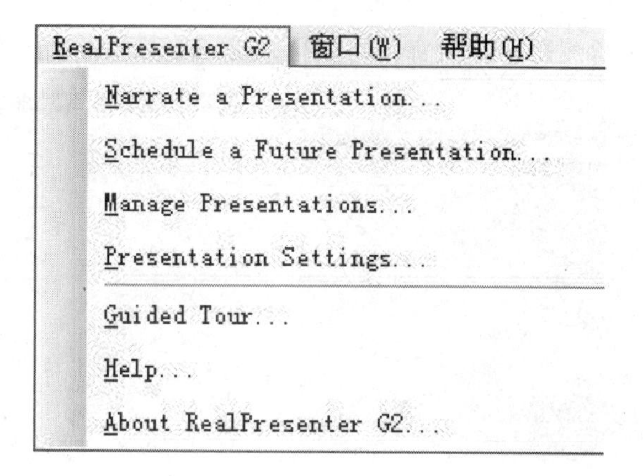

图 4－59

当 Real Presenter 启动后，打开演示控制窗口，选择建立演示的方式(如图 4－60)。主要有种选择，即录制演示和广播演示。

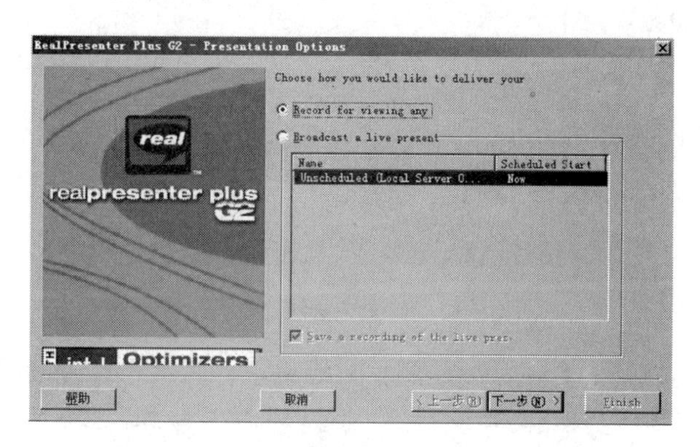

图 4－60

单击“下一步”按钮，进入演示信息窗口(如图 4－61)，在窗口中要为演示输入作者、版权、邮件地址、标题、关键字和描述等基本信息。

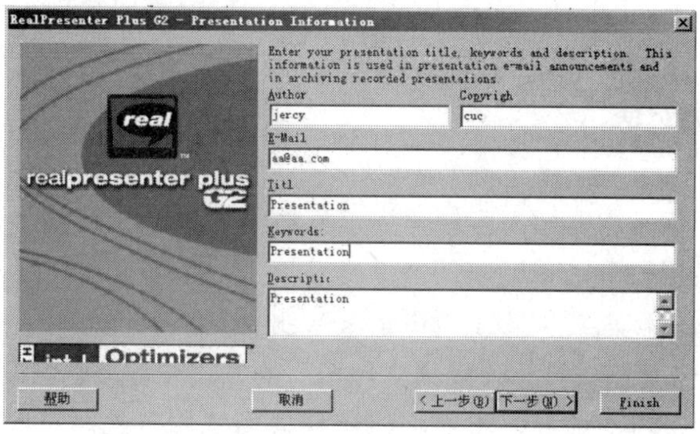

图 4－61

单击“下一步”按钮,进入准备录制窗口(如图4-62),在窗口中单击“Check Audio/Video Equipment”按钮,打开检测设备窗口(如图4-63),检测音视频采集设备是否可以正常工作。

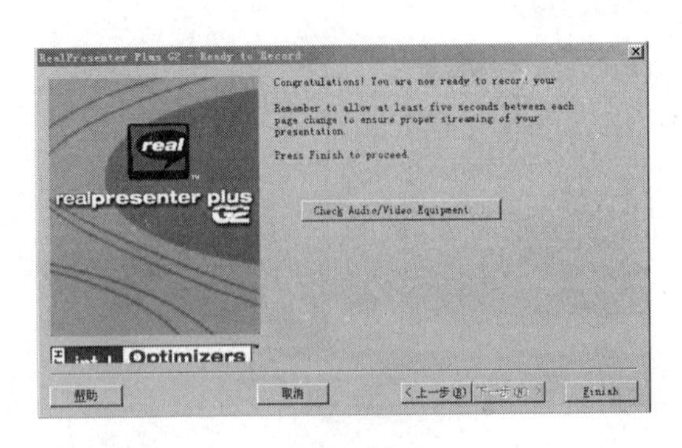

图4-62

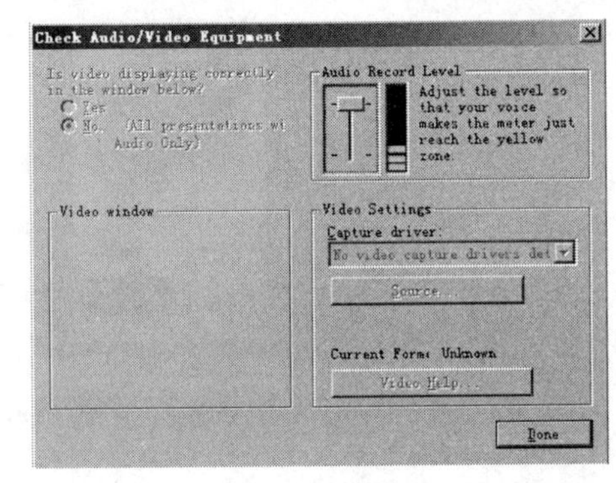

图4-63

当检测音视频设备正常后,在准备录制窗口中选择“Finishi”按钮,弹出准备幻灯片对话框,选择确定后,打开的Power Point演示文稿自动播放,并显示转换幻灯片窗口,在窗口中显示转换的进程。(如图4-64)

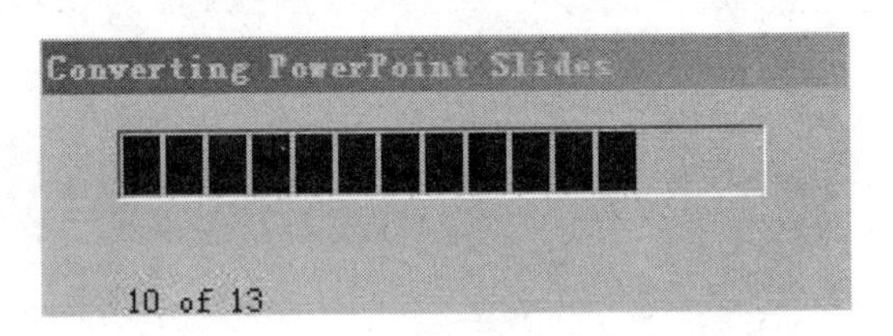

图4-64

当转换完成后,打开的Power Point演示文稿自动返回第一页,并打开录制控制面板,准备开始录制。点击“Start”按钮开始录制,同时可以采集视频和音频。(如图4-65)

图4-65

2. 创建Web浏览演示

创建Web浏览显示的步骤与将Power Point演示文稿转换为流媒体文件的方法基本相同,只不过前者主要用于将网站内容转化为流媒体形式进行导航演示,而后者是将ppt文稿转化为流媒体形式进行播放。

在Real Presenter主菜单中选择“Narrate a Web tour Presentation”,打开演示控制窗口,以与将Power Point演示文稿转换为流媒体文件相同的方式准备录制的设置。

要注意的是,在录制之前最好将即将以流媒体形式展示的网页收藏到浏览器的收藏夹中,防止录制过程中出现错误。

描述完 Web 演示后，在如图 4－65 所示的面板中点击“start”按钮，开始录制，使用浏览器一次浏览需要展示的网页，点击“Stop”按钮结束录制。

4.5.3 回放、编辑和发布演示

录制完成后 Real Presenter 系统将探出回放、编辑和发布演示面板，可以对生成的演示文件进行回放、编辑和发布等操作。(如图 4－66)

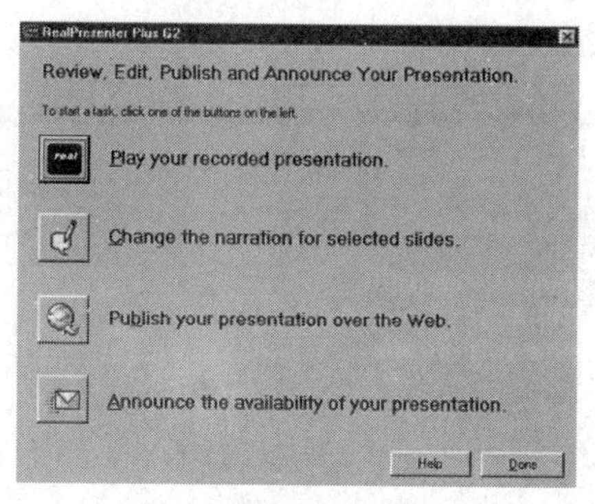

图 4－66

1. 回放演示

在如上图的面板中选择“Play your recorded presentation”按钮，Real Player 将自动打开并播放制作的流媒体演示。要注意的是必须首先安装有 Real Player 播放器。

2. 编辑演示

通过回放演示，如果发现对生成的演示不满意需要进行相应的改动，Real Presenter 系统提供了修改的功能。在如图 4－66 的面板中选择“Change the narration for selected slides”按钮，进入 Real Presenter 编辑器，可以查看和修改及重新录制演示。(如图 4－67)

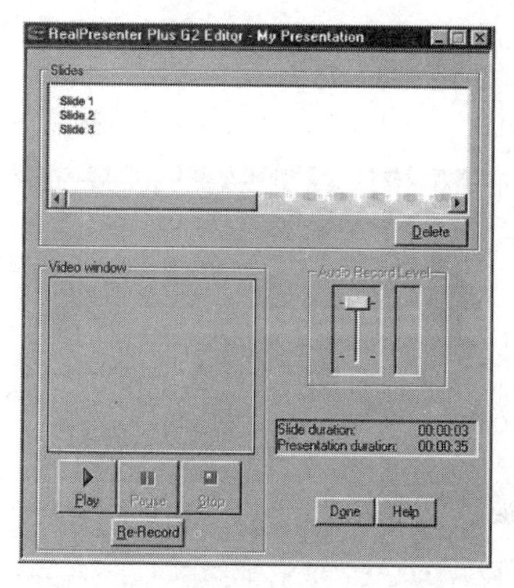

图 4－67

在 Real Presenter 编辑器中，上部一次列出演示中的 ppt 页或浏览的网页列表，下部左侧显示从视频捕捉设备中采集的视频内容，右侧显示录制时的音量控制，并可以通过"Re-Record"按钮对不满意的演示进行重新录制。

3. 发布演示

最终录制满意后就可以对演示进行发布了。Real Presenter 系统通过发布向导帮助用户完成演示的发布。在如图 4－65 的面板中选择"Publish your presentation over the web"按钮，进入发布向导窗口。（如图 4－68）

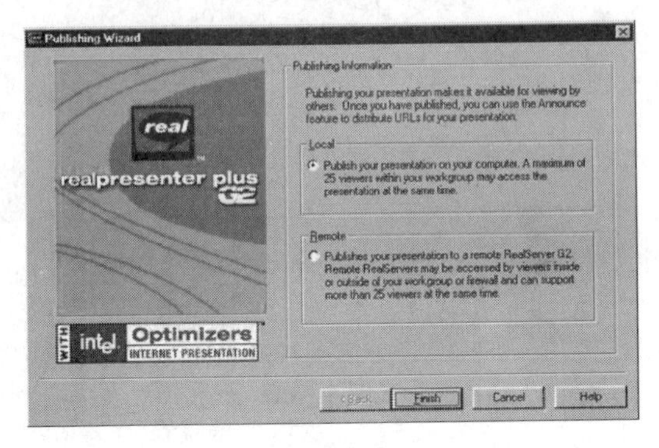

图 4－68

Real Presenter 系统发布演示时分为两种情况：

（1）将演示发布到本地计算机

这种方式比较简单，同时可以允许最多 25 人观看演示，在如上图的发布向导中，选择"Local"将进行本地发布。

（2）将演示发布到 Real Server

为了使演示可以供更多人观看，需要将建立的演示发布到远程的 Real Server 服务器供别人浏览。在如图 4－68 的发布向导中，选择"Remote"，点击"next"按钮，进入"远程 Real Server信息设置窗口"，在其中设定 Real Server 服务器的主机名称或 IP 地址，以及所使用的端口号等信息。（如图 4－69）

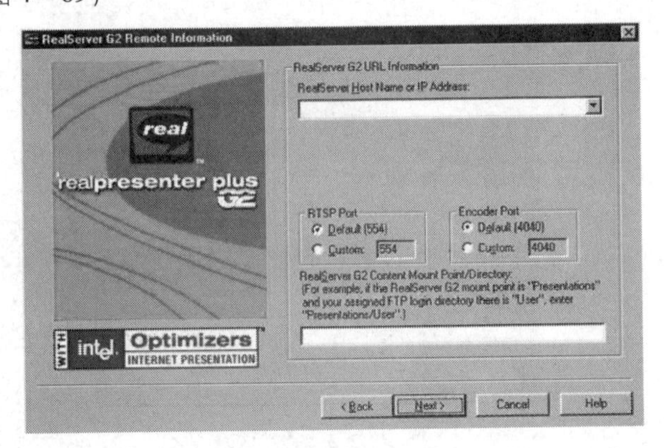

图 4－69

点击“Next”进入FTP服务器设置窗口，在其中设置FTP服务器的主机名称或IP地址，用户名称和密码以及所用端口号等信息。（如图4－70）

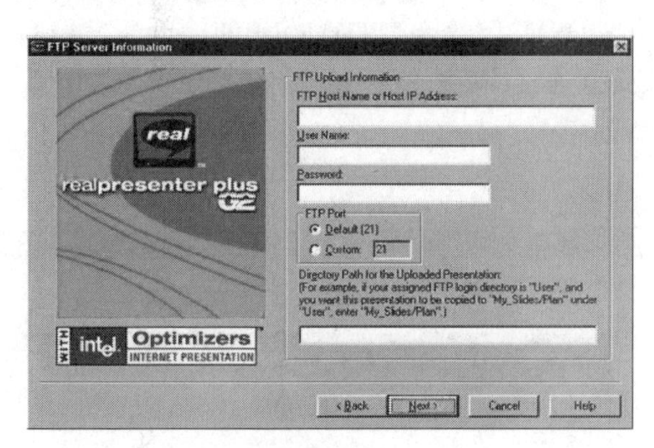

图4－70

此外，Real Presenter系统还允许通过E－mail方式向用户发布制作的演示文件。通过如图4－65所示的面板中的“Announce the availability of your presentation”按钮可以打开邮件系统，发送E－mail以发布演示。

4. 管理演示

在RealPresenter主界面中选择“Manage your presentations”按钮，可以打开演示管理窗口，其可以方便地管理所创建的演示。（如图4－71）

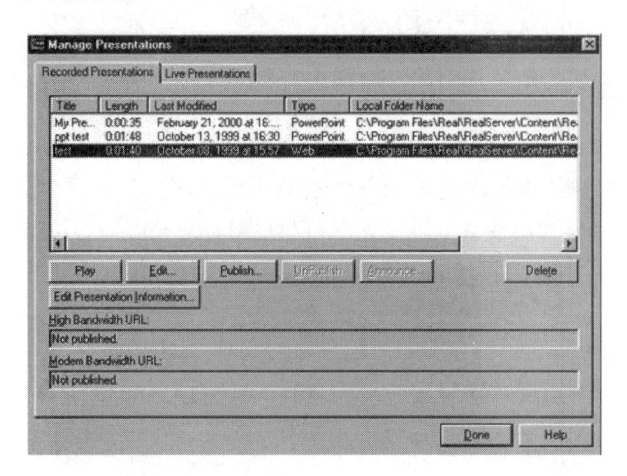

图4－71

在窗口中的上部将显示创建的演示，以及演示的标题、时间长度、修改日期、演示类型和演示文件地址等信息。通过下面的功能按钮，可以方便地播放、编辑和发布其中的演示。

演示管理窗口分为“Recorded Presentations”和“Live Presentations”两页，上面介绍的是Recorded Presentations页，它显示所有录制完成的演示；Live Presentations页中主要显示所有等待广播的演示，并可以确定和新建广播演示的时间安排。

4.5.4 Real Presenter 的设置

在 Real Presenter 的主界面中，选择“Change default settings”按钮将进入“演示设置”窗口，其分为用户信息、受众连接、高级、视频和其他几个页，可以控制 Real Presenter 的基本设置。

1. 用户信息

该页主要用于显示创建演示的用户的基本信息，如名称、邮件地址和版权说明等。（如图 4－72）

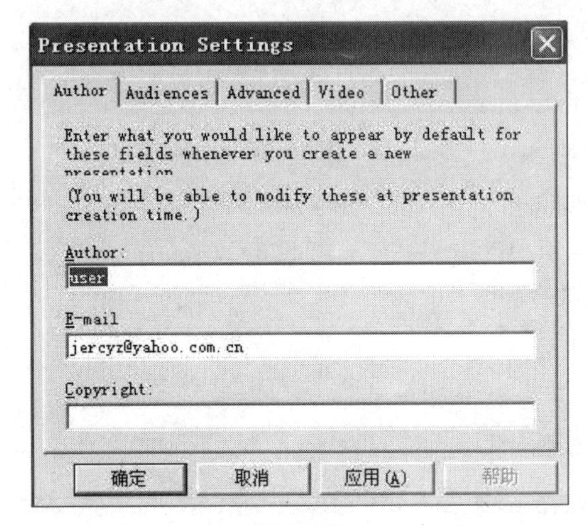

图 4－72

2. 受众连接

该页主要用于调整创建的演示采用单一的速率还是采用智能流技术将多种速率合并到一个演示之中，以及确定目标受众的连接速率，它直接与用户的接入方式相关。（如图 4－73）

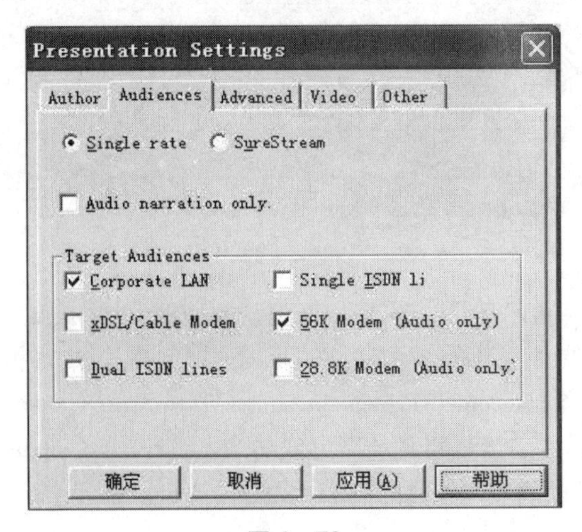

图 4－73

3. 视频

该页主要用于调整演示的视频质量以及所采用的帧速率和对视频捕捉设备的测试等。(如图4-74)

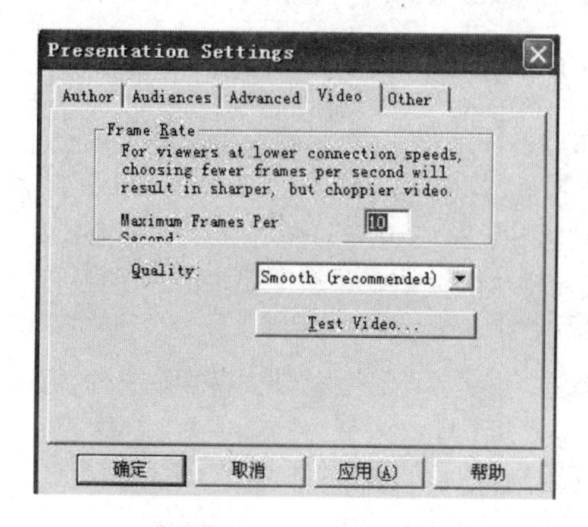

图4-74

4.6 Real Server

4.6.1 Real Server 概述

Real Server 是 Real System 的核心部件,用它可以在网上发布 Real 格式的 Audio、Video 文件,并以流格式进行网上传输播放,使用 Real Server 能充分利用网络带宽,提高网络的并发流数,而且能极大提高对 rm 格式的支持,如能很好地解决 rm 文件拖动时缓冲过长的问题等。

Real Server 主要由几个部分组成:

1. 执行程序

其是 Real Server 的最主要部分,在 Windows 平台叫做 rmserver. exe,在 Unix 平台叫做 rmserver. Plug-ins。这些文件提供 Real Server 的功能特征。采用开放式的体系结构,用户可以自己增加 Real Server 的功能特征。

2. 设置文件

设置文件 rmserver. cfg,是基于 XML 格式的文本文件,其保存 Real Server 的所有设置信息。

3. 系统管理界面

其是基于 Web 界面的管理控制台,用来管理和监视 Real Server,是用户与 Real Server 进行交互的窗口。

4. 其他工具文件

主要包括 Java 监视器、G2SLTA 等软件工具,用以辅助 Real Server 的工作。

5. 许可文件

在安装时提供授权许可文件，其由 XML 语言编写的文本文件，主要包含流的数量、多流广播、授权、广告、数据类型等信息。

4.6.2 Real Server 的安装

Real Server 的安装包由两部分组成，即安装文件和许可证文件。在安装时首先执行安装程序，进入“安装向导”界面。（如图 4－75）

在窗口中点击“Next”按钮，进入“许可证确定”窗口，在其中要求提供许可证文件的目录地址和文件名称，如果没有提供则只能安装基础版本，其只包括 25 个流，且不支持多流广播，对文件类型支持也有限制。

点击“Next”按钮，安装向导提示你查看软件安装声明文件，点击“Accept”按钮，接受该声明，并填写软件安装的目录位置，点击“Next”按钮，进入“用户”窗口，在其中输入用户名称和用户密码，用来进入 Real Server 管理界面。（如图 4－76）

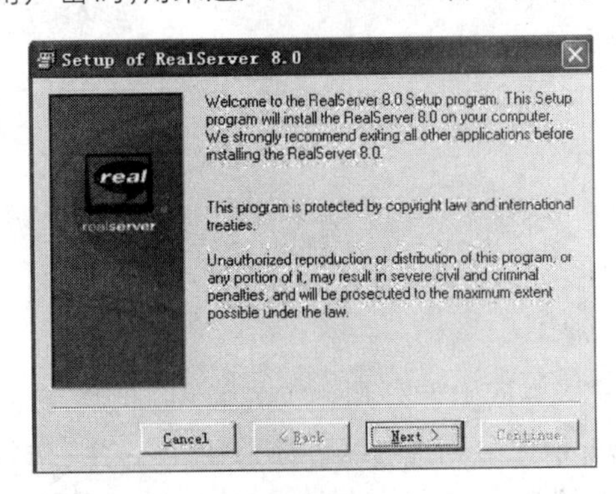

图 4－75

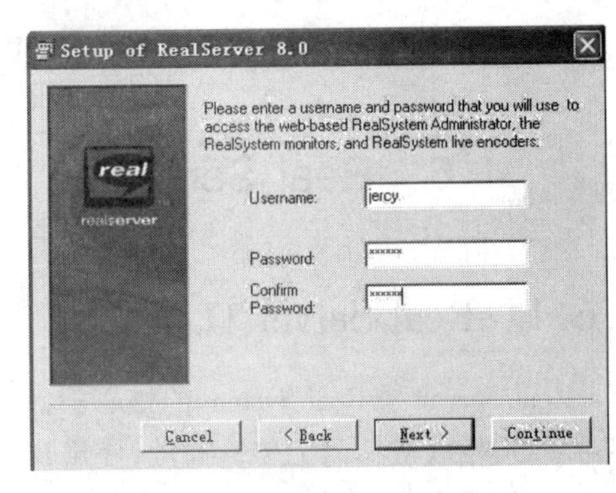

图 4－76

点击“Next”按钮，依次分别设置各种协议的端口号。具体的是 Pnm 协议，端口号 7070；Rtsp 协议，端口号 554；Http 协议，端口号 8080；管理员端口号随机产生，一般默认为 27281。（如图 4－77）

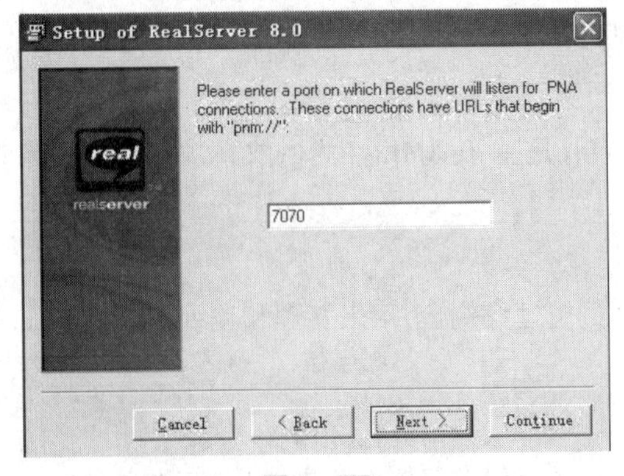

图 4－77

完成后将出现所有的安装设置信息，用户可以进行相应的修改，点击“Continue”按钮将执行安装，全部安装完成后将在操作系统桌面出现 Real Server8.0 和 Real Server 8.0 Administrator 两个程序图标，执行 Real Server8.0 将在后台运行 Real Server 程序，执行 Real Server 8.0 Administrator 将进入 Real Server 的管理界面。

4.6.3 Real Server 的应用

1. Real Server Administrator 的启动

点击 Real Server 8.0 Administrator 程序图标，系统将提示输入用户名和密码，正确输入后浏览器将打开，进入 Real Server 管理界面。（如图 4－78、4－79）

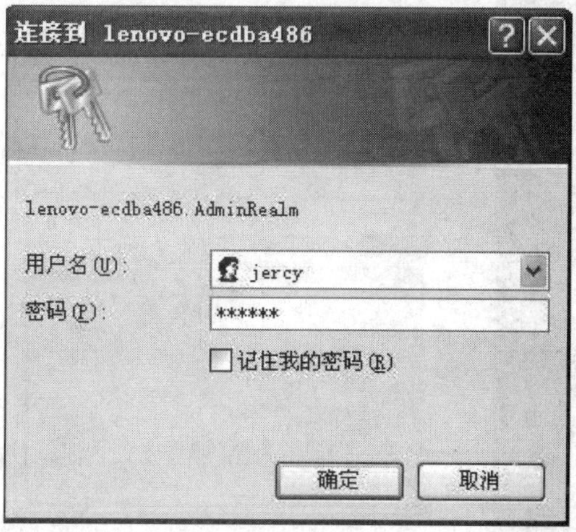

图 4－78

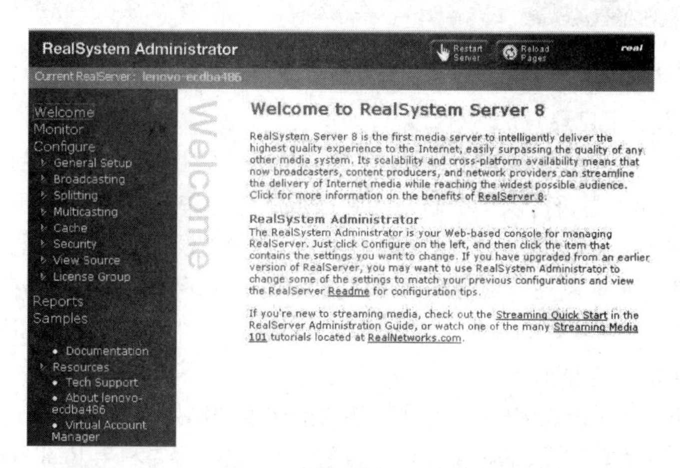

图 4－79

在管理界面中，左侧为功能目录，主要有欢迎界面、监视界面、设置界面、报告界面和示例界面等，右侧为各种界面的详细介绍和设置窗口。

2. Real Server 的定制

Real Server 的主要功能集中在设置界面，在管理窗口左侧的“Configure”目录中包含有关于 Real Server 的基本功能设定。

（1）设定端口号

在安装软件时我们已经对各种通信协议设定了相应的端口号，这些端口号可以由管理员通过管理界面进行重新设定。选择管理界面中的“General Setup”>“Ports”命令，进入“端口设置”界面，在其中可以查看和修改相应的端口号。（如图 4－80）

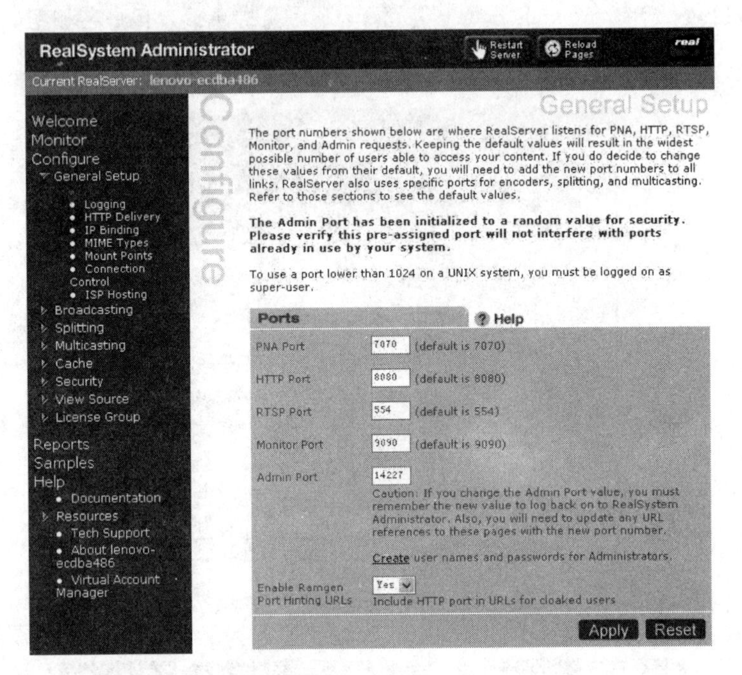

图 4－80

（2）设定服务器根目录

服务器根目录是用户访问 Real Server 服务器的默认地址，就如同设定网页的更目录地址一样，其关系到用户是否可以正确地访问并播放服务器中所发布的流媒体内容。选择管理界面中的“General Setup”>“Mount Points”命令，进入“根目录设置”界面，其中的“Base Path”文本框中显示系统默认的根目录，所有的 Real Server 示例文件都保存在其中，可以通过输入新的地址改变根目录。如果用户希望有多个路径，点击“Add New”按钮进行添加。

（3）显示 SMIL 和媒体剪辑文件源代码

我们通过网页发布流媒体内容时，往往不希望连接的原始文件地址被用户看到，这样可以提高流媒体内容的安全性，不容易被用户轻易下在，这就需要利用 Real Server 的设定来隐藏源文件代码或全部路径地址。选择管理界面中的“View Source”>“Browse Content Now”命令，打开显示源代码窗口，在窗口中我们可以看到 SMIL 文件的全部代码都显示出来。（如图 4－81）

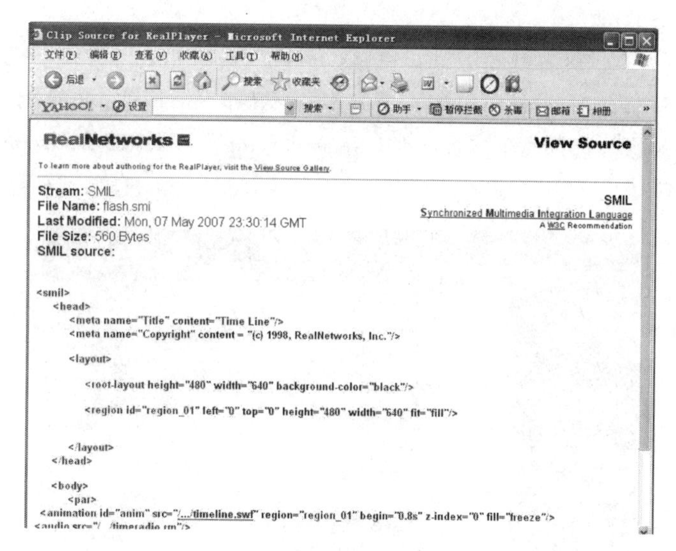

图 4－81

选择管理界面中的“View Source” > “Source Access”命令，打开设置窗口，可以设置是否允许查看源代码、是否隐藏路径。在“View Source”文本框中选择是否允许查看源代码，在“Hide Paths”文本框中选择是否隐藏路径。（如图 4－82）

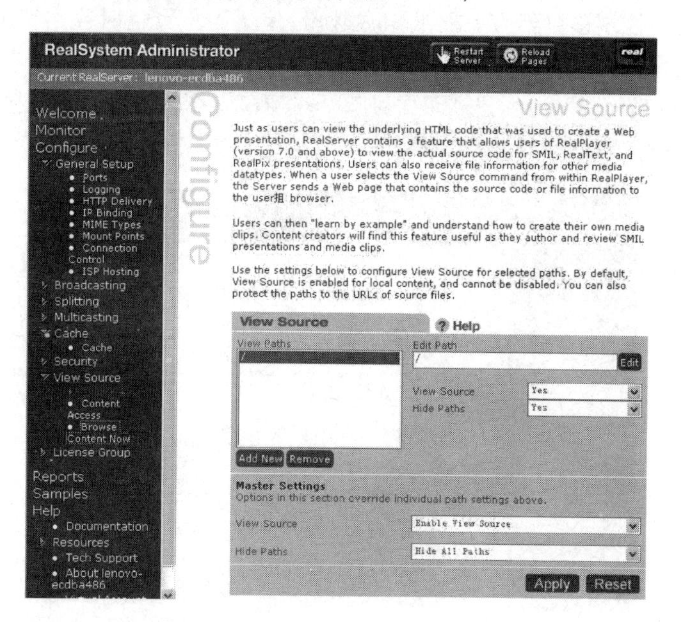

图 4－82

3. 限制到 Real Sever 的访问

其可以限制客户同时连接的数量、限制用户可以使用的带宽、限制客户必须使用的播放器版本、限制客户端的 IP 地址等。

(1) 控制经由 HTTP 的访问

Real Sever 与客户端的连接可以使用流协议也可以使用 http 协议，流协议有时可能会受到网络防火墙的限制，但 http 协议一般不会有影响。Real Sever 可以通过相关的设置指定使用 http 协议进行传送。选择管理界面中的“General Setup” > “HTTP Deliverable”命令进行设置。（如图 4 – 83）

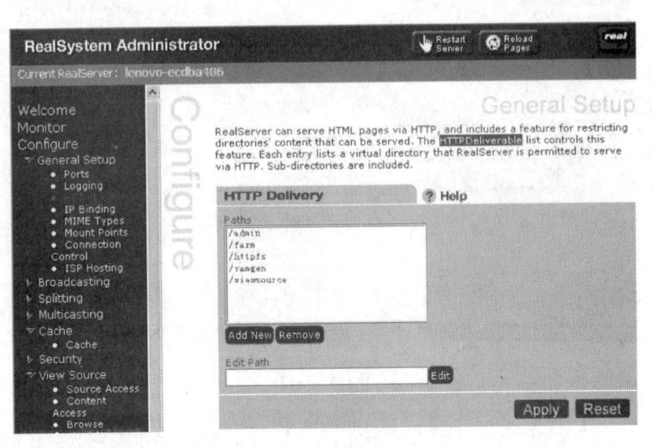

图 4 – 83

(2) 限制连接数量或带宽

通过限制可以控制连接到服务器的用户数量，使达到最大值时收到错误信息。允许的最大连接数在许可的范围之内可以设置的值为 1 – 32767。选择管理界面中的“General Setup” > “Connection Control”命令，进入设置窗口。在窗口中可以设置用户连接数、最大的连接带宽和对播放器的兼容性。（如图 4 – 84）

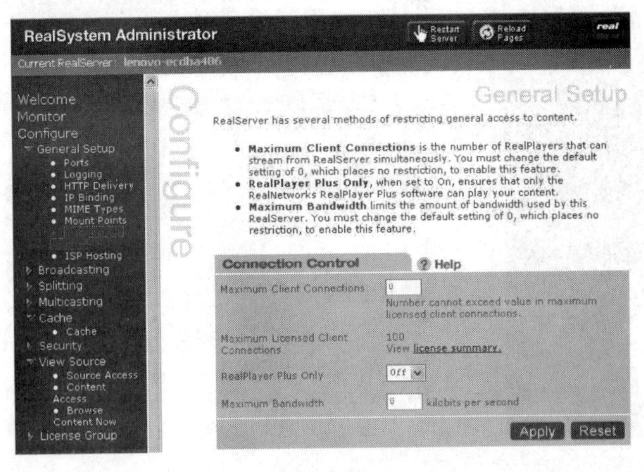

图 4 – 84

4. 授权用户

管理员可以根据工作类别来分配用户和确定用户的权限，主要有系统管理员、录制人员和内容浏览用户。获得授权的用户可以根据设定的用户名和密码来进入。选择管理界面中的“Security”>“Authentication”命令，进入设置界面。在窗口中通过“Authentication Realms”列表选择建立何种用户，选择“SecureAdmin”确定系统管理员用户；选择“SecureEncoder”确定录制人员用户；选择“SecureContent”确定内容浏览用户。然后点击“Add a User to Realm”添加用户。同时也可以编辑和删除已有的用户。(如图4－85)

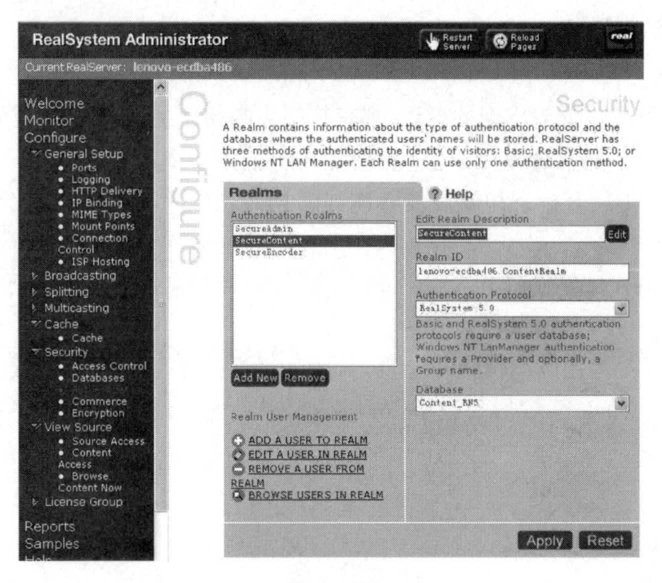

图4－85

4.7 Real Text

4.7.1 Real Text 概述

Real Text由Real Networks开发，用于编写在Internet上进行媒体点播和广播的流媒体文本文件的标记性语言。可以处理如字体、颜色及相关的特效处理。

Real Text语言与HTML语言和SMIL语言相同都属于标记语言，其组成的基本元素是各种标记。通过各种标记的排列和对各个标记属性的设置，来定义各类媒体文件的播放效果。由标记语言编写的媒体文件，必须用特定的媒体播放器来播放。比如，用浏览器打开网页，用Real Player来播放Real Text、Real Pix以及SMIL文件等。当然，目前高版本的浏览器，比如Internet Explorer 4.0和Netscape Communicator 3.0及其以后的各个版本，都已经加入了支持Real System系列媒体文件的播放组件，都可以正常播放作为插件或Active X控件集成到网页中的这一类流媒体文件。标记语言编辑的媒体文件是解释型的，其播放的效果是由播放器动态生成的。也就是说，播放器读取文件的源代码，分析其语法结构，然后根据解释的结果显示播放效果。正因为如此，在编辑标记语言文件时，精简和高效的文件源代码是非常重要的，它关系到文件的播放速度以及播放效果的正确显示。

Real Text 语言的编写不需要特别的软件集成环境，只要使用 Windows 操作系统中的记事本或其他纯文本编辑器就可以方便的编写。

4.7.2 Real Text 语言的编写

1. 基本语法结构

(1) Real Text 文件以一对 <window> 和 </window> 标记表示文件的开始和结束，所有的标记都是封闭型的。成对出现的标记，都有其相应的结束标记；如果一个标记没有相应的结束标记，则是以"/"符号表示结束。

(2) Real Text 的所有标记和属性及其属性值都必须以小写字母表示，属性值必须用" "包括。

(3) 在 Real Text 文件代码中，可以加入注释行，以增加文件源代码的可读性。注释行的书写格式如下 <! -- 注释内容 -- >。

(4) Real Text 文件完成编辑后，将其以.rt 为后缀进行保存，如下面的程序。

```
<window>
Real Text 标记
</window>
```

2. Real Text 主要标记

(1) 窗口标记

窗口标记 <window> 和 </window> 确定 Real Text 文件的开始和结束，同时决定 Real Player 播放器中播放 Real Text 文件时播放窗口的样式。作为窗口标记的属性之一，共有五种窗口类型：

Generic

该窗口类型是 Real Text 的默认窗口类型，不需要设定任何参数，可以用来制作 Real Text 标记所支持的任何种类的流式文本。比如，可以使文字在窗口中显示和消失，也可以使文字在窗口中从下至上逐行移动，或是横向从一端向另一端移动。

Scrolling News

该窗口类型是用来制作滚动文本的。文字以一定的速度从窗口底部向顶部移动，但不能横向移动。

Ticker Tape

在 Ticker Tape 窗口中的文字以一定速度从窗口右端向左端移动，在到达左端时，文字可以消失或重复其从右向左移动的过程。在该窗口中，文字在窗口中纵向的排列方式是居窗口的顶端或底端排列的，窗口的高度和移动文字的行数自动匹配。文字不能纵向移动。Ticker Tape 窗口的效果类似于电视中的滚动字幕。

Marquee

该窗口和 Ticker Tape 窗口相似，文字以一定速度从右端向左端移动，可以重复循环。但文字在窗口中纵向的排列方式是居中排列的。

Tele Prompter

该窗口中的文字显示行为和 Generic 窗口相似，文字是根据设定逐行显示的。只是当窗口中已经布满文字内容，没有足够的空间来显示新的文字时，已显示的文字会整体向上跳动，为新的文字留出显示空间。

①窗口类型属性设置

通过属性控制窗口的类型，其语法结构为：

Type =“window type” 具体值为 generic、tickertape、marquee、scrollingnews 和 teleprompter，如下面的程序。

```
<window type = "marquee" >
   <br/ >My name is jercy.
   <br/ >I am a teacher.
   <br/ >hello!
</window >
```

该程序播放时在播放窗口中间从右向左依次滚动播放“My name is jercy.”、“I am a teacher.”和“hello!”三段文字。

②Duration 属性

该属性定义了整个文件播放的时间长度。当文件的播放达到这个时间长度时，不管文字的时间属性如何定义，播放马上停止。该属性的默认值是 60 秒钟。

其语法结构为：Duration =“dd:hh:mm:ss:xyz”，在属性值中，dd 表示天数，hh 表示小时，mm 表示分，ss 表示秒，x、y、z 分别表示 1/10 秒、1/100 秒和 1/1000 秒。当定义该属性时，只有秒数是必需的。如下面的程序。

```
<window duration = "5" >
   <br/ >My name is jercy.
   <br/ >I am a teacher.
   <br/ >hello!
</window >
```

该程序播放时三行文本在播放器中持续播放 5 秒钟的时间。

③窗口尺寸属性

该属性控制播放窗口的尺寸，根据不同的窗口类型，其默认值各有不同。主要有两个属性，即 width 和 height，其语法结构为：width =“pixels”和 height =“ pixels ”。

Width 表示窗口宽度，单位为像素，窗口类型为 tickertape 和 marquee 窗口默认为 500 像素，其他为 320 像素。

Height 表示窗口高度，窗口类型为 tickertape 和 marquee 窗口默认为 30 像素，其他为 180 像素。如下面的程序。

```
<window width = "200" height = "100" >
   <br/ >My name is jercy.
   <br/ >I am a teacher.
```


hello!

</window>

该程序播放窗口的大小为200×100,显示三行文本。

④背景颜色属性

该属性定义了播放窗口的背景色,其语法结构为:bgcolor="color",其中color是颜色值。TickerTape窗口背景颜色的默认值为黑色,其他窗口类型背景颜色默认值为白色。Color属性值可以是颜色的英文保留字,也可以是以#开头的6位16进制数,分别代表R、G、B三个基色通道的颜色值。

⑤文字运动速度属性

该属性主要用于控制播放时文字横向和纵向的运动速度,主要有两个属性,即Scrollrate和Crawlrate,其语法结构为:Scrollrate="pixels per second"和Crawlrate="pixels per second"。

其中Scrollrate用以决定文字纵向移动速度,对于scrollingnews窗口类型的默认速度为10,其他为0,tickertape和marquee窗口类型该属性无效;Crawlrate用以决定文字横向移动速度,tickertape和marquee默认值为20,其他为0。如下面的程序。

<window type="generic" duration="5" width="200" height="100" scrollrate="10" crawlrate="10">

My name is jercy.

I am a teacher.

hello!

</window>

在上面的程序中,播放窗口的大小为200×100,窗口类型为"generic"。播放时,三行文本从当前位置,沿窗口对角线方向,自右下向左上方以10pixels/s的速度运动,持续5秒钟的时间。

⑥链接控制属性

该属性定义Real Text文件中具有超链接的文本的颜色和表现形式。通常我们在网页中看到的具有超链接的文本与普通文本具有不同的颜色表示,一般还具有下划线。其主要由两个属性控制,即link和underline_hyperlinks,语法结构为:Link="color"和underline_hyperlinks=" true/false"。

其中link定义超链文字的颜色,默认值为蓝色;underline_hyperlinks定义超链文字是否有下划线,默认为true。

⑦自动换行属性

该属性定义文本在超出播放窗口宽度时是否自动换行,默认为true,自动换行。通常情况下,使用默认值,否则超出部分文本将在播放窗口边界被截断,无法正常显示。其对于tickertape和marquee的横向移动类型无效。语法结构为:Wordwrap=" true/false"。如下面的程序。

<window duration="15" wordwrap="true">

Real Player uses SMIL to combine media content with a RealText (.rt) file. The .rt file contains the captions themselves and information about how and when they should appear.

</window>

在上面的程序中,文本较长,如果不设置自动换行属性,则只能显示"Real Player uses SMIL to combine media content with a"内容,其他文本内容将被播放窗口截断,无法正常播放。

⑧循环显示属性

该属性定义横向移动的文字移出窗口边缘时是否重复显示,只适用于TickerTape和Marquee窗口类型。其语法结构为:Loop = "true/false"。在使用该属性时,当定义了loop = "true"时,Real Player在播放Real Text文件过程中,当没有接收到新的文字内容,原来的文字横向移动出窗口边缘后,重复调用保存在用户系统缓存中该移动文字的信息,重复其移动的过程。一旦有新的文字内容到达,在原文字再一次横向移动出窗口边缘后,立即显示新的文字内容,原有文字消失,新的文字内容具有loop的功能。如下面的程序。

```
<window  type = "marquee"  loop = "false"  crawlrate = "150" >
    <br/ >I am a teacher.
</window>
```

在上面的程序中,文本"I am a teacher."只横向滚动一次就结束,不再重复出现。

⑨显示空格属性

了解HTML的人都知道,在通过HTML语言制作网页时,无论输入多少空格,浏览器都会把它当做一个空格来处理;对于制表符,浏览器也当做一个普通的空格来处理,除非使用特定的标记控制才能表示多个空格。Real Text语言通过显示空格属性来控制显示空格的形式。其语法结构为:Extraspaces = "use/ignore",其中属性值"use"是默认属性,表示原样显示,"ignore"表示不管多少空格只显示一个。如下面的程序。

```
<window duration = "15"  extraspaces = "use" >
  <br/ >I am a          teacher.
</window>
```

在上面的程序中,文本"I am a teacher."在播放时原样显示,保留其中多余的空格。

(2)时间标记

前面我们讨论了窗口标记,它只是定义了Real Text文件播放时播放窗口的基本属性和播放的基本控制,但是内容播放多长时间和何时播放、何时结束等的控制就需要使用时间标记来定义了。

①<time/ >标记

该标记定义显示时间的开始和结束,主要通过begin和end两个属性来控制,其语法结构为:<time begin = "dd:hh:mm:ss:xyz" end = "dd:hh:mm:ss:xyz" >,其属性值的表示方法前面已经介绍过了。

时间标记主要针对不在窗口中移动的文字内容,其属性的时间值都是相对于整个Real-Text文件的开始时间的。如果不定义begin属性,RealPlayer将根据网络传输和用户系统的显示速度尽可能快地显示所有的文字。

如果给某一段文字定义了end属性,那么当到达时间值时,该段文字将从播放窗口中消失。否则其将一直停留在播放窗口中直到整个 RealText 文件播放结束，或者整个已显示的内容被清除标记清除。如下面的程序。

```
<window  duration = "20" width = "200" height = "200" >
    <br/>
    <time begin = "2" end = "5"/>My name is jercy.
    <br/>
    <time begin = "5" end = "10"/>I am a teacher.
    <br/>
    <time begin = "10" end = "20"/>hello!
</window>
```

在上面的程序中，如果没有时间标记的控制，三行文本将同时显示在播放窗口中，但使用时间标记 <time/> 控制后，在 2 ~ 5 秒钟期间首先显示“My name is jercy.”，在 5 ~ 10 秒钟期间显示“I am a teacher.”，最后在 10 ~ 20 秒钟期间显示“hello!”。通过时间标记将文本的显示按照时间的先后顺序划分出来，使文本的播放更有层次感。

在使用 <time/> 时间标记时要注意一些问题，否则可能文本无法正常播放。

首次，如果一个时间标记定义了 end 属性，则以后所有时间标记必须都使用 end 属性。如在上面的程序中，为文本“My name is jercy.”定义了 end 属性为 5 秒钟，则后面的文本“I am a teacher.”、“hello!”也要定义相应的 end 属性，否则后面两行文本将无法正常显示。

其次，对于移动的文字一般不使用时间标记，否则可能导致文本在移动过程中突然消失，除非有特殊的要求。

最后，时间标记只是用来定义文本的显示时间的，而不能用来进行内容的更新，如果希望用新文字在原播放位置替换原有文字，不要使用 end 属性，而要用清除标记。

②文本清除标记

该标记用于清除播放窗口中所有文字内容，然后从窗口正常的开始点显示该标记后的文字，其语法结构为 <clear/>，是一个无属性标记。如下面的程序。

```
<window  duration = "20" width = "200" height = "200" >
    <br/>
    <time begin = "2" end = "20"/>My name is jercy.
    <br/>
    <time begin = "5" end = "20"/>I am a teacher.
    <br/>
    <time begin = "15" end = "20"/> <clear/>bye!
</window>
```

在上面的程序中，从 0 到 20 秒期间显示文本“My name is jercy.”，从 5 到 10 秒期间显示文本“I am a teacher.”。在播放的前 15 秒钟内，两行文本都显示在播放窗口中，到第 15 秒，由于使用了清除标记 <clear/>，播放窗口中的所有文字被清除掉，从 15 到 20 秒期间，在播放窗口的起始位置显示文本“bye!”

使用清除表示时要注意，其只是清除文本内容本身，而不会清除文本的各种属性。

(3) 位置标记

① <pos/>标记

原本文本都是在播放窗口的默认位置显示，通过该标记的定义，可以由用户自定义文本在播放窗口中显示的起始点的位置，有 x 和 y 两个属性，其语法结构为：<pos x="pixels" y="pixels"/>。

x 和 y 分别表示起始点横向和纵向位置，单位为像素。该坐标系是以播放窗口左上角为原点，向右向下的二维坐标系。其中，y 属性的值即为起始点的纵坐标值，起始点的横坐标值为 x 属性的值加上一个预置值 2，其仅对不移动的文字有效。如下面的程序。

```
<window  duration="20" width="200" height="200">
  <pos x="10" y="30"/>My name is jercy.
  <pos x="100" y="150"/>I am a teacher.
  <pos x="150" y="10"/>hello!
</window>
```

在上面的程序中，通过位置标记的定义，用户自定义了三行文本在播放窗口中各自的显示位置。文本"My name is jercy."显示起点为(10,30)；文本"I am a teacher."显示起点为(100,150)；文本"hello!"显示起点为(150,10)。

② <tu>和<tl>标记

这两个标记仅在 Ticker Tape 窗口类型中有效，是成对出现的封闭型标记。<tu>和</tu>表示包含其中的文字内容居窗口上边缘排列；<tl>和</tl>表示包含其中的文字内容居窗口下边缘排列。如下面的程序。

```
<window type="tickertape">
  <tu>My name is jercy. </tu>
  <tl>I am a teacher. </tl>
</window>
```

在上面的程序中，文本"My name is jercy."显示在播放窗口的上边缘，而文本"I am a teacher."显示在播放窗口的下边缘。

(4) 文本控制标记

Real Text 作为专门用于文本显示的语言，与 HTML 语言相同，在文本格式化方面提供了功能强大的各种标记。主要有文本段落标记、文本格式标记等。

①文本段落标记

这些标记用来定义文本的段落格式，为显示的文本确定各自的段落、换行、列表和对齐方式等。

<p>和</p>标记

该标记用于为文本划分段落。在 Ticker Tape 和 Marquee 窗口类型中，其将光标移到播放窗口的右端，在其他窗口类型中，其会使其后面的文本下移两行，与网页设置相同，段与段之间间隔一个空行。<p>和</p>标记可以成对使用，也可以单独使用。成对使用时，包含

在其中的文字形成一个独立的段落。

标记

该标记用于对文本进行段内换行排列。在 TickerTape 和 Marquee 窗口类型中，其将光标移到窗口的右端，在其他窗口类型中，其使文本下移一行。

<ol>和</ol>标记

该标记的作用与 HTML 语言中的有序列表标记<ol>和</ol>相似。不同的是，它只是使包含其中的文本缩进排列，在每一行前并不生成数字编号。

<ul>和</ul>标记

该标记的作用与 HTML 语言中的无序列表标记<ul>和</ul>相似。不同的是，它同样只是使包含其中的文字缩进排列，在每一行前不添加项目符号。

<li>和</li>标记

该标记和上面两种列表标记配套使用的。包含在其中的文本在显示时独立成一行。

<hr/>标记

该标记的作用与 HTML 语言中水平线标记不同，其相当于两个
标记，使其后面的文本下移两行。

<center>和</center>标记

该标记的作用和 HTML 语言相同，使包含其中的文本居中排列。在 Real Text 中，文字的居中位置是由窗口的实际宽度决定的。如果窗口宽度不同，则文字的居中位置也相应不同。对于又横向移动文字的窗口风格，如 Ticker Tape 和 Marquee 窗口，该标记是无效的。

<pre>和</pre>标记

该标记的作用和 HTML 中的文本预定义格式标记相同。当 RealPlayer 在显示<pre>和</pre>之间的文本时，文本保留原有的各种属性，如保留文本中的多个空格、制表符等。预格式化的文本不能被自动换行，如果改变了播放窗口宽度，可能导致文字的显示不正常。

②字符格式标记

这些标记用来定义文本字符的格式化。通过这些标记，用户可以对文本的字体、字号、颜色、样式等各方面进行设置。

A 字形标记

主要用于控制文本的字形，如粗体、斜体、下画线等。

<b>和</b>标记定义包含其中的文本显示为粗体。

<i>和</i>标记定义包含其中的文本显示为倾斜体。

<u>和</u>标记定义为包含其中的文本添加下画线。

<s>和</s>标记定义为包含其中的文本添加删除线。

B 字体标记

<font>标记

该标记用于定义文本的各种特性，如字体、字号、颜色等，其包含多个属性。

字体属性

face="font name"，该属性定义文本的字体，属性值为字体的名称。对于英文字符，其默认值为“Times New Roman”;对于中文字符目前其所支持的简体中文字体只有“宋体”。

size =“n”,该属性定义了文本字符的大小,其默认字符大小为3号,定义该属性的属性值可以用绝对值,也可以用相对值,相对值是相对于默认字符大小而言的,如 +2 表示比标准字号大两号。

color =“color”,该属性定义文本的颜色。其属性值可以是英文颜色保留字或以#开头的6位16进制数。在TickerTape窗口中,该属性是无效的,其中文本的颜色由<tu>和<tl>标记来确定。

Bgcolor =“color”,该属性定义文本背景色,属性值的设置与文本颜色的设置相同,其默认值为透明(transparent)。如下面的程序。

```
<window witdh = "320" height = "240" >
    <pos x = "10" y = "20"/ >
    <font bgcolor = "transparent" color = "#000000" size = "6" >My name is jercy. </
    font >
    <pos x = "9" y = "18"/ >
    <font bgcolor = "transparent" color = "#ff0000" size = " +1" >I am a teacher. </font >
</window >
```

在上面的程序中,文本“My name is jercy.”在透明背景上显示黑色6号字,文本“I am a teacher.”在透明背景上显示红色4号字。

(5)链接标记

通过链接标记,可以为文本定义超链接,以在播放器中打开链接内容。包含两个属性,即href和target。其语法结构为:<a href =“URL” target =“value”>。如下面的程序。

```
<window witdh = "320" height = "240" link = "#000000" underline_hyperlinks = "false" > >
    <pos x = "140" y = "120" >
    <a href = "real8video. rm" target = "_player" >play a clip. </a >
</window >
```

在上面的程序中,播放窗口中显示文本“play a clip.”,在播放器中点击该文本,播放窗口中专而播放视频文件real8video. rm。

①链接到电子邮件

上面讨论的是普通的链接方式,如果链接到一个邮件地址要如何操作呢?其语法结构为:<a href =“mailto:address”>,要求属性值为标准的邮件地址。

②控制播放

以前我们只能够通过控制Real Player播放器的播放、暂停等工具按钮才可以控制文件的播放状态,但Real Text可以通过程序的设定来控制文件的播放。其语法结构为:

暂停播放

```
<a href = "command:pause( )" target = "_player" >文本内容</a >
```

播放

```
<a href = "command:play( )" target = "_player" >文本内容</a >
```

停止播放

```
<a href = "command:stop()" target = "_player" >文本内容</a>
```

如下面的程序：

```
<window  duration = "20" width = "200" height = "200" >
    <pos x = "10" y = "10"/>
    <a href = "command:pause()" target = "_player" >pause the clip. </a>
    <pos x = "100" y = "10"/>
    <a href = "command:play()" target = "_player" >play the clip. </a>
    <br/>
    <time begin = "2" end = "5"/>My name is jercy.
    <br/>
    <time begin = "5" end = "10"/>I am a teacher.
    <br/>
    <time begin = "10" end = "20"/>hello!
</window>
```

在上面的程序中，通过点击显示的文本"pause the clip."，控制文件播放暂停；通过点击显示的文本"play the clip."，控制文件从暂停点继续播放文件。

③跳转播放

通过跳转播放控制，使用户可以灵活地控制播放的时间点，其语法结构为：<a href = "command:seek(time)" target = "_player" >文字内容</a>，其中 Time 为点击链接后跳转播放的时间。如下面的程序。

```
<window  duration = "20" width = "200" height = "200" >
    <pos x = "10" y = "10"/>
    <a href = "command:seek(5)" target = "_player" >goto play</a>
    <br/>
    <time begin = "2" end = "5"/>My name is jercy.
    <br/>
    <time begin = "5" end = "10"/>I am a teacher.
    <br/>
    <time begin = "10" end = "20"/>hello!
</window>
```

在上面的程序中，无论文件播放到何时，只要点击文本"goto play"，文件都将跳转到 5 秒钟，重新播放。

本章思考题

1. 简述 Real System 系统的基本组成。
2. 试使用相关 Real System 组建搭建一个流媒体直播平台。

第五章

Windows Media 流媒体解决方案

【内容提要】微软公司以其强大的技术力量在计算机系统软件领域一直处于领先地位,流媒体技术的开发同样受到微软公司的重视。Windows Media 就是微软公司开发的集流媒体制作、发布和播放于一身的产品。该系统与 Windows 操作系统集成于一体,简便易用,效果上佳。本章主要包含"Windows Media 简介"、"Windows Media 编码技术"和"Windows Media 组成部件"三大部分。

本章第一部分主要讨论 Windows Media 的产生过程,介绍了 Windows Media 的开发过程和基本特点;以及 Windows Media 的系统的基本构成,介绍了系统的基本工作流程和系统组成的各个软件部件。

本章第二部分主要讨论 Windows Media 编码技术,介绍了 Windows Media 格式的基本特点和组成;同时详尽地讨论了 Windows Media 音视频编解码器,包括音视频编码技术的各自特点,以及如何进行版权保护和 Windows Media 数字权限管理(DRM)的功能、特点和工作流程。

本章第三部分主要介绍构成 Windows Media 的各种软件工具,包括播放端软件 Windows Media Player、编码器 Windows Media Encoder、Windows Media 实用工具和服务器端软件 Windows Media Services。分别讨论了各种软件的界面、特点、工作方式和流程及相关的工作原理等内容。

5.1 Windows Media 简介

5.1.1 Windows Media 的产生

Windows Media 的前身是微软公司的 Netshow 产品,但与 Real Network 的产品有较大的差距,在流媒体技术领域的竞争中落后于 Real 公司。1997 年微软购买了 3Vxtreme,并将 3Vxtreme 的视频压缩编码/解码系统纳入 Netshow 中,并购买了一些 VDO 和 Real 的产品专利,从而改变了过去大多数视频流产品采用的是专用的服务器,并只播放专用的视频产品的状况。此后的 Netshow3.0 在功能和技术上都有长足的进步，随后统一命名为 Windows Media Technologies。

Windows Media 是整套的流媒体制作、发布和播放产品，其服务器端的 Windows Media Server 产品在 Windows NT Server Pack4 上可以安装，并且集成在 Windows2000 Server 中。其最大特点是，制作、发布和播放软件与 WindowsNT/2000/9x 集成在一起，不需要额外购买。微软的流视频解决方案在微软视窗平台上是免费的，制作端与播放器的视音频质量都上佳，而且易于使用。

5.1.2 Windows Media 的组成

WindowsMedia 由 Media Tools，Media Server 和 Media Player 构成。其中 Media Tools 是整个方案的重要组成部分，它提供了一系列的工具帮助用户生成 ASF 格式的多媒体流，主要包括编码器（Windows Media Encoder）、Windows media 流编辑器、Windows Media 配置文件编辑器、Windows Media 文件编辑器和 Windows Media 编码脚本等；Media Server 可以保证文件的保密性，不被下载，并使每个使用者都能以最佳的影片品质浏览网页，同时具有多种文件发布形式和监控管理功能；Media Player 具有强大的流信息的播放功能。（如图 5－1）

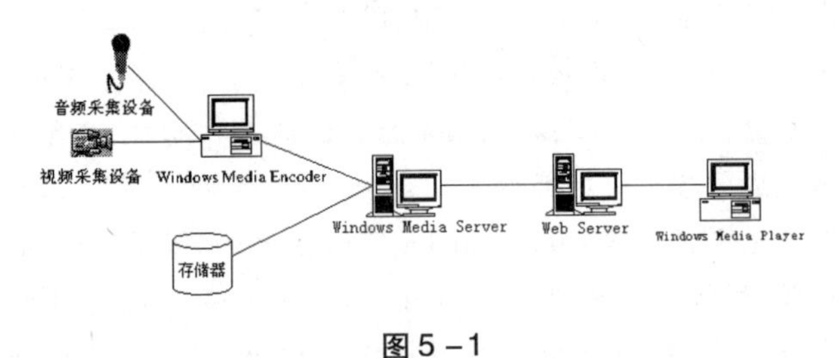

图 5－1

5.2 Windows Media 编码技术

5.2.1 Windows Media 格式

Windows Media 格式是质量最高、最安全、最全面的数字媒体格式，可用于 PC、机顶盒和便携式设备上的流式处理和下载并播放等应用程序。Windows Media 格式由 Windows Media Audio／Video 编解码器、可选集成数字权限管理（DRM）系统和文件容器组成。（如图 5－2）

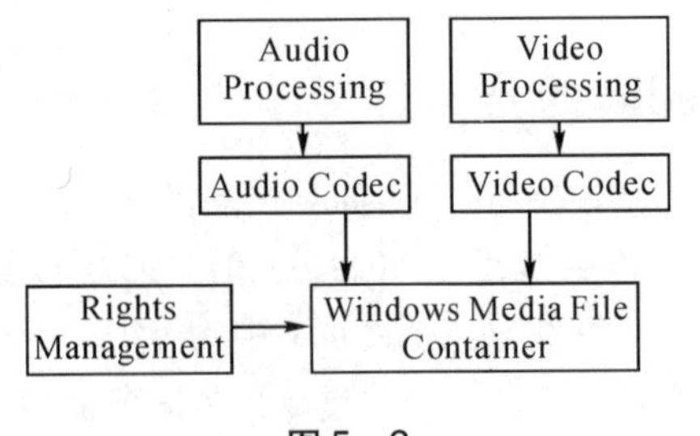

图 5－2

5.2.2 Windows Media Audio／Video 编解码器

Windows Media Audio／Video 编解码器可在任何比特率下提供无与伦比的音频和视频质量，它具有特别设计的功能，可在拨号速率下提供出色的音质和画质，在使用宽带连接时为用户提供类似家庭影院的体验，并可优化下载后播放的内容。

1. 高效的音频压缩技术

采用了一组用于音频内容的突破性的全新编解码器，所享有的音质比以前版本提高20%。由于对可变比特率（VBR）音频的支持，可以保证通过更小的文件来提供更高的质量。

（1）广泛的兼容性

可以在计算机、CD－R 或超过 120 种与 Windows Media 兼容的设备上存储比以往更多的音乐。提供与早期版本向后兼容，可以在早期版本的播放机、操作系统和电子设备上播放新的内容。

（2）支持数字环绕声

其是第一个用于 Web 的数字环绕声编解码器，它能在立体声或 5.1 声道环绕声中捕获高清晰度音频，实现了以 128Kbps 到 768Kbps 的速率进行流式播放或传递下载后播放的内容。

（4）支持低比特率流式传输

其提供的 VBR 模式可以使实现最佳音质所需的平均比特率更低、文件也更小。尽管一个曲目的某些部分可能包含许多数据，压缩起来较为困难，但其他部分包含的数据可能相对较少，需要的比特也较少。通过检测哪些部分最难压缩并在最需要的地方分配更多的比特，可以优化质量。能够在低比特率情况下供极其出色的音质，适用于对电台广播、广告、电子图书或画外音进行编码。

2. 高效的视频压缩技术

其在各方面都比以前边奔提高了 15% 到 50%。通过设计用于极低数据速率的改进的屏幕捕获编解码器，可实现基于计算机的培训这样的方案，高效的压缩可在一张 DVD 上向消费者提供完整的高清晰度电影。

（1）Windows Media Screen 技术

能够对屏幕图像（如鼠标移动、对话框和下拉菜单等）进行效果绝佳的再现，其数据速率可低达 1Kbps，而屏幕分辨率可高达 1024×768。通过该技术，能够通过拨号调制解调器上传输高质量的内容。事实上，文件能够小到可以通过电子邮件发送。例如，以 22Kbps 压缩的 73 秒的屏幕捕获视频，其文件大小可以保持在 197KB。

（2）支持处理隔行扫描显示

当播放隔行扫描的内容时，可以减少屏幕的闪烁现象。以确保在广播传递应用（例如，机顶盒或 TV 传递）中实现最佳质量。

（3）支持处理反转电视电影（inverse telecine）技术

可以提高在低带宽条件下播放电影源内容的回放质量，24 帧/秒的电影，如果以 30

帧/秒播放必须增补一些帧，Windows Media 在进行编码时可以智能的选择原有的帧而删除增补帧。

3. Windows Media 数字权限管理(DRM)

数字权限管理(Digital Rights Management)是保护多媒体内容免受未经授权的播放和复制的一种方法。

Windows Media 数字权限管理是一个非常灵活的平台，它可以保护并安全地传递点播内容和订阅内容，以在计算机、便携设备或网络设备上播放。可将内容无缝传递到几乎所有设备、为数字媒体提供最广泛的购买和租赁选择，并确保收费内容在设备间传递时的安全性。

Windows Media DRM 的基本工作流程如下:

(1)打包

Windows Media 权限管理器将对数字媒体文件进行打包。打包的文件将加密并使用一个"密钥"锁定。该密钥存储在一个加密许可证中，该许可证将单独分发。打包的数字媒体文件将保存为.wma 或.wmv。

(2)分发

打包的文件可放在网站上以供下载、放在数字媒体服务器上以供流式处理、通过 CD 进行分发或使用电子邮件发送给消费者。Windows Media DRM 允许消费者将受版权保护的数字媒体文件发送给朋友。

(3)建立许可证服务器

内容提供商可选择许可证交换中心，该交换中心将存储许可证的特定权限或规则并提供 Windows Media 权限管理器许可证服务。交换中心的作用是对请求许可证的消费者进行身份验证。数字媒体文件和许可证是分开存储和分发的，因此更便于管理整个系统。

(4)获取许可证

要播放打包的数字媒体文件，消费者首先必须获取一个许可证密钥为该文件解锁。当消费者试图获取打包的数字媒体文件、获取一个预先传递的许可证或首次播放该数字媒体文件时，都将自动启动获取许可证的过程。

(5)播放数字媒体文件

要播放数字媒体文件，消费者需要能支持 Windows Media DRM 的播放机。然后，消费者即可根据许可证中所提供的规则或权限来播放文件。许可证可提供多种不同权限，如开始时间和日期、持续时间以及对操作计数。许可证是不可转让的，如果消费者将打包的数字媒体文件发送给一位朋友，则该朋友必须获取自己的许可证，然后才能播放该文件。这种按 PC 颁发许可证的模式可确保打包的数字媒体文件只能在已获得该文件的许可证密钥的计算机上播放。

5.3 Windows Media Player

5.3.1 Windows Media Player 介绍

Windows Media Player 是 Windows Media 客户端软件，它可以独立使用，也可以方便的以 ActiveX Control 的形式嵌入到浏览器或其他应用程序中。它既可以播放网络流式媒体，也支持本地媒体的播放。它支持多种常见的媒体文件格式，如 AVI，QuickTime，MPEG 等。

1. Windows Media Player 的界面

Windows Media Player 从产生到现在已经经历过多个版本，现在我们以 Windows Server2003 中所提供的 Windows Media Player9.0 基础介绍 Windows Media Player 的相关功能。

Windows Media Player9.0 是一个集成功能的应用软件，主要分为以下几部分，视频和可视化窗口、功能任务栏区域、播放控件区域、增强功能面板、媒体信息窗口和播放列表窗口。（如图 5－3）

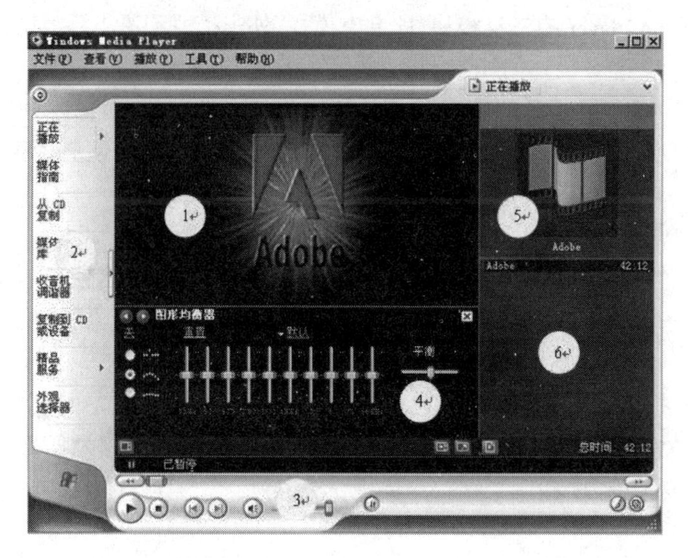

图 5－3

（1）视频和可视化窗口（图中 1 区）

视频和可视化效果窗格是“正在播放”功能的一个组成部分，其中显示当前正在播放的视频和播放音频时显示的可视化效果。

（2）功能任务栏区域（图中 2 区）

功能任务栏包含的按钮可以链接到播放机的以下主要功能：“正在播放”、“媒体指南”、“从 CD 复制”、“媒体库”、“收音机调谐器”、“复制到 CD 或设备”、“精品服务”和“外观选择器”。此外，还包括“任务栏控制按钮”和“快速访问面板”按钮。

(3)播放控件区域(图中3区)

使用播放控件,可以控制基本的播放任务,如音视频的播放、停止、暂停等操作以及调节音量等。还有一些其他控件,可以将播放列表中的项目顺序调整为无序状态、更改播放机的颜色和将播放机切换为外观模式等。

(4)增强功能面板(图中4区)

增强功能面板中包含许多控件,这些控件可以调整图形均衡器级别、视频设置、音频效果、播放速度以及 Windows Media Player 的颜色等。

(5)媒体信息窗口(图中5区)

媒体信息窗口中显示有关正在播放的内容的部分信息,如对于从 CD 复制的音乐,媒体信息窗格将显示唱片集画面和唱片集标题等。

(6)播放列表窗口(图中6区)

播放列表窗口中显示当前播放列表中的项目。对于 CD,播放列表窗口显示 CD 曲目名称和持续时间。对于 DVD,播放列表窗口显示 DVD 标题和章节名。

2. Windows Media Player 基本功能介绍

(1)显示模式

Windows Media Player 有三种模式,即完整模式、外观模式和最小播放机模式。

①完整模式

其是播放机的默认模式。在完整模式中可以使用全部功能,包括那些在外观模式和最小播放机模式中不可用的功能。如在完整模式中,可以显示“功能任务栏区域”并使用其中的功呢功能。

②外观模式

其是播放机的一种可选视图模式,窗口通常小于完整模式,并且使用与完整模式不同的图形主题,如基于音乐组合、电影或运动队的主题。在外观模式中,只能使用与选中外观有关的功能。

③最小播放机模式

启用最小播放机模式并将播放机最小化之后,播放机将最小化为任务栏中的一个工具栏,其中包括最常用的播放功能。

(2)播放文件

Windows Media Player 最主要的功能就是播放网络上或本地计算机上的媒体文件,其对于播放的控制主要通过播放控件区域的各种按钮。

:控制媒体文件的播放和停止,当点击播放按钮后其转换为暂停按钮。

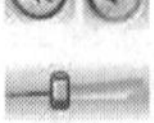

:控制播放上一个或下一个媒体文件。

:控制音量暂时设置为零或使音量返回原来的状况。

:拖动音量按钮可以增大或减小播放音量。

:控制媒体文件随机播放。

(3)媒体指南

在功能任务栏区域点击“媒体指南”,进入“媒体指南”显示窗口。使用“媒体指南”可以在 Internet 上查找数字媒体。其包含 WindowsMedia. com 提供的实时更新网页。该指南就像一份电子杂志,每天都在更新,不断添加最新的电影、音乐和视频的 Internet 链接。它所涉及的主题范围相当广泛,包括从国际新闻到娱乐业的最新动态等诸多方面。(如图 5-4)

图 5-4

(4)媒体文件管理

通过功能任务栏区的“媒体库”,可以组织计算机或网络中的数字媒体文件以及指向 Internet 上数字媒体内容的链接。

①向媒体库添加音频和视频

要将音乐、视频和其他数字媒体内容添加到媒体库中,有以下几种方式:

第一,添加单个文件、播放列表或文件夹。

在“文件”菜单上指向“添加到媒体库”,然后选择,添加文件夹、添加文件和播放列表或添加 URL。

第二,在播放文件或播放列表时添加。

在“文件”菜单上指向“添加到媒体库”,然后选择,添加正在播放的曲目、添加正在播放的播放列表。

第三,从 CD 添加曲目。

将 CD 插入 CD-ROM 驱动器,单击“从 CD 复制”,然后单击“复制音乐”。

②播放列表

播放类表分为播放列表和自动播放列表,前者是播放数字媒体文件的自定义列表,后者是播放机根据您指定的条件自动向其中添加项目的播放列表。自动播放列表在每次打开时都会更新。通过播放列表,可以对不同的数字媒体文件进行分组,并指定文件的播放顺序,以及将文件复制到便携设备上或者创建自己的 CD。

A. 创建播放列表

在功能任务栏区域单击“媒体库”，再单击“播放列表”按钮，然后单击“新建播放列表”。在“媒体库查看方式”列表中，单击希望用来排序媒体库中的内容的类别。单击“媒体库”列表中的项目，找到要添加的每个文件。单击要添加的每个文件，将其添加到播放列表中。在“播放列表名称”框中，键入播放列表的名称。新播放列表将被添加到“我的播放列表”类别中。

B. 创建自动播放列表

在功能任务栏区域单击 “媒体库”，再单击“播放列表”按钮，然后单击“新建自动播放列表”。在“自动播放列表的名称”框中，键入新自动播放列表的名称。选择自动播放列表中的项目需满足的条件，然后单击“确定”。自动播放列表在每次打开时都会更新。

C. 向播放列表添加项目

在功能任务栏区域单击“媒体库”，然后找到要添加到播放列表中的项目。右键单击该项目，然后单击“添加到播放列表”，单击要将项目添加到其中的播放列表。

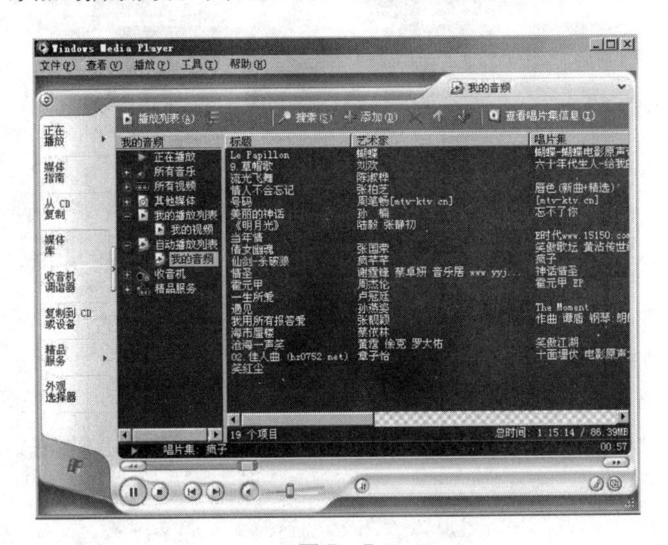

图 5 –5

(5) 从 CD 复制音乐

Windows Media Player 可以播放 CD 音频，同时还可以将 CD 音频复制到计算机中，使得离开 CD 光盘也可以欣赏其中的音乐。

将 CD 盘放入 cd – rom 中，在功能任务栏区域单击“从 CD 复制”按钮，CD 中所有曲目将显示在窗口中，包括曲目的标题、长度、复制状态、艺术家、作曲者、流派、风格、数据提供商等信息。如果 Windows Media Player 是默认播放器，则开始自动播放 CD。

在窗口顶部单击“录制”按钮，开始录制曲目，并在“录制状态”栏中看到录制的进程，可以通过曲目名称前的复选框，选择录制的曲目。要停止录制，只需点击“停止复制”按钮。(如图 5 –6)

图 5 -6

(6)收音机调谐器

许多电台通过流式处理的过程在 Internet 上传送信号,这样电台的节目就可以通过互联网在全球范围内进行播放,可以使受众群扩大。通过 Windows Media Player 的收音机调谐器的功能可以与超过 1500 家网络广播频道连接。

在功能任务栏区域单击"收音机调谐器"进入电台搜索和显示页面。通过类别和关键字搜索可以将满足要求的网络电台的列表显示在窗口中。通过点击相应的命令按钮,可以将电台加入播放列表、访问电台的 Web 页面或直接播放电台的节目。(如图 5 -7)

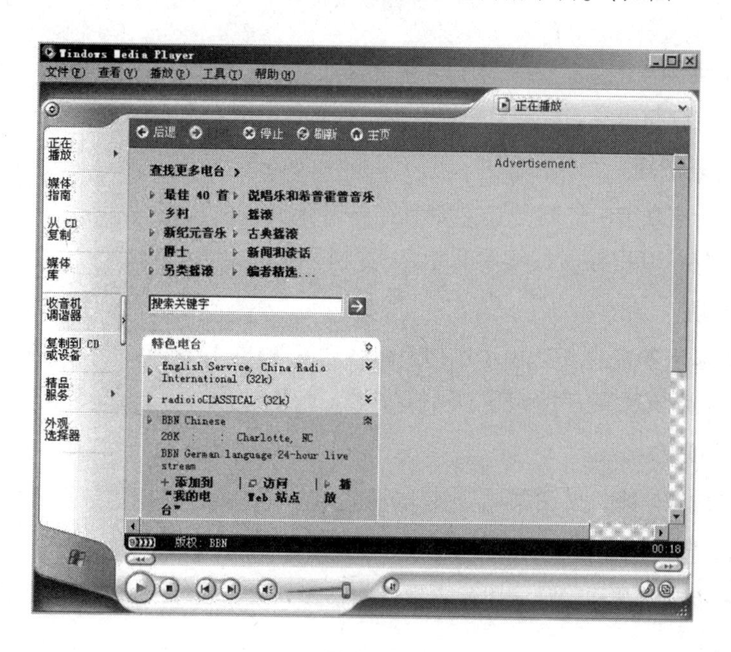

图 5 -7

5.3.2 Windows Media Player 的设置

通过属性设置，可以根据用途和喜好配置 Windows Media Player。如指定在计算机上存储数字媒体文件的位置，添加或删除插件，设置隐私和安全选项，选择从 CD 复制的音频文件的声音质量等。通过菜单中"工具 > 选项"命令可以进入属性控制对话框。（如图 5－8）

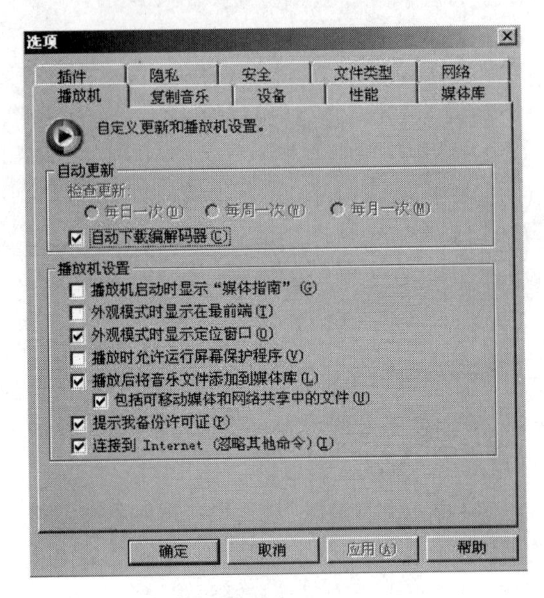

图 5－8

1. 播放机选项

主要用来控制编码器的自动更新以及播放器的默认外观和播放时的基本默认属性。

2. 复制音乐选项

主要用于指定从 CD 复制音频文件时存储音频文件的位置，以及录制的 CD 音频的格式、质量和对复制 CD 音频时的基本设置。

3. 设备选项

主要用来显示安装的设备，如 CD－ROM 驱动器、CD－ROM 刻录机、存储卡驱动器、便携设备以及插到计算机上的存储卡等，并可以查看、选改相关设备的属性、驱动等。

4. 性能选项

主要用来设置网络连接速度、流媒体缓冲区大小以及调整视频硬件的视频加速功能。

5. 媒体库选项

主要用来指定添加和删除媒体库中项目的设置和更新媒体信息的基本设置。

6. 插件选项

主要用来添加和删除插件（如可视化效果），以及更改指定插件的属性。

7. 隐私选项

主要用来更改计算机上有关媒体信息检索及存储的设置以及选择是否允许网站标识播放机和在计算机上存储 cookie。包括从网络中搜索 CD、DVD 信息，获取许可证，设置历史记录信息等。

8. 安全选项

主要用来设置影响播放机和计算机安全的基本设置，如是否允许脚本运行等。

9. 文件类型选项

主要用来选择 Windows Media Player 播放的文件类型。主要包括 Windows Media 文件(asf)、Windows Media 音视频文件(wma、wmv)、Windows 视频文件(avi)、Windows 音频文件(wav)、电影文件(mpeg)、MP3 音频文件(mp3)、MIDI 文件(midi)、AIFF 音频文件(aiff)、AU 音频文件(au)以及 DVD 视频和音频 CD。所选文件类型将以 Windows Media Player 作为默认播放机。

10. 网络选项

主要用来配置 Windows Media Player 在接收流媒体文件时使用的协议、端口号和代理服务器设置。

5.4 Windows Media Encoder

5.4.1 Windows Media Encoder 介绍

Windows Media Encoder 是一个强大的流媒体制作工具，用于将实况或者预先录制的视频和音频文件转成 Windows Media 格式文件和流。

其主要功能为将模拟的音视频信号进行编码产生 ASF 格式的多媒体流。生成的多媒体流可以通过服务器实时发送到网上，也可以以文件形式保存在计算机中，同时还可以将 AVI、WAV、MP3 等格式的音视频文件转换为 ASF 文件。

Windows Media Encoder 主界面主要分成六个区域(如图 5-9)，1 号区域是源面板，显示当前会话中的所有源，并且在编码过程中，通过点击相应的源按钮可以在不同的源之间切换；2 号区域是音频面板，主要用于用于监视和调整编码中的音频流的音量；3 号区域是会话属性面板，是 Windows Media Encoder 的主要功能面板，用于用于调整当前会话的相关设置或建立自定义会话；4 号区域是视频面板，显示编码中的内容。根据内容的类型，可以对窗口进行自定义，使其只显示编码前的内容、编码后的内容，或者二者都显示；5 号区域是脚本面板，只有在建立当前会话时启用脚本作为一种源类型，该面板才显示，主要用来在编码时向流中插入脚本命令；6 号区域是设备面板，只有在外接设备通过 IEEE 1394 端口或 COM 端口连接到计算机时，该面板才出现。主要用来控制外接设备的播放、暂停、停止、快进、后退以及弹出功能。此外，还可以创建一个编辑决定表（EDL），对一个或多个视频磁带上特定时间段的内容进行自动编码；7 号区域是监视面板，显示会话的相关状态信息。

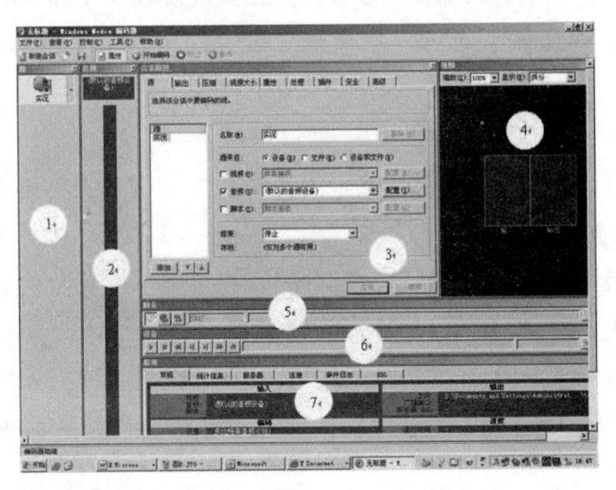

图 5－9

5.4.2　会话的创建与设置

编码之前必须首先建立编码会话，主要进行以下的设置。首先要指定音频或视频内容的源，Windows Media Encoder 可以将设备或文件用作源，也可以将二者同时用作源，同时还能够直接从桌面捕获屏幕；然后要选择输出选项，主要有两种情况：一种是将内容进行广播，可以通过推传递将流传输到 Windows Media 服务器上，也可以允许 Windows Media 服务器和播放机通过拉传递从编码器接收流。另一种是将内容编码到文件，以备使用。

建立会话主要有两种方式，即通过向导建立和自定义建立。

1. 通过向导建立

在 Windows Media Encoder 主界面中点击“新建会话”按钮，打开新建会话窗口。（如图 5－10）。

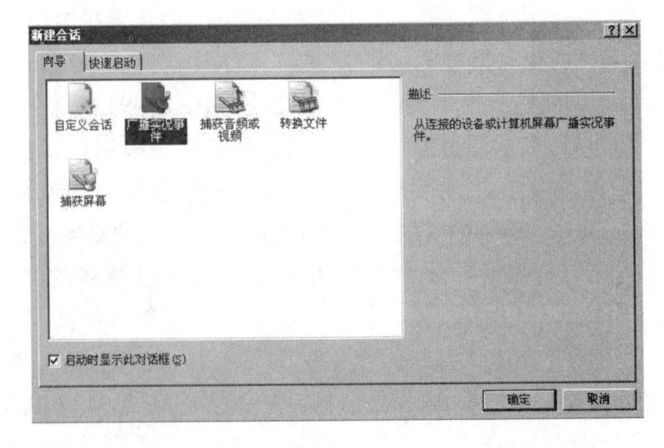

图 5－10

通过向导窗口,可以根据需要创建不同类型的会话,分别为广播实况事件、捕获音频或视频、转换文件和捕捉屏幕。

(1)广播实况事件

可以从连接设备获取信息或通过捕捉屏幕获取信息再进行广播。

选择“广播实况事件”项,点击“确定”按钮,进入“设备选项”窗口,在该窗口中,通过列表选择连接的视频、音频设备,并设置相关连接设备的属性。(如图5-11)

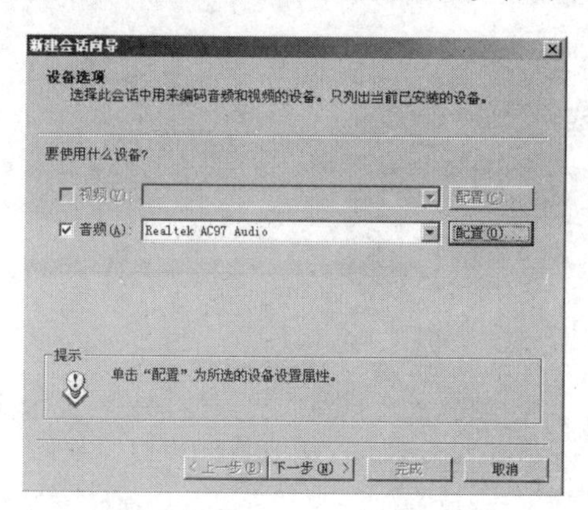

图5-11

设置完连接设备后,点击“下一步”按钮,进入“广播方法”窗口,确定如何广播编码内容,主要有两种,即推传递方案和拉传递方案。(如图5-12)

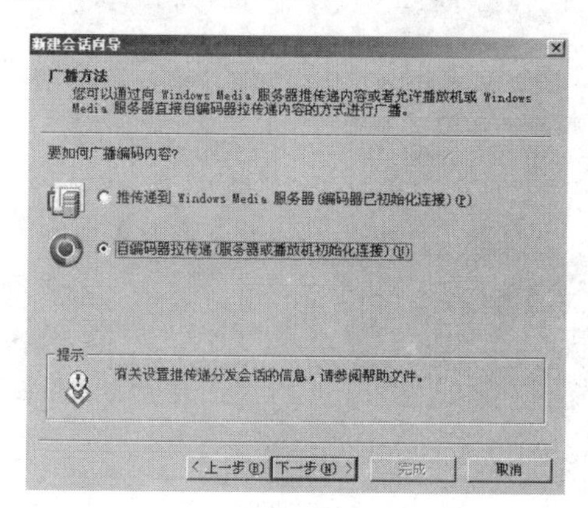

图5-12

①推传递方案

所谓推传递是指在客户端没有请求数据的情况下传递数据。如果编码器位于防火墙后面,或者希望从编码器发起连接,那么通过推传递将流从编码器发送出去是很有用的。

②拉传递方案

所谓拉传递是指仅在客户端发出请求的情况下将数据发送到客户。

确定广播方法后,点击“下一步”按钮,进入“服务器连接设置”窗口,该窗口根据广播方法设置的不同,会有不同的设置。如果选择推传递方案,则在该窗口中设置服务器和发布

点；如果选择拉传递方案，则在该窗口中设置播放机和服务器访问流时的端口。（如图5－13、5－14）

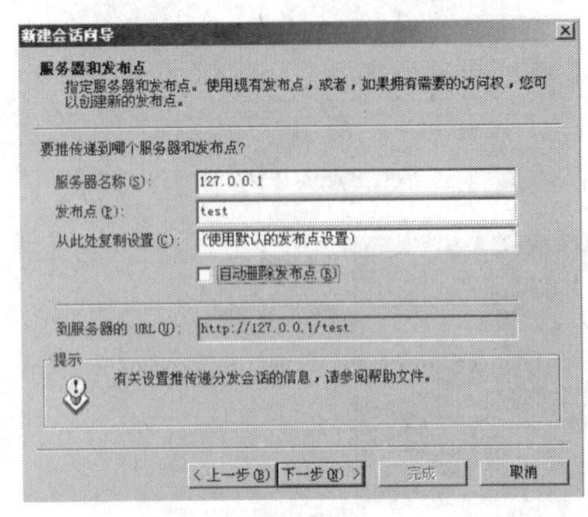

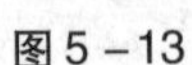
图5－13

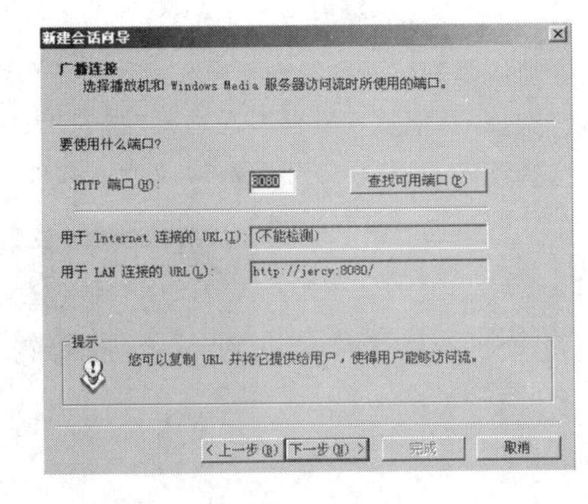

图5－14

点击“下一步”按钮，进入“编码选项”窗口，可以设定音视频编码的类别，以及比特率、帧速率和缓冲区大小等。（如图5－15）

点击“下一步”按钮，进入“存档文件”窗口，可以将创建的广播存档为流式文件保存在服务器上。（如图5－16）

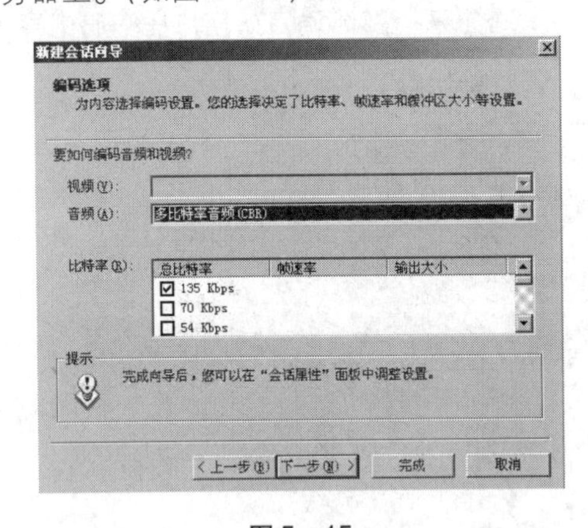

图5－15

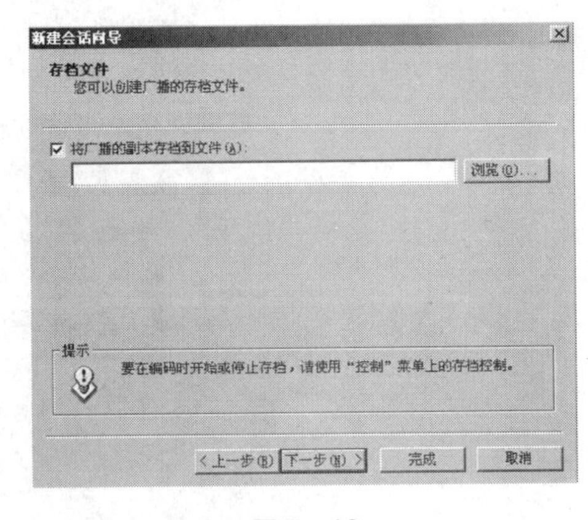

图5－16

点击“下一步”按钮，进入“显示信息”窗口，其中可以为将要编码的文件填写相关信息，如标题、作者、版权、描述信息等内容，这些内容将在播放编码期间显示。（如图5－17）

点击“下一步”按钮，进入“设置检查”窗口，其中显示该会话的设置信息，如果完全正确，点击“完成”按钮，结束会话设置，返回主界面。在主界面中点击“开始编码”按钮，进行编码。

(2)捕获音频或视频

在向导窗口选择“捕获音频或视频”，可以将通过音视频设备捕获的内容转换成流文件进行保存和发布，其基本操作步骤与广播实况事件基本相同，只有个别设置有差别。

设置完捕捉音视频设备后，要选择保存流式文件的名称和位置。（如图5－18）

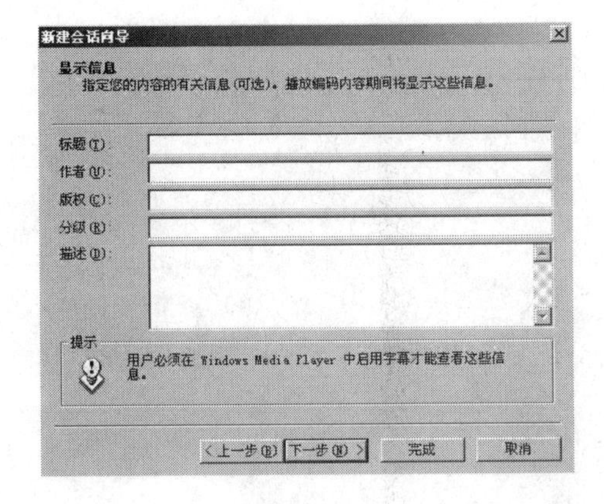

图5－17

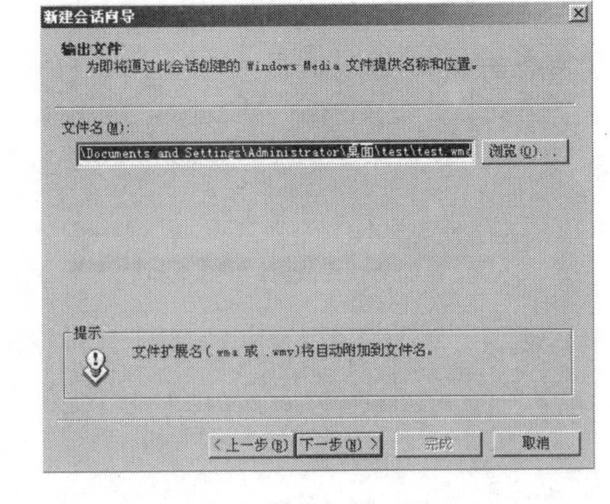

图5－18

点击“下一步”按钮，进入“内容分法”窗口，确定内容的分发方法。(如图5－19)

(3)转换文件

在向导窗口选择“转换文件”，将音频文件或视频文件转换成 Windows Media 文件。其操作步骤与“捕获音频或视频”基本相同，只是需要选择将要转换的多媒体文件。(如图5－20)

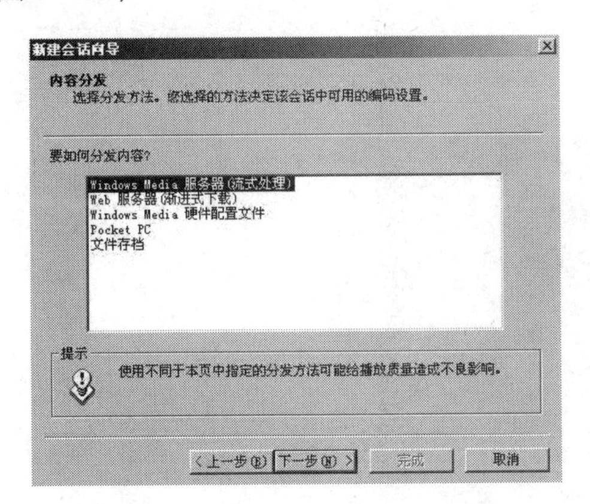

图5－19

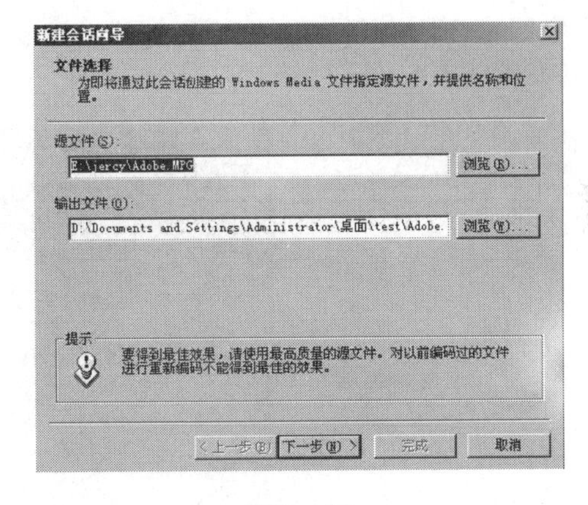

图5－20

(4)捕捉屏幕

可以捕获整个桌面屏幕、单个窗口，或者屏幕的某一区域，并可以广播该捕获的屏幕画面，或将其编码到文件。在向导窗口点击“捕获屏幕”进入“屏幕捕获会话”窗口。在窗口中设置捕获内容的范围，主要有三种方式，即特定窗口、屏幕区域和整个屏幕。

①特定窗口

在这种方式中，可以在下拉列表中选择所有运行程序的窗口作为屏幕捕捉的目标窗口，选中后该窗口边缘闪烁。(如图5－21)

②屏幕区域

在这种方式中，可以通过鼠标框选捕获的区域或通过输入起点坐标和范围设置捕获区

域，选中后该窗口边缘闪烁。（如图 5－22）

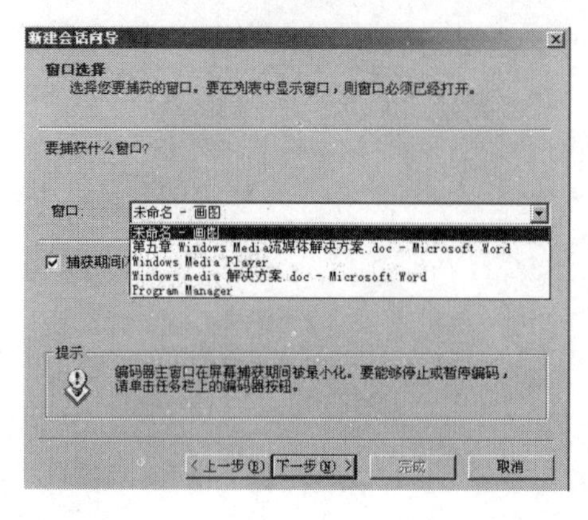

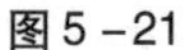

图 5－21

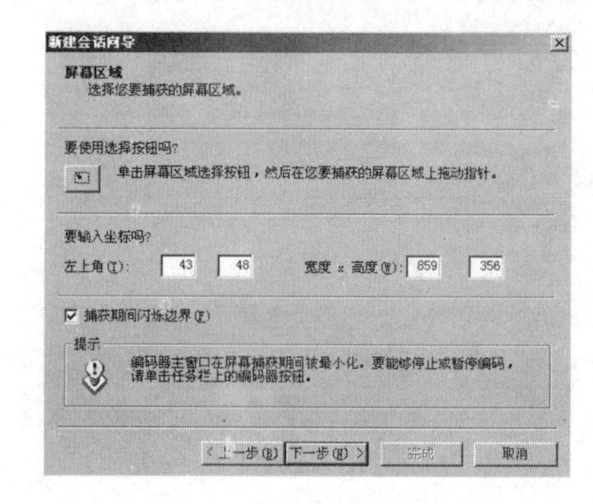

图 5－22

③整个屏幕

在这种方式中，将整个电脑屏幕作为捕获的区域，此时电脑屏幕中的所有内容都将被记录。

在设置完捕获方式后，点击“下一步”，进入“输出文件”窗口，在窗口中输入保存文件的名称和目录地址。点击“下一步”进入“设置选择”窗口，设定输出文件的质量与播放速度的匹配。（如图 5－23）

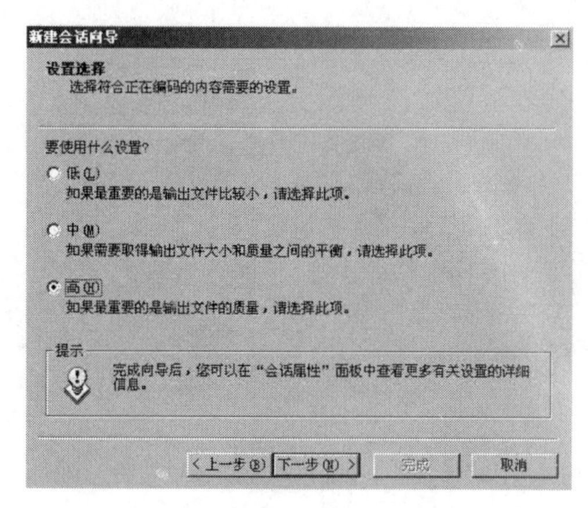

图 5－23

选择完成后与前面几种会话类型的设置相同，输入会话的基本信息，结束会话设置，回到主界面点击“开始编码”按钮，进行编码。

2. 自定义建立

前面我们介绍了通过向导建立会话的方法，一些高级用户希望能够更为灵活的自定义建立会话，那就在新建会话窗口中选择“自定义会话”标签，进入“会话属性”窗口。该窗口为标签形式，通过不同的标签，用户可以方便的设置新建会话的各种属性。

(1)源标签

主要用于配置媒体源,主要是选择即将编码的媒体来源于何处或何种设备,以及源的类型。与通过向导方式建立会话一样,其来源也分为两种,即文件和设备;类型主要有视频、音频和脚本。要注意的是,配置源时,首先要确定组成源的各种源类型,如音频、视频或脚本。源中必须至少包括一种音频或视频源类型。可以在编码开始之前或之后向编码会话中添加源,且数量不受限制,但是所有后续源都基于会话中创建的源类型组合。如假设第一个源中只包含音频,那么会话中的所有后续源都只基于音频。对于多源会话,应该为第一个源配置成使用全部三种源类型。如果附加的源不使用某种源类型,那么可以为该源类型编码空白流。(如图5－24)

(2)输出标签

主要用于选择如何分发即将编码的内容,主要有两种方式,即保存成文件或直接进行广播,当然两者也可以结合使用。对于作为文件保存,要设置存档文件的位置和名称,以及对文件的相关限制,如文件的大小、持续时间等;对于直接广播内容,要设置服务器名称,发布点位置和相关的端口号等。(如图5－25)

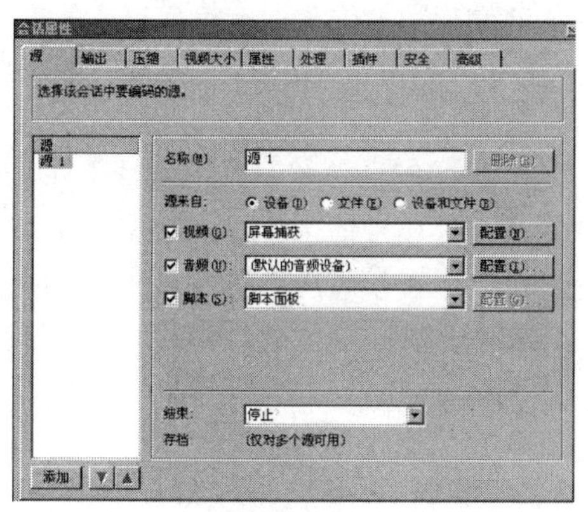

图5－24

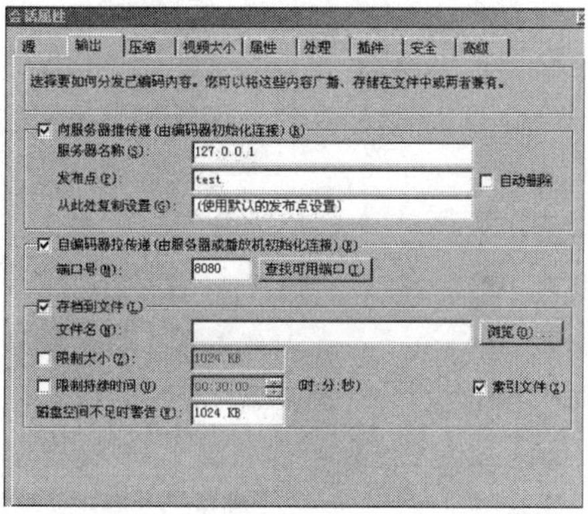

图5－25

(3)压缩标签

主要用于设置媒体输出类型及音视频质量以及数据传输率等。

①确定编码目标的处理方式。

用于控制即将编码内容如何使用,如下载使用、流式播放还是文件存档等。

②确定音视频编码的类型和比特率。

主要有两种类型,即CBR编码和VBR编码。

CBR编码

在流式播放方案中使用CBR编码最为有效。使用CBR编码时,比特率在流的进行过程中基本保持恒定并且接近目标比特率,始终处于由缓冲区大小确定的时间窗内。CBR编码的缺点在于编码内容的质量不稳定。因为内容的某些片段要比其他片段更难压缩,所以CBR流的某些部分质量就比其他部分差。此外,CBR编码会导致相邻流的质量不同。通常在较低比特率下，质量的变化会更加明显。

VBR 编码

当提供内容供用户下载、将内容在本地播放或者在读取速度有限的设备（如 CD 或 DVD 播放机）上播放时，使用 VBR 编码。当编码内容中混有简单数据和复杂数据，如在快动作和慢动作间切换的视频时，VBR 编码是很有优势的。使用 VBR 编码时，系统将自动为内容的简单部分分配较少的比特，从而留出足量的比特用于生成高质量的复杂部分。这意味着复杂性恒定的内容不会受益于 VBR 编码。对混合内容使用 VBR 编码时，在文件大小相同的条件下，VBR 编码的输出结果要比 CBR 编码的输出结果质量好得多。在某些情况下，与 CBR 编码文件质量相同的 VBR 编码文件，其大小可能只有前者的一半。

③确定如何编码。

一次通过编码。

内容通过编码器的次数只有一次，并且在遇到内容时即进行压缩。

两次通过编码。

在第一次通过时分析内容，然后在第二次通过时根据第一次通过时收集的数据进行编码。两次通过编码可以生成质量更好的内容，这是因为编码器有充足时间根据画面的组成找出最佳的比特率、帧速率、缓冲区大小和图像质量的组合。但是，由于编码器要两次处理全部内容，所以这种编码方式所需的时间更长。

④确定时间压缩。

编码时通过对内容应用时间压缩，可以加快或放慢内容播放时的速度。加快内容的速度可减少收看整段视频或收听整段音频文件所需的时间；当必须将内容压缩在一定时间段内时，这非常有用。当内容的技术性较强或者语言不是用户母语时，放慢内容的速度可有助于对内容的理解。（如图 5－26）

（4）视频大小标签

主要用于控制输出视频的尺寸和宽高比，包括对视频的裁剪。（如图 5－27）

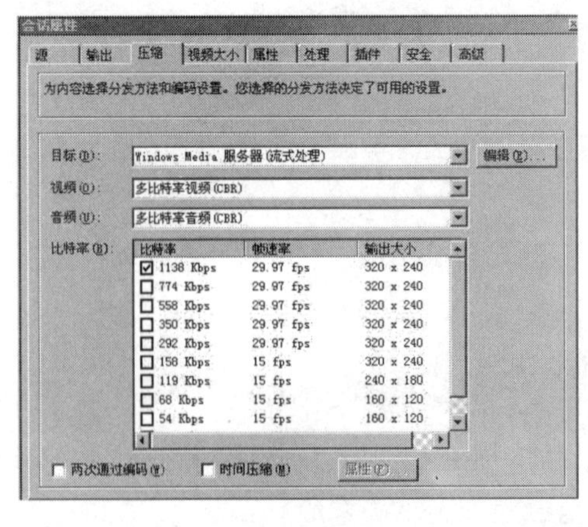

图 5－26

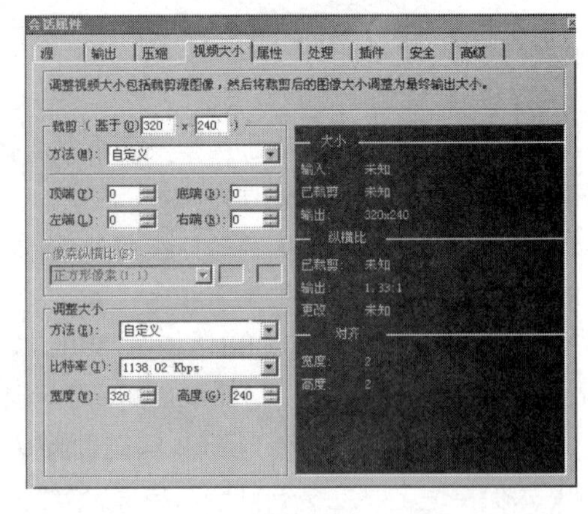

图 5－27

(5)属性标签

主要用于编辑输入有关制作内容的详细信息，包括标题、作者、版权、分级和描述。这些内容在播放时将显示在播放器中。(如图5-28)

(6)处理标签

主要用于对视音频内容的优化处理，如对隔行扫描的视频进行反交错处理、对电视电影内容应用反转电视电影过滤器，或者保留源视频中的隔行扫描，以及对音频内容进行相应的优化处理等。(如图5-29)

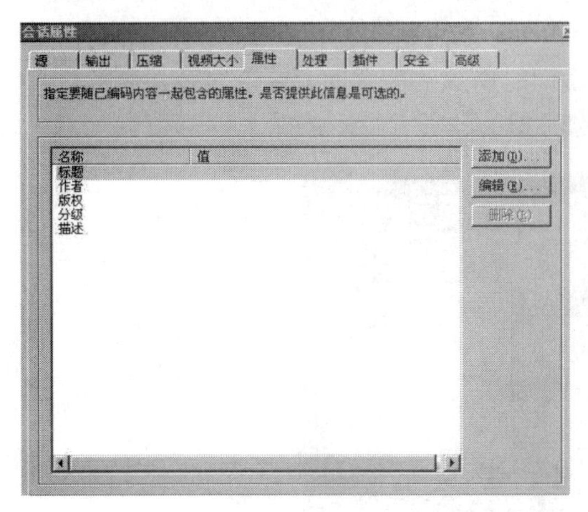

图5-28

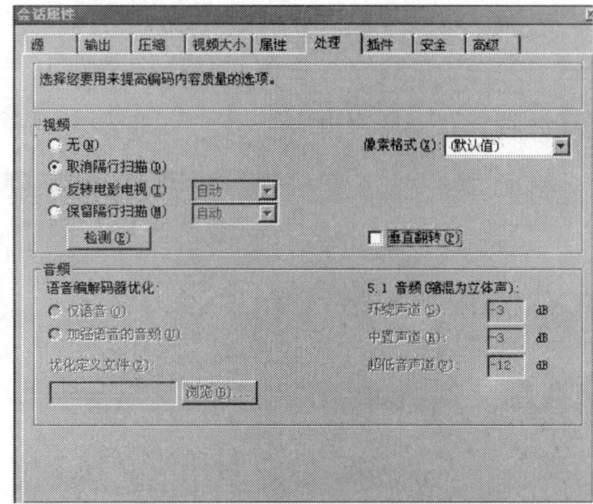

图5-29

(7)高级标签

主要用于更改编码器的名称、数据包的大小，重新定义时间码以及确定临时存储等功能。(如图5-30)

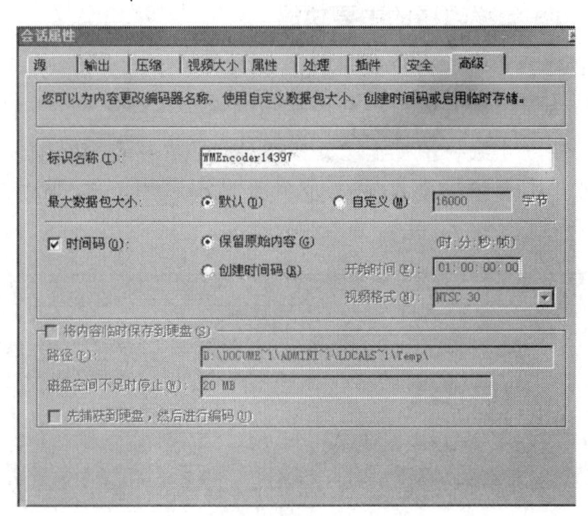

图5-30

5.5 Windows Media 实用工具

5.5.1 Windows Media 流编辑器

1. Windows Media 流编辑器介绍

流编辑器可以拆分或组合现有的 Windows Media 文件中的流，以便在新的输出文件中创建一个或多个受众。所谓受众是指文件中表示同时播放的内容的流或流集合。通常，一个音频流和一个视频流组合成一个受众。（如图 5－31）

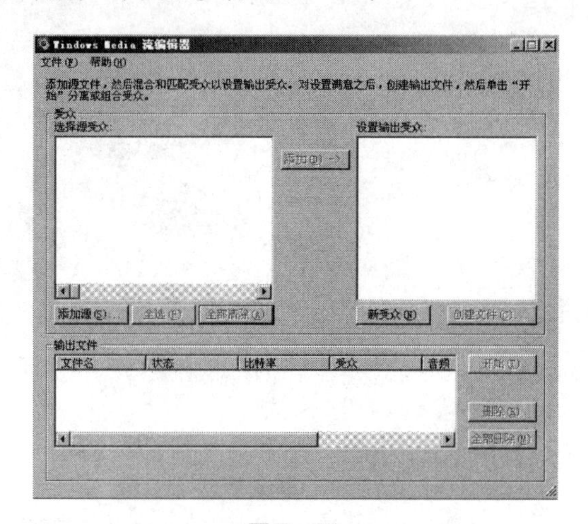

图 5－31

2. Windows Media 流编辑器的主要功能

（1）将多个流组合为一个文件

可以使用 Windows Media 流编辑器利用不同的源文件创建一个文件，也可以将不同源文件中的流混合起来。但对于组合流要有一定的要求，即所有流都必须使用相同的编解码器，每种流都必须坚持使用一种编码模式，受众必须使用相同的语言，受众必须包含相同的流类型组合。（如图 5－32）

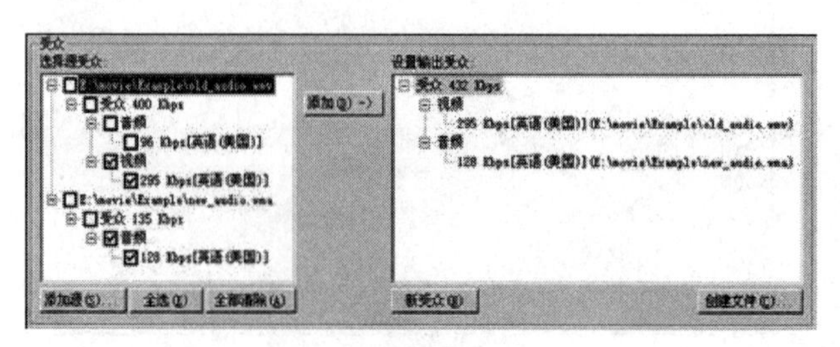

图 5－32

在图 5 - 33 中，利用一个源文件中的音频流和另一源文件中的视频流来重新组合创建一个音视频混合文件。

(2) 将流拆分成不同的文件

可以使用 Windows Media 流编辑器将一个文件中的流拆分成多个文件。如假设一个 MBR 文件中包含两个受众，那么可以创建一个只包含其中一个受众的文件。所谓 MBR 是指多比特率，即同样的内容以不同的比特率进行编码，以便优化传输。(如图 5 - 33)

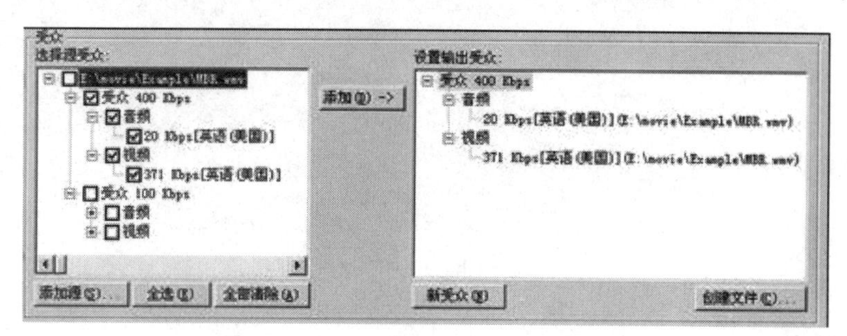

图 5 - 33

在图 5 - 33 中，将原 MBR. wmv 文件中的受众 400Kbps 单独拆分出来，组成一个新的文件。

(3) 向文件中添加语言支持

可以使用 Windows Media 流编辑器向文件中添加包含不同语言的音频流。用户可以在播放文件时选择自己要收听的语言。(如图 5 - 34)

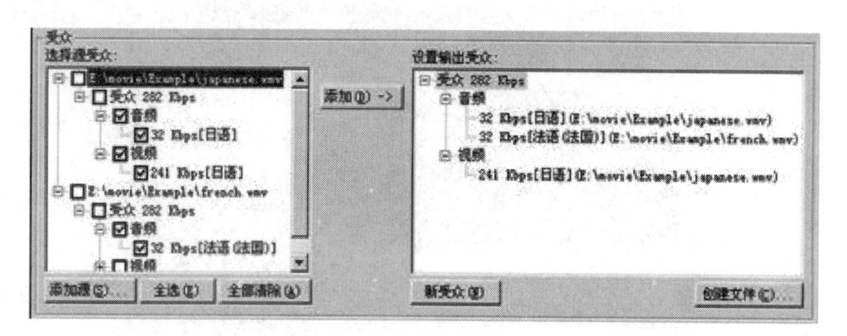

图 5 - 34

在图 5 - 34 中，将多种语言的音频与视频组合在一起，可以方便不同语言国家的人员选择观看。

5.5.2 Windows Media 配置文件编辑器

Windows Media 配置文件编辑器是一种用于创建配置文件或修改现有配置文件的工具，其可以确定配置文件的音视频编码类型和编码器种类，以及输出的比特率、相关的视频格式和处理方式等。该工具创建的配置文件可以在 Windows Media 流编码器中调用。(如图 5 - 35)

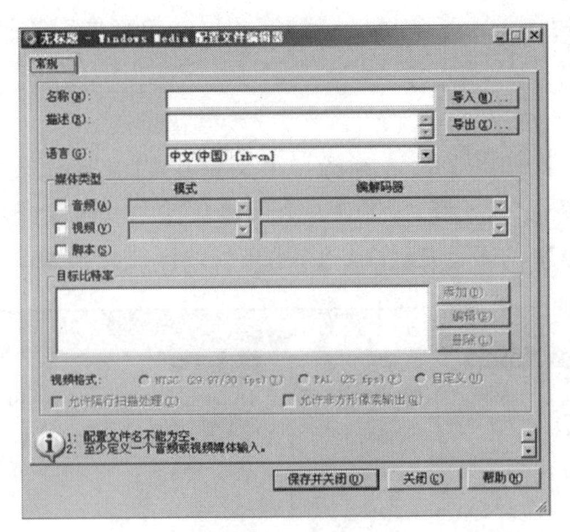

图 5－35

5.5.3 Windows Media 文件编辑器

1. Windows Media 文件编辑器介绍

Windows Media 文件编辑器可以打开和编辑扩展名为 .wmv,.wma 和 .asf 的 Windows Media 文件。可以使用它剪裁文件的起始点和结束点,添加属性、标记和脚本命令等。(如图 5－36)

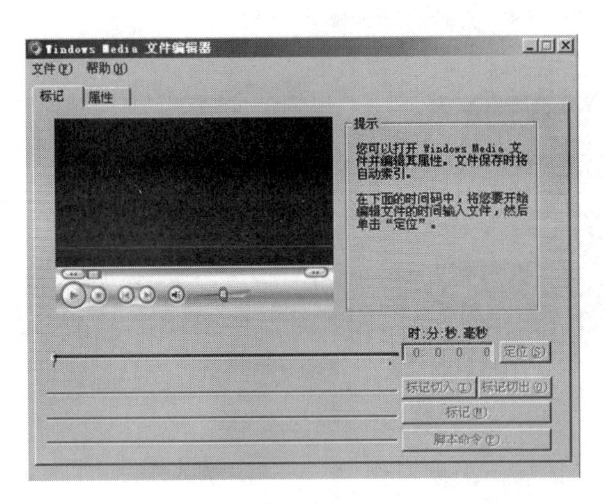

图 5－36

2. Windows Media 文件编辑器功能

(1)剪裁文件

可以剪裁文件的开始和结束部分,以确保只播放所需的部分。当保存经过剪裁的文件时,剪裁掉的部分就从文件中删除了。在裁剪时,首先要移动播放点的位置,确定后点击“标

记切入”按钮以确定剪辑文件的入点，同样的方式可以确定文件的出点，如出点之间就是剪辑后的新文件内容。(如图 5－37)

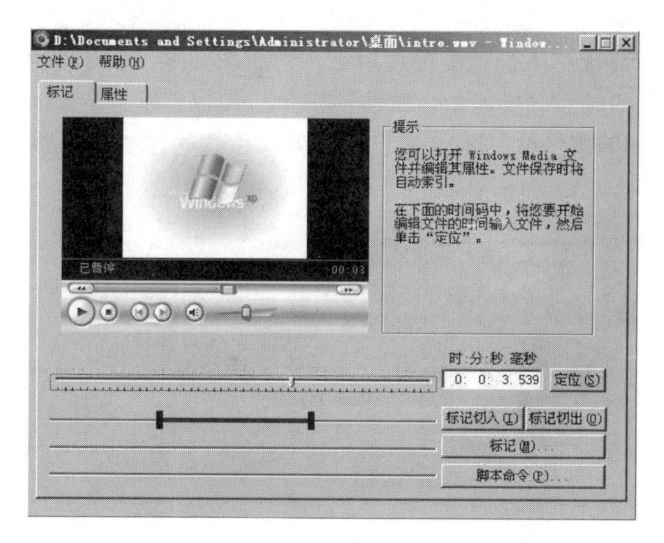

图 5－37

(2)标记

可以使用标记将很大的 Windows Media 文件分成逻辑片段。播放文件时，用户可以通过从列表中选择一个主题来转到文件中的相应部分，而不必靠猜测来定位，就如同我们在播放 DVD 时选择章节播放一样。通过播放点确定要插入标记的位置后，点击“标记”按钮，弹出“标记”对话框，选择“添加”按钮键入标记名称。要删除标记点时，在主界面双击标记点，进入“标记”对话框，选择相应的标记点删除。(如图 5－38)

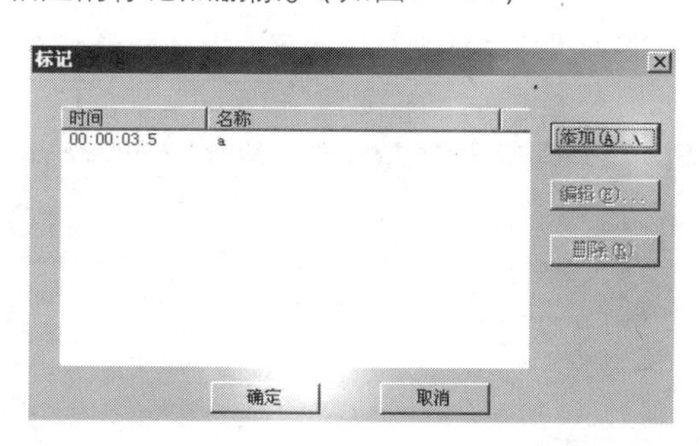

图 5－38

(3)插入脚本命令

通过使用 Windows Media 文件编辑器，可以将脚本命令插入到 Windows Media 文件中。插入的脚本类型和值是任意的。播放机将自动处理下列类型脚本命令。

①URL

如果插入了 URL 脚本命令，那么在文件播放中的指定时间将有一个网页打开。

②文本

如果创建了 TEXT 脚本命令，那么可以将文本字符串插入到编码内容中，并一同在播放机中显示。当然只有当用户已经在播放机中启用了字幕时，字幕才会显示出来。

通过播放点确定要插入标记的位置后，点击"脚本命令"按钮，弹出"脚本命令"对话框，点击"添加"按钮，进入"脚本命令属性"对话框，其中可以确定脚本命令的时间位置、脚本命令的类型和脚本命令的属性值。删除脚本命令的方法与删除标记的方法相同。(如图 5－39)

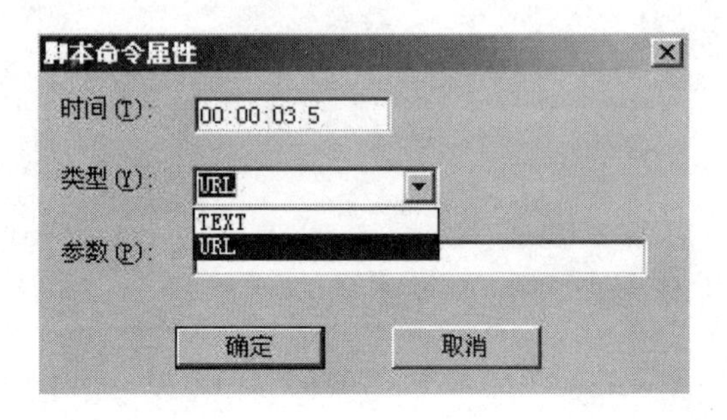

图 5－39

(4)其他功能

①添加显示信息

可以添加关于内容的常规信息，如标题、描述和作者。播放时，这些信息可以显示在 Windows Media Player 播放机中。

②缩混多声道音频以便在立体声扬声器上播放

编辑多声道音频文件时，可以将 6 声道缩混为双声道的方式进行自定义，以便在立体声扬声器上播放。编码过程中计算得到的默认值通常能够确保播放体验令人满意。

以上两种功能都可以通过主界面上的"属性"标签来实现。(如图 5－40)

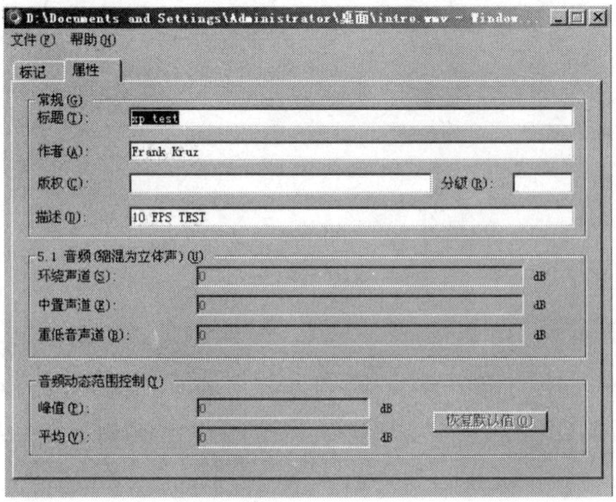

图 5－40

5.5.4 Windows Media 编码脚本

1. Windows Media 编码脚本介绍

Windows Media 编码脚本是一种命令行工具,用来将实况的或预先录制的音频、视频转化为 Windows Media 文件。可以接受的格式有. wma、. wmv、. asf、. avi、. wav、. mpg、. mp3、. bmp 和. jpg。其基本语法是,进入命令行方式,键入 cd\program files\windows media components\encoder 命令进入命令文件的地址,键入 cscript. exe wmcmd. vbs 命令执行编码脚本。

2. 编码脚本编码方式

(1)对单个文件进行编码

基本语法:

cscript. exe wmcmd. vbs - input drive:\Path\Input_file_name

- output drive:\Path\Output_file_name

其中 - input 表示输入文件,其后为输入文件地址和名称; - output 表示输出文件,其后为输出文件地址和名称。

(2)对文件夹中的所有文件进行编码

基本语法:

cscript. exe wmcmd. vbs - input drive:\Input_folder - output drive:\Output_folder

其基本与单文件编码相同,只是不是确定输入输出文件的地址和名称,而是确定输入输出文件的目录名称和地址。

(3)捕获实况事件

其主要是用于对于实况的音视频进行编码,基本语法:

cscript. exe wmcmd. vbs - adevice audio_capture_device_number

- vdevice video_capture_device_number - output drive:\Path\Output_file_name - duration time

其中 - adevice 表示采集的设备; - audio_capture_device_number 表示音频采集设备号, - vdevice video_capture_device_number 表示视频采集设备号; - duration time 指定编码时间,单位为秒,以设备为源时,必须使用此参数,以确定编码的开始和结束时间。

要通过相关设备捕获实况事件必须要确定设备号,确定设备号的具体语法是,cscript. exe wmcmd. vbs - devices,通过该命令查看设备号后在相关命令中引用,可以进行实况捕捉。

5.6 Windows Media Services

获取了流媒体内容之后,就要设置运行 Windows Media Services 的服务器以便分发该内容。经过编码完成的流媒体文件要发布到互联网上一般有两种方式。

1. 直接将文件放在 Web 服务器上

通过 HTTP 协议进行下载或直接观看。

2. 通过 Windows Media 服务器进行流式播放

通过该方式可以对流媒体进行实况发布、实时监控等。该系统包含在 Windows 操作系统中，完全免费，在窄带下可支持 9000 用户，在宽带下可支持 2400 用户。下面就以 Microsoft Windows Server 2003 Enterprise Edition 中的 Windows Media Servvice9 为主了解 Windows Media Services。

5.6.1 Windows Media Services 概述

Windows Media Services 是微软提供的一种通过 Internet 或 Intranet 向客户端传输音视频内容的平台。客户端可以是使用播放机，如 Windows Media Player 播放内容的 PC 计算机或其他设备；也可以是用于代理、缓存或重新分发内容的另一台运行 Windows Media Services 媒体服务器。

Windows Media 服务器可从多种不同的“源”接收内容以进行发布，主要有三种方式：

其一预先录制的存储在本地服务器上的内容，也可以从联网的文件服务器上提取。

其二可以使用数字录制设备，如摄象机、话筒等，记录实况，经编码器，如 Windows Media Encoder，处理后发送到 Windows Media 服务器进行广播。

其三可以重新广播从远程另一个 Windows Media 服务器上的发布点传输过来的内容。

1. Windows Media Services 的安装

Windows Media Services 是 Windows 操作系统的一个组建，虽然其包含在操作系统之中，但使用之前必须要将其安装，我们可以在安装操作系统的同时就安装该组建，也可以在需要使用的时候在安装。其安装的过程比较简单，与添加一般的操作系统组建基本相同。

打开操作系统的“控制面板”，选择“添加和删除程序”，在“添加和删除程序”窗口中选择“添加/删除 Windows 组件”按钮，进入“Windows 组件向导”窗口。（如图 5－41）

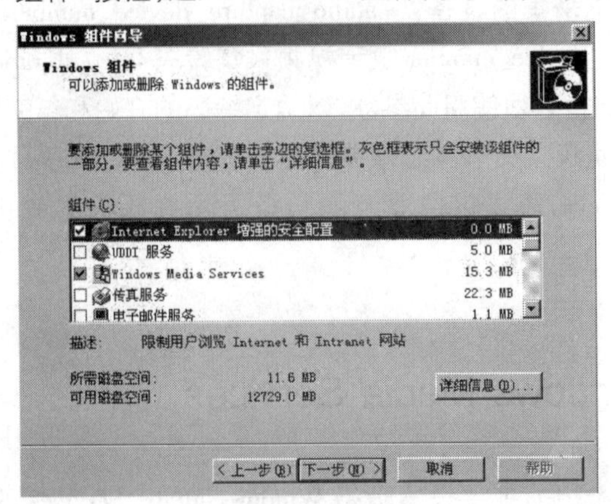

图 5－41

选择“Windows Media Services”项，点击“详细信息”按钮，可以进入“Windows Media Services 子组件”窗口，对 Windows Media Services 进行详细的设置。点击“下一步”，向导程序将执行组建的安装。（如图 5－42）

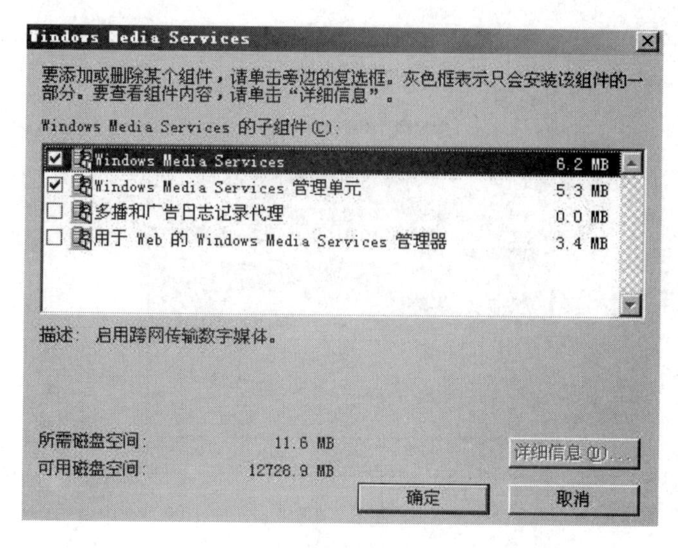

图 5－42

2. 查看 Windows Media Services 的运行状态

Windows Media Services 在安装完成以后就将自动在后台运行，我们对其的控制是通过一个图形化界面的 Windows Media Services 管理器来完成的。我们可以通过操作系统的相关命令来查看 Windows Media Services 是否正常运行了。

选择“程序”＞“管理工具”＞“服务”命令，进入“服务”窗口，在该窗口中可以看到 Windows Media Services 的运行状态并对其进行相应的控制。（如图 5－43）

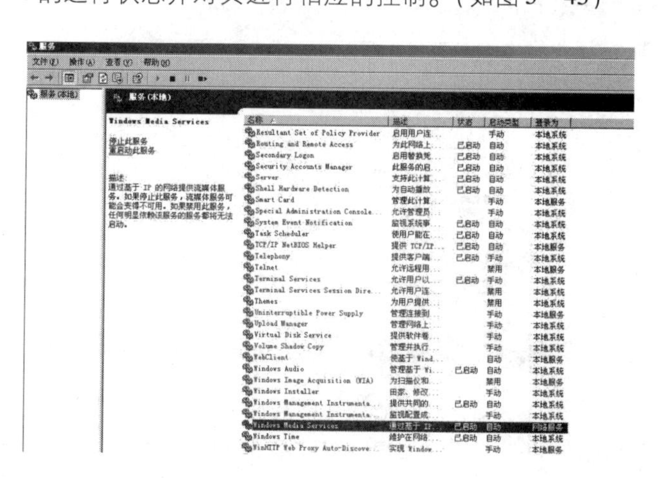

图 5－43

在窗口中选择 Windows Media Services，进入“Windows Media Services 属性”窗口，在该窗口中可以对 Windows Media Services 进行各种控制，如启动类型、服务状态、登录权限等。（如图 5－44）

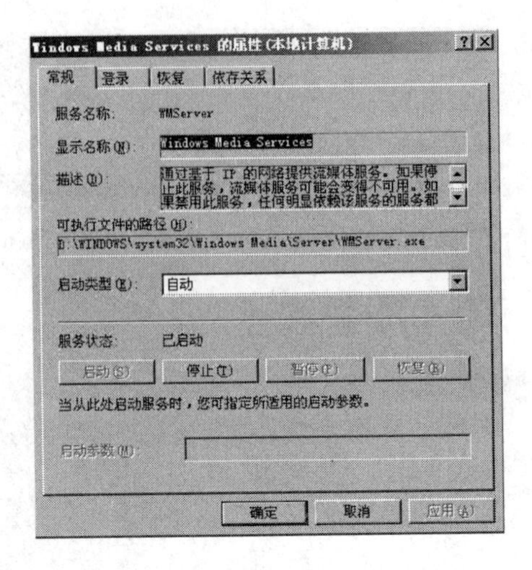

图 5－44

5.6.2 Windows Media Services 的应用

对于 Windows Media Services 的管理和设置都是通过管理界面来完成的。在操作系统中选择“程序”>“管理工具”>“Windows Media Services”命令，启动管理界面。（如图 5－45）

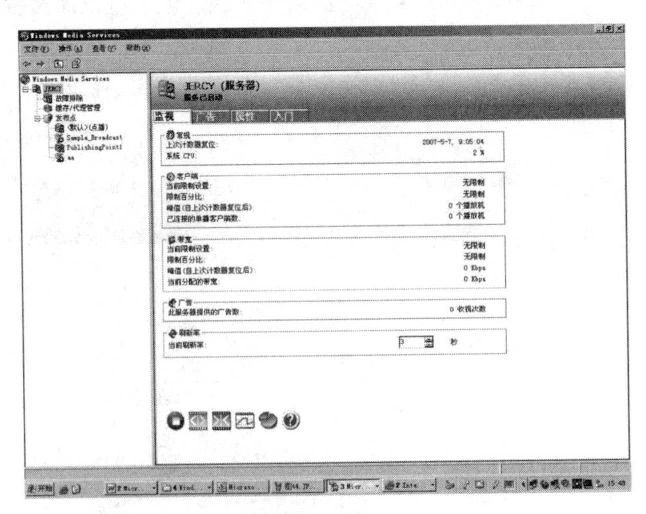

图 5－45

在整个界面中分为两部分，左侧为控制台树，将控制台树组织成由组、服务器和发布点项目构成的层次结构；右侧为细节窗口，显示的信息将根据在控制台树中单击的项目而改变。

1. 控制台树基本功能

(1)添加服务器

在控制台树中,单击"Windows Media Services"。在"操作"菜单上,单击"添加服务器"。"添加服务器"对话框出现。在"服务器名称或IP地址"中,键入要添加的服务器的名称或IP地址,然后单击"确定"。新服务器名称将出现在控制台树中。

(2)添加组

通过组合服务器,可以在Windows Media Services管理单元的某个区域中监视它们的性能,以便可以按照自己的需求组织服务器,如可以按照管理区域、业务应用程序、地理位置或内容源组合自己的服务器。

在控制台树中,单击"Windows Media Services"。在"操作"菜单上,单击"添加组"。"添加组"对话框出现。在"组名"中,为要添加的组键入一个唯一的名称。单击"确定"添加该组。以后可以将需要的服务器添加到组中进行相应的管理。

2. 发布点的创建

(1)什么是发布点?

Windows Media Services使用发布点将客户端对内容的请求转换为安置该内容的服务器上的物理路径。通俗地说所谓发布点就是要广播的流媒体内容放置在服务器上的相应位置。客户的播放器只有连接到发布点才能够正常地播放相应的流媒体内容。

客户端通过连接到发布点访问来自服务器的内容流。Windows Media Services包括两种类型的发布点,即点播和广播。每种类型都可以配置为从某种类型的来源传递流。一个Windows Media服务器可以配置为运行多个发布点,并安置广播内容和点播内容的组合。

通常,如果希望客户端控制播放,则使用点播发布点传输内容。这种类型的发布点最常用于安置以文件、播放列表或目录为来源的内容。当客户端连接到该发布点时,将从头开始播放内容,最终用户可以使用播放机上的播放控件来暂停、快进、倒回、跳过播放列表中的项目或停止;如果希望创造与观看电视节目类似的体验,则最适于从广播发布点传输内容。这种类型的发布点最常用于从编码器、远程服务器或其他广播发布点传递实况流。当客户端连接到广播发布点时,客户端就加入了已在传递的广播中。例如,如果发布的内容从上午8:00进行广播,而客户从上午8:30连接到发布点则将错过发布内容的前30分钟。客户端可以启动和停止流,但是不能暂停、快进、倒回或跳过。

(2)创建发布点

①通过向导创建

Windows Media Services管理器对于初级用户提供了创建发布点的向导程序,通过该程序用户可以方便地创建发布点。

在控制台树选择要创建发布点的服务器,在菜单栏中选择"操作" > "添加发布点(向导)"启动建立发布点向导程序,进入"添加发布点向导"界面。(如图5-46)

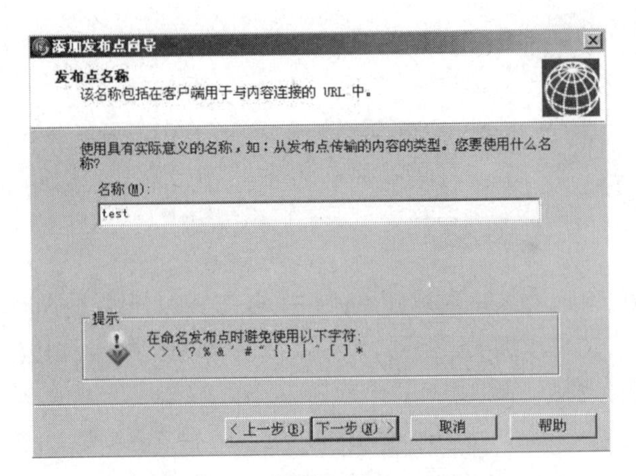

图 5－46

在窗口中键入即将建立的发布点的名称，以备客户端连接，点击“下一步”进入“内容类型”选择窗口，该窗口中指定要从发布点传输的音频内容和视频内容的类型。

A. 编码器（实况流）

该选项将服务器连接到编码计算机上，然后广播由编码器创建的流。

B. 播放列表（可以结合成连续流的一组文件和/或实况流）

该选项将使用发布点传输一系列在播放列表中已指定的内容。

C. 一个文件（用于存档文件的广播）

该选项将使用发布点传输单个文件。默认情况下 Windows Media Services 可以传输. wma、. wmv、. asf、. wsx 和. mp3 等类型的文件。

D. 目录中的文件（数字媒体或播放列表）（适用于通过单个发布点实现点播播放）。该选项能使发布点传输多个内容，客户端可以访问指定文件夹中的所有文件。

该窗口中的四个选项还与创建的发布点的类型有关，如果选择“编码器（实况流）”选项将只能创建广播发布点，而不能够创建点播发布点。（如图 5－47）

选择完内容类型后，点击“下一步”进入“发布点类型”窗口，选择窗口的发布点的类型。（如图 5－48）

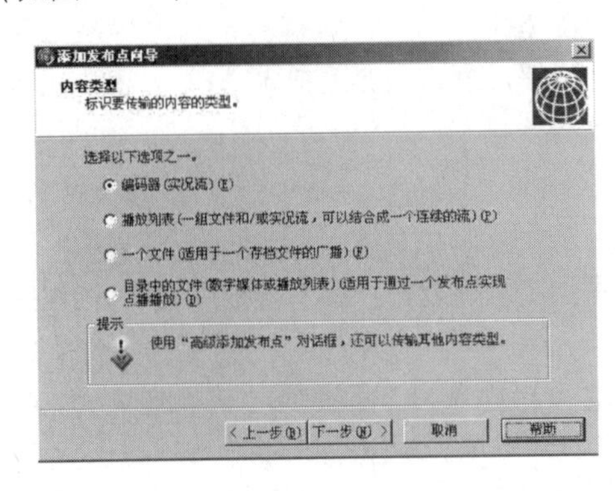

图 5－47

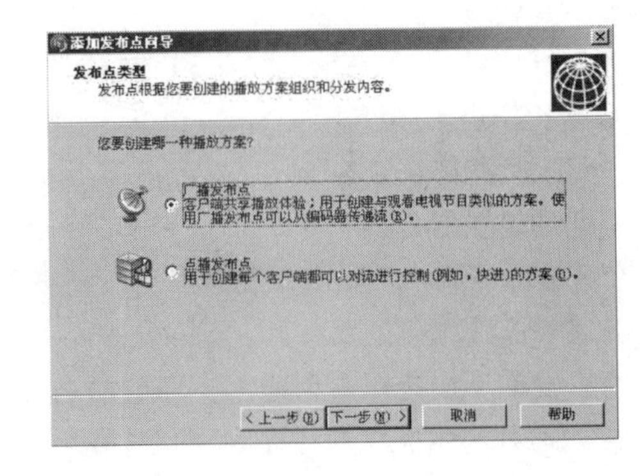

图 5－48

如果选择建立广播发布点，点击“下一步”进入“广播发布点传递方式”窗口，以选择是通过单播还是多播进行传输。（如图 5－49）

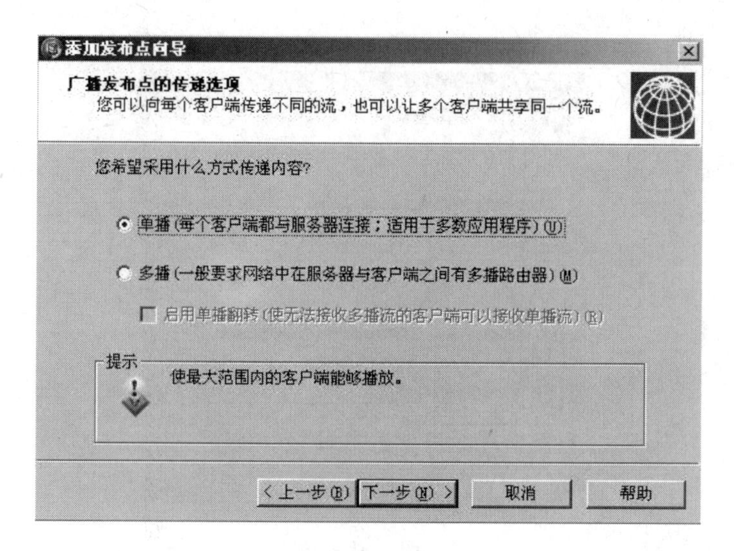

图 5－49

点击“下一步”进入“文件位置”窗口，选择将要广播的文件的名称和所在的位置。（如图 5－50）

点击“下一步”进入“发布点摘要”窗口，显示将要创建的发布点的所有设置，选择“下一步”将完成发布点的设置，点击“完成”将开始建立发布点，新建的发布点将出现在控制台书中。

如果选择建立点播发布点，点击“下一步”进入“新建发布点”窗口，在其中可以选择新建发布点或使用已有发布点，其他步骤与前面相同。（如图 5－51）

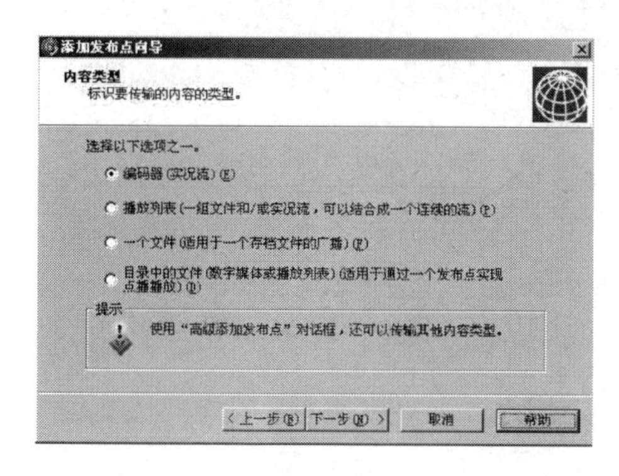

图 5－50

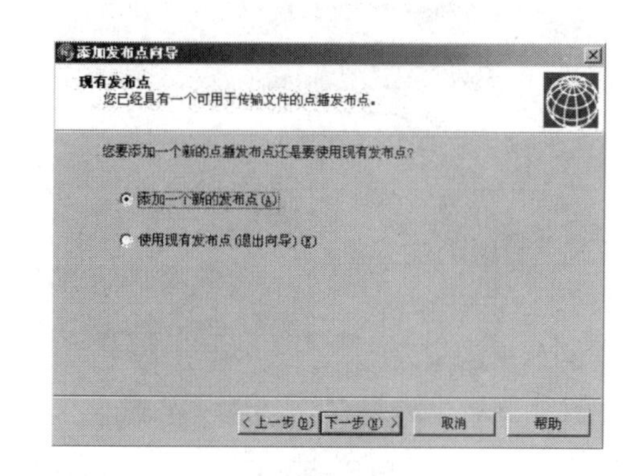

图 5－51

②自定义建立

对于高级用户来说，通过向导程序建立可以不够灵活，Windows Media Services 管理界面也提供自定义建立发布点的方法。

在控制台树选择要创建发布点的服务器，在菜单栏中选择“操作”>“添加发布点(高级)”启动“添加发布点”窗口，通过该窗口可以让用户灵活的自定义创建发布点。(如图5-52)

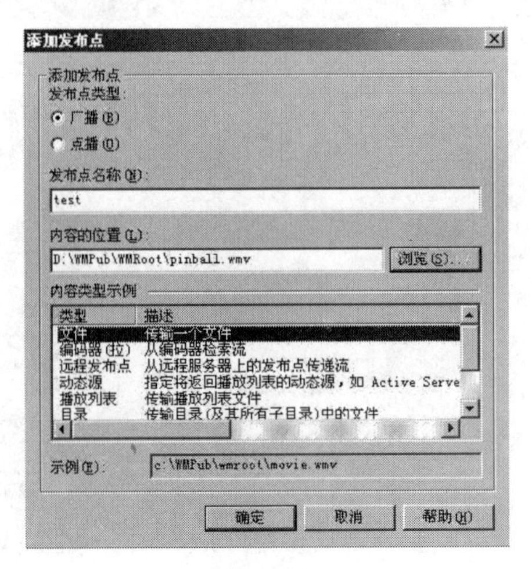

图5-52

(3)测试发布点

建立完发布点后要了解其是否可以正常的运行，这就要对新建的发布点进行测试。

在控制台树种选择新建的发布点的名称，在细节窗口中选择“源”标签。(如图5-53)

在窗口中点击按钮，启动发布点，发布点中的文件将依次播放，并在正在播放的文件后面加上注释，点击  按钮，停止发布点。(如图5-54)

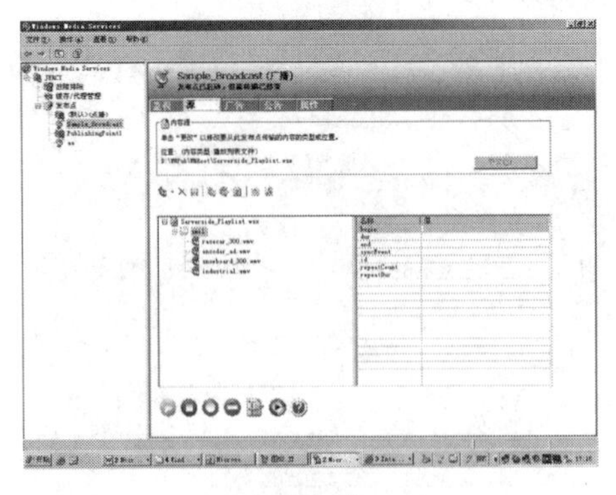

图5-53

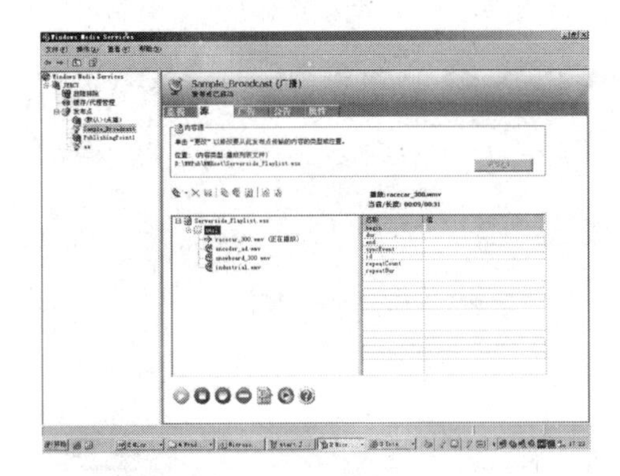

图5-54

此时点击按钮，进入测试窗口，在窗口中可以测试收听或收看服务器发布的内容。(如图5-55)

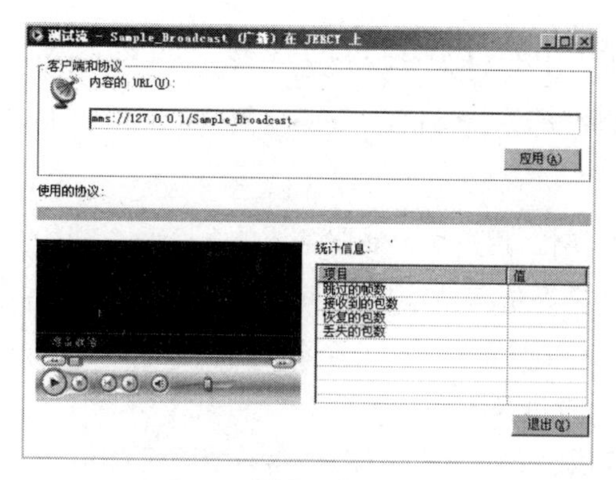

图 5－55

(4) 允许或拒绝单播客户端连接

可以选择允许或拒绝与服务器或发布点建立新的单播连接。一旦允许建立新连接，客户端即可以连接到服务器上的发布点并接收内容。

如果拒绝建立新连接，那么新客户端将无法连接到内容，而现有的客户端连接不会断开。随着已连接的客户端陆续停止接收内容，连接数会逐渐减少。在执行某种操作时(如更新插件配置、修改服务器属性设置或修改内容源)，往往需要拒绝客户端新连接到服务器。

在控制台树选择点播发布点，在细节窗口中，选择   按钮，可以控制是否允许新的单播连接。

3. 监视 Windows Media Services

通过细节窗口的"监视"标签，用户可以监控 Windows Media Services 的基本运行情况，主要包括当前播放状况、客户端的连接数量、带宽的分布情况和限制以及广告点击次数统计和刷新率等。通过这些监视信息，客户可以方便地了解当前服务器的运行和网络传输等的情况。(如图 5－56)

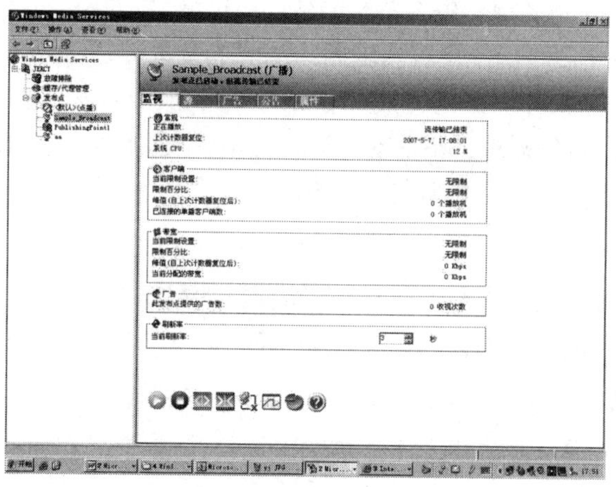

图 5－56

5.6.3 Windows Media Services 的主要属性设置

选择细节窗口的“属性”标签，将设置 Windows Media Services 的基本属性。

1. 常规属性

通过启用或禁用这些属性，用户可控制服务器的多个基本功能。主要包括启用流拆分、在第一个客户端连接时启动发布点、启用快速缓存等。根据服务器、点播发布点和广播发布点的不同会有不同的选择。

2. 授权属性

授权属性使用由验证插件获得的信息来授予客户端访问内容的权限，如通过 WMS IP 地址授权，可以允许或拒绝特定 IP 地址对内容的访问；通过 WMS 发布点 ACL 授权，可以允许或拒绝特定的用户、服务器或组访问某个服务器上所有发布点的内容，或某个特定发布点的内容等。

3. 日志记录

用于记录传输媒体会话过程中的服务器和客户端的活动，通过调整日志记录的属性，可指定要记录的事件和存储日志文件的位置。

4. 事件通知

允许控制 Windows Media Services 响应内部事件的方式，通过调整事件通知的属性，可以指定报告哪些内部事件和服务器采取哪些措施，如 WMS WMI 事件处理程序可以通过 Windows 管理规范无缝、安全地接收有关所有内部 Windows Media 服务器事件的通知。

5. 验证

验证属性与一个或多个授权属性协同工作可以控制对服务器上的内容访问，通过调整属性，可以指定服务器获得客户端授权凭据的方法。如 WMS 匿名用户身份验证，可以使未经身份验证的用户访问内容，而不提示其输入用户名或密码等。

6. 限制

指定 Windows Media 服务器的性能的极限值。通过调整“限制”属性，可确保传输不会超过服务器、网络或听众的容量。主要包括限制播放机连接数、限制传出分发连接数、限制播放机总带宽、限制传出分发总带宽、限制每个播放机每一流的带宽、限制每一传出分发流的带宽、限制每秒连接数、限制播放机不活动超时时间、限制连接确认时间、限制每个播放机的“快速启动”带宽和限制快速缓存内容传递速率。

7. 无线

主要用于保证通过无线网络设备对客户端实现更加可靠的传输，通过调整“启用转发纠错”属性设置，可指定传输错误和丢失数据的容忍度。

8. 播放列表转换

提供如同播放器中循环播放和无序播放的设置，可以控制从目录或播放列表中传输内容的顺序。

9. 缓存/代理

主要用于控制在传输事件的过程中远程缓存/代理服务器的行为，通过调整这些属性，用户可以指定缓存/代理服务器检查源服务器已更新的内容时所使用的频率。

10. 网络

主要用于控制通过网络传递广播发布点内容的方法，通过选择某些网络属性，可对内容类型的传输进行优化，如启用缓冲，缓冲服务器上的内容可以减少客户端的启动等待时间；而禁用缓冲可以减少流传递中的等待时间。

本章思考题

1. 简述 Windows Media 音视频编码技术的基本特点。
2. 试用 Windows Media 的软件工具搭建一个流媒体系统完成在线直播音视频。

CHAPTER 6

第六章

同步多媒体集成语言SMIL

【内容提要】随着流媒体技术的不断成熟，人们不再满足于简单地将多媒体内容放到互联网上进行直播和点播，而是希望能够方便地对多媒体内容进行时间上和空间上的自由排布，创建一种崭新的多媒体演示形式。于是一种简单的标记语言，同步多媒体集成语言（Synchronized Multimedia Integration Language）营运而生。本章主要由"SMIL 概述"、"SMIL 语法结构"、"SMIL2.0 新功能"和"SMIL 创建工具"四个小节构成，全面介绍 SMIL 语言的特点、语法和功能。

本章第一节主要讨论 SMIL 语言的产生过程和设计目标，同时探讨了 SMIL 语言的基本特点，阐述了这种语言在控制多媒体流式传播过程中的优势和重要作用。

本章第二节主要讨论 SMIL 语言的语法结构，包括其语法特点，主要语法标记。通过大量的 SMIL 实例阐述各种语法标记的作用，详细讲述了 SMIL 语言的编写方法和实用功能。

本章第三节主要讨论 SMIL2.0 版本新增的一些基本功能，这些功能使 SMIL 语言的能力大幅提高，可以更好地控制流媒体演示和播放，只要包括热区形状设定、动画设置和转场设置等。

本章第四节主要讨论各种 SMIL 图形编辑软件，包括几种主要的 SMIL 图形编辑软件的基本介绍，同时以其中使用较为普及的 Fluition 软件作为重点介绍该种软件的特点、基本功能和使用方法，包含基本界面介绍和具体操作流程。

6.1 SMIL 概述

6.1.1 SMIL 的产生

SMIL 对于刚刚接触流媒体技术的人来说是一个比较陌生的概念，它的英文全称是 Synchronized Multimedia Integration Language，通常称作同步多媒体集成语言，一般为了便于记忆我们读作smile(微笑)。它是由W3C(World Wide Web Consortium)组织规定的多媒体操纵语言,属于扩展型标记语言XML的范畴,基于XML语法,是一种文本标记语言。和我们熟悉的HTML一样,SMIL定义了一组相关的语言标识,用户可以根据它来创建多媒体演示。采用SMIL可以方便地描述各种媒体之间的时间同步关系和空间排布关系,是Internet上用于集成多媒体节目,特别是流媒体展示的主要语言工具。由于SMIL是文本标记语言,它不需要大型的软件开发工具和复杂的编程语言,只需要使用一个普通的文本编辑器,如Windows操作系统自带的Notepad,编写类似于HTML语言的语句,就可以通过网页按照你的要求发布流媒体内容。

概括地说,SMIL语言就是一套已经规定好的简单的标记,用来规定多媒体片段(包括声音文件、视频文件、动画、图片、文字等)在什么时间、在什么地方、以什么样的方式播放,最终形成一个完整的在Web上运行的多媒体演示。

SMIL语言作为一种通过网络展示多媒体演示的工具从诞生到现在只有10年左右的时间,它是随着互联网的发展而逐步产生的。早期的互联网上主要是文字信息,没有图像或声音等多媒体内容,我们通过HTML语言就可以控制内容的发布,但是随着网络技术的发展,现今的互联网上充斥了大量的静态图像、声音、动画,甚至动态的影像,各大公司如RealNetwork、Microsoft、Apple等都各自开发了自己的多媒体平台,提供对各自的多媒体内容的支持,在这种情况下只通过HTML语言已经无法很好的展示这些丰富的多媒体内容,于是一种能够整合不同媒体格式,并对这些媒体文件进行统一组织安排的SMIL技术就应运而生了。

1997年11月W3C发表了SMIL标准,通过这个标准使网页展现惊人的多媒体播放特效,甚至可以播出如电视节目般精彩流畅的影音节目。但最重要的一点是,这套SMIL就如同HTML(Hyper Text Markup Language)超级链接文字标记语言一样易学易用,通过Windows内部提供的(Notepad)记事本就可以完成程序的编写。同时,SMIL不仅可以处理文字媒体,也可包含图片、声音、影像、动画等任何类型的媒体。SMIL1.0于1998年6月15日成为W3C的标准。

1999年8月3日,在第一个草案的基础上,W3C推出了SMIL Boston版本。该版本推出了一种全新的格式策略——模块化。SMIL的功能被分割成了九个新的模块,所有这些模块都可以重复使用并进行功能扩展。其使用XML语言写成,每个模块都有一个关联的文件对象模块。

新模块在SMIL格式本身中增强了它的功能。最好的一个例子就是定时和同步模块(Timing and Synchronization Module),它有软、硬两种不同的同步工具扩展。硬同步包括了整个演示、时间表中的同步关系的精确描述;软同步允许出现比较松散的演示,要求不是很精确,连网络拥挤等因素引起的问题都可以解决。网络流量的变化可能使SMIL 1.0硬同步的整个文件完全崩溃,而SMIL Boston则允许制作者同时运用硬同步和软同步,将文件中的不同元素分开,使文件在网络中更加健壮。

这些新模块同时还增强了交互性和导航功能。用户现在可以在只改变部分显示设置的情况下浏览演示,而在SMIL 1.0中,需要改变整个演示或者创建一个新的演示。除了继续兼容同步流媒体文件格式外,新的SMIL模块还可以被整合到其他基于XML的语言中,如XHT-

ML 等。例如，新的动画模块(Animation Module)可使 XHTML 具有动画功能。制作者可以制作 JPEG 和 PNG 格式的图片、视频剪辑、SVG 向量图、XHTML 大字标题和其他格式的媒体文件。

2001 年 8 月 7 日，SMIL 2.0 成为 W3C(推荐)标准。

SMIL 2.0 的设计目标是：

第一，SMIL 2.0 定义一种基于 XML 的语言，使创作者能够编写交互的多媒体演示。通过使用 SMIL 2.0，创作者能够描述一个多媒体演示的时域行为，将超链接与媒体对象关联起来，以及描述该演示在屏幕上的布局。

第二，SMIL 2.0 允许其他基于 XML 的语言重用 SMIL 的句法和词法，特别是那些需要表示定时和同步的场合。

第三，SMIL 2.0 被定义成一个标记模块集，它定义了词法和一定 SMIL 功能域的 XML 句法。

SMIL 2.0 删除和改变了一些 SMIL 1.0 语法，最明显的是从连字符连接的属性名字变成大小写字母混合的属性名字，例如，用 clipBegin 代替 clip - begin 等。

6.1.2 SMIL 的特点

SMIL 语言是一套已经规定好的而且非常简单的标记。它用来规定多媒体片断(这里多媒体的包括的范围有：声音文件、视频文件、动画、图片、文字等)在什么时候、在什么地方、以什么样的方式播放。它具有一些相关的特点。

1. 避免使用统一的包容文件格式

大家都知道我们平时所受看到的电视节目中包含多种媒体元素，如显示的画面、伴音和字幕等，这些元素各有不同的来源，而且需要完全同步。在网络中播放的媒体演示同样需要处理这些多媒体元素，而且这些多媒体元素来自不同的文件，这些文件都有各自的格式，如声音文件格式有 mp3、wav、ra 等，视频文件格式有 mpg、avi、mov、rm 等；图片文件、文本文件等也都有各自的格式。如何将这么多格式的文件组合成一个完整的网络上的媒体演示是一个复杂的问题，在 SMIL 出现以前，我们只能通过一些音视频编辑软件将这些不同媒体的文件合成在一起构成一个新的独立的媒体演示文件来进行播放。这就必须统一使用某种文件格式，不利于原始素材文件的重复使用，降低网络多媒体演示的制作效率。而使用 SMIL 来组织这些多媒体文件，可以在不对源文件进行任何修改的情形下，获得我们想要的各种播放效果，SMIL 只是把各自独立的多媒体演示片段穿连起来组成一个整体，而不会破坏它们。

2. 同时播放在不同地方(服务器上)的多媒体片断

通过网络播放的多媒体演示中的各个多媒体片段的文件有可能来自于不同的地点(服务器)，例如需要直播一段电视会议的实况(视频文件)加上新闻解说(音频文件)和字幕(文本文件)。可以视频文件在 A 服务器上，音频文件在 B 服务器上而文本文件在 C 服务器上，三者相互独立，各在不同的地点。如果使用传统编辑的方法，播放的实时性就不容易保障，而 SMIL 可以非常轻松的组合分别位于 A、B、C 三个服务器上的不同媒体片段，实现实时播放。

3. 时间控制

我们在播放网络多媒体演示的时候，对于原始的多媒体素材我们并不是总会全部使用，更多的时候是只利用其中的某一部分。使用传统的方法就是通过编辑软件对原始素材进行剪辑，这样编辑的效率比较低，同时有可能使原始素材造成不可弥补的损失。而SMIL可以在不改变原始素材文件的前提下轻松完成这个工作。如一个视频文件总长30秒，我们只希望播放其中间5~15秒的内容，我们只需要在SMIL中设定在该视频文件的第5秒开始播放，播放到第15秒结束就可以了。同时时间控制还可以处理音视频的同步关系以及在演示用处理动画和转场效果等。

4. 对整个演示进行布局

我们在播放多媒体演示时，如果有多个多媒体片段同时演示中，我们如何在演示窗口中展示它们呢。这就需要在播放窗口中合理排布各个多媒体片段的位置和形状。例如我们在播放视频片段时，还要有字幕的显示，一般的情形下我们在屏幕的上部播放视频，而在屏幕的底部播放文本字幕。我们可以通过SMIL的布局功能来控制各多媒体片段出现在屏幕中的位置。

5. 多语言选择支持

我们在制作多媒体演示时还要注意语言的问题，特别是要在网络平台上播放的多媒体演示，由于网络平台可以覆盖世界的任何一个角落，其受众可能会使用多种不同的语言，这种情况在传统媒体中是不常见的。例如我们要为某种产品制作网络广告片，其宣传对象是遍及世界各地，受众使用多种语言，如中文、英文、法文、日文等等。如果我们想让所有的观众都可以听懂、看懂我们的演示，就必须制作不同语言版本的媒体文件。传统的方法是让观众自己选择自己需要的语言版本来下载播放收看，无论是制作还是观众收看都比较复杂麻烦。现在我们可以通过使用SMIL配置视频和音频文件的播放匹配条件，当用户通过网络点击播放演示时，播放器(RealPlayer)可以根据观众所使用的用户端操作系统的语言选择设置来播放相应语言的音频文件。

6. 多带宽选择支持

网络是一个时刻都在动态变化的传播平台，各个用户的接入方式也各不相同，这就造成网络连接速度差别较大。为了让所有用户都能够看到演示，我们可以制作适应不同传输速度的演示。在传统的方法中，需要用户自己选择传输速度，然后播放相应得演示文件。这需要用户具备一定的专业知识和技能，缩小了用户的范围。使用SMIL，播放器可以自动检测出用户的连接速度，并要求服务器传输并播放相应质量的演示文件，使流媒体技术中的智能流(Surestream)得到充分的发挥。

7. 平台无关性

网络的覆盖范围相当广泛，各个用户所使用的各种浏览器都有各自的特点，难以完全兼容。SMIL提供统一的标准，可以被IE、Netscape等主流浏览器一致的执行，不会出现HTML在不同浏览器中不兼容的问题。

6.2 SMIL 语法结构

SMIL 和我们常见的 HTML 相同都属于标记语言，它通过一些事先规定好的标记和相关的属性，根据规定的语法来表示各种多媒体演示。

6.2.1 SMIL 的基本语法特性

所谓标记语言（markup language），就是指用一系列约定好的标记来对电子文档进行标记，以实现对电子文档的语义、结构、格式的定义。这些标记必须能够和容易的和内容相区分，并且易于识别。标记语言必须定义什么样的标记是允许的，什么样的标记是必须的，标记是如何与文档的内容相区分的，以及标记的含义是什么。

SMIL 属于标记语言的范畴，它通过标记和相关属性的设置，建立和控制文本、图片、声音、视频和动画等多媒体元素的排布和播放。以下是一个简单的 SMIL 文件的代码，我们通过它来了解一下 SMIL 文件的基本结构。

```
<smil>
<head>
  <meta name="copyright" content="Your Name" />
  <layout>
   <!—布局标记 -->
  </layout>
</head>
<body>
  <!—媒体标记 -->
  <img src="image.jpg"/>
</body>
</smil>
```

通过上面的例子，我们可以总结出 SMIL 的一些基本的语法结构。

1. SMIL 文件以 <smil> 开始，以 </smil> 结束

整个 SMIL 文件必须以 <smil> 开始，以 </smil> 结束，其他的一切标记都在这二者之间。这就如同所有的 HTML 文件都以 <html> 开始，以 </html> 结束一样。如下：

```
<smil>
   ---所有 SMIL 其他标记和内容
</smil>
```

2. 整个程序由头部（head）和主体（body）两个部分组成

其中头部不是必须的，如果是比较简单的 SMIL 文件可以没有头部，头部由 <head> 和 </head> 标记定义，主要用来表示文件标题、版权、制作者等通用信息，同时还包括演示界面的整体布局等有关整体性设置的全局信息。主体部分是必须要有的，它包含整个演示的全部内容以及对演示内容的基本控制，由 <body> 和 </body> 标记定义。如下：

```
<smil>
  <head>
    ---头部标记
  </head>
  <body>
    ---主体标记
  </body>
</smil>
```

3. 标记和属性都要使用小写

SMIL 要求其标记和标记的属性必须小写。

我们首先了解一下什么是标记和标记的属性。

标记（Tag）一般是用来描述元素的，它是语句中最重要的组成部分。元素（Elements）和标记密不可分，它是 SMIL 文档中具有一定结构的文字片断，大多数元素的开头和结尾分别由一对相匹配的起始标记和结束标记组成，也有一些元素可以使用空标记，即没有结束标记。它主要用于定义媒体文件引用、特效声明和布局元素声明等。SMIL 语言是由标记和元素组成的，如 <smil> </smil>、<head> </head>、<body> </body> 等。

属性主要是用于描述元素各方面的特性，如演示的大小、时间、空间和类型等，一般的标记基本上都有属性。如上面例子中的 <img src = "image.jpg"/> 语句，其中 img 是标记，src 是属性，而 image.jpg 是 src 的属性值。注意：属性值可以是任意内容，大小写都可以。

4. 标记一般要成对出现，空标记必须以"/"作为语句的结束

在 SMIL 中，标记一般要配对出现，将相关的元素包含在一对标记之间，如 <body>、</body>。如果使用不是配对标记的空标记，如 <img src = "image.jpg"/>，则必须以"/"作为结束标记。

5. 属性值必须用双引号括起来

SMIL 要求必须将所有的属性值用" "括起来，如 <img src = "image.jpg"/> 中的 image.jpg 是属性值，必须使用" "包括，同时还要注意，属性值如果是多媒体素材的文件名，必须与服务器上的文件名一致，而且地址路径要正确，上例中文件名 image.jpg 是最简单的情况，即引用文件与素材文件在相同文件目录中，否则，SMIL 播放器将找不到该文件，也就无法正常播放。

6. SMIL 文件的拓展名为.smil 或者.smi

在保存 SMIL 文件使，要以.smil 或.smi 为文件后缀，这样播放器才能以正确的解码方式解码、播放。同时还要注意，在 SMIL 文件中，文件命名必须是以数字、字母开始的，中间可以有下划线，不可以有空格和其他字符。例如 myfirst.smil 和 my_first.smil 都是允许的，但 my first.smil 是非法的文件名，无法识别。有些时候我们在命名时会采用驼峰命名法，即一种大小写相间的写法，如 MyFirst.smil 等。

7. 附加信息写在文件头部之间

在 SMIL 文件中如果需要添加一些用于说明的附加信息，如版权、作者、标题、基地址等，必须将其添加在文件头部，即 < head > 与 < /head > 之间。其格式一般为 <meta name = " " content = " " / >，如 <meta name = "author" content = "jercy" / > 或 < meta name = "title" content = "My First SMIL" / >。

8. 用 < ！ － － … － － > 进行注释

和 HTML 的规则一样，我们可以通过 < ！ － － … － － > 对源文件进行注释。播放器遇到这个标记后，将跳过去而不予理睬。它主要有两个作用，一是可以对整个 SMIL 文件进行相关的说明，便于自己或其他人阅读源程序，如以下程序：

```
< layout >
   < ！—布局标记 - - >
< /layout >
```

通过注释表示该段程序的作用，提高了源程序的可读性，当多人合作编写程序时，可以帮助合作者快速看懂程序。另外一个作用是，在进行源程序调试时可以临时去除某条语句的作用，提高程序调试的效率。

6.2.2 SMIL 的语法标记

1. 播放顺序标记

SMIL 语言的重要的作用就是将多个不同的媒体片段进行组合而生成一个完整的演示，这种播放的组合主要有两种方式，即按照时间的先后顺序播放，如先播放片段 1 再播放片段 2；或在同一时间内同步播放多个媒体片段，如播放视频片段的同时播放音频片段作为伴音，或播放文本作为字幕。当然两种方式也可以结合使用。

（1）<seq> </seq> 标记

主要用于定义一组多个元素按照先后顺序播放，类似通常的串行播放概念。在 <seq> </seq> 标记对包括的范围内的媒体片段会按照其出现的先后顺序依次进行播放，如下面的程序。

```
<smil>
  <body>
    <seq>
      <img src = "image1.jpg"/>
      <img src = "image2.jpg"/>
    </seq>
  </body>
</smil>
```

在上面的程序中，两段静态图像 image1. jpg 和 image2. jpg 按照出现的先后次序依次播放，先出现 image1. jpg 再出现 image2. jpg。当然，顺序播放是一种默认的播放方式，也就是说，对于比较的简单的媒体演示的建立，可以不使用 <seq> 标记，只需将素材片段按照在演示中出现的顺序依次写在 SMIL 程序中就可以按顺序播放。但是，如果演示文件比较复杂，其中包含很多片段的嵌套情况就必须使用该标记。此外，为了使整个 SMIL 文件具有较好的条理性和清晰性，便于阅读，在编写时还是应该使用 <seq> 标记来控制素材片段的顺序播放的。

(2) <par> </par> 标记

主要用于定义一组多个元素在同一时间段内播放，类似于通常的并行概念。在 <par> </par> 标记对包括的范围内的媒体片段会在同一时间内同步进行播放，如下面的程序。

```
<smil>
  <body>
    <par>
      <img src = "image.jpg"/>
      <audio src = "audio.rm"/>
    </par>
  </body>
</smil>
```

在上面的程序中，静态图像 image.jpg 播放的同时，音频文件 audio.rm 也同时进行播放。这种并行播放的方式可以有多种不同的组合，如视频文件与音频文件同时播放，就像我们平时看电视一样，在看到画面的同时，也能够听到伴音；也可以是视频文件与文本文件同时播放，就像平时看到的视频，也可以看到相应的字幕。

并行播放与顺序播放不同，它不是默认方式，要控制多个片段的同时播放必须要使用 <par> 标记。同时，在控制并行播放时还要在播放窗口中为每一个片段的播放指定相应的播放区域（同时播放的音频文件除外），以保证整个演示布局的美观性。（如图 6-1）

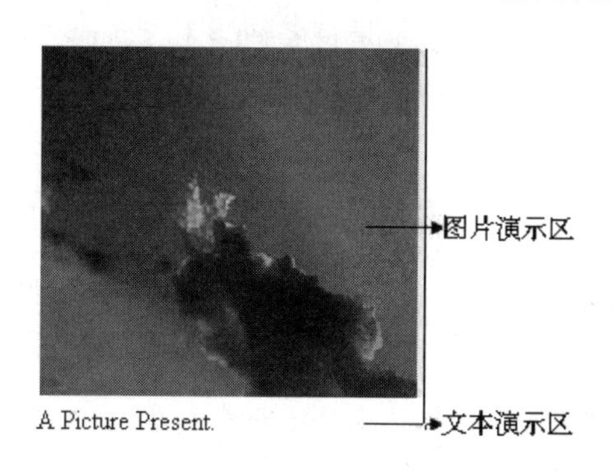

图 6-1

(3) 并行播放控制属性

在顺序播放时，媒体的播放持续时间等于几个片段的持续时间的总和，各个片段依次播放完成后，整个演示就播放结束了。但是在并行播放时，素材片段的持续时间可能是不同的，那整个演示的持续播放时间如何确定呢？在默认的情况下，是以演示中所包含的持续时间最长的片段的时长来确定的。但我们也可以通过对<par>标记的结束属性的设定来自定义控制演示的结束时间。结束并行组合播放的属性是"endsync",它有三种设定值。

①endsync = "last"

当属性值为"last"时,整个演示以持续时间长的媒体片段的结束为结束,这是该属性的默认设置,如果在<par>标记中没有设定"endsync"属性的值,则按这种方式结束整个演示。

②endsync = "first"

当属性值为"first"时,整个演示以持续时间最短的媒体片段的结束为结束,此时持续时间较长的片段也将停止播放。

③endsync = "id(对应媒体对象 id 值)"

当属性如此设定时,将 id 值与某个媒体片段相关联,整个演示以该媒体片段的结束为结束,如下面的程序。

```
<smil>
  <body>
    <par endsync = "id(aa)" >
      <video src = "videotest.rm"/>
      <audio id = "aa" src = "audiotest.rm"/>
    </par>
  </body>
</smil>
```

在上面的程序中,我们设定 id 值为 aa,并将 aa 与音频媒体片段 audiotest.rm 相关联,则演示播放时当 audiotest.rm 播放结束时,整个演示也结束播放。

(4)<seq></seq>和<par></par>标记协同使用

在实际的使用时我们不能总是要求顺序播放或并行播放,使用最多的是根据演示的实际需要将两种方式组合在一起使用,也就是将<seq>和<par>标记进行嵌套使用。即可以使先顺序在并行,也可以先并行在顺序,如下面的程序。

```
<smil>
  <body>
    <seq>
      <img src = "image1.jpg"/>
    <par>
      <img src = "image2.jpg"/>
      <audio src = "audio.rm"/>
    </par>
      <img src = "image3.jpg"/>
    </seq>
  </body>
</smil>
```

在上面的程序中，首先播放图片 image1. jpg，然后播放图片 image2. jpg，在播放 image2. jpg 的同时播放音频文件 audio. rm，最后播放图片 image3. jpg。对于整个演示，总体上是顺序播放，而在播放第二段图片时，采用了嵌套并行播放的方式，使图片 image2. jpg 播放时同步配上了音频内容。可以看出，采用组合播放的方式使演示的效果更好、更灵活，可以使整个演示具有较好的视听效果。

2. 时间控制

前面我们了解了 SMIL 对媒体片段播放顺序的控制，但所有播放的媒体片段的时间都是系统默认的，如果我们不想用整个媒体片段，而只想用其中的某一部分，这就需要对播放的媒体片段的播放时间进行相应的控制。

SMIL 的时间控制属性是用于指定元素时序行为的属性。每个元素都有一个开始时间和一个时间周期。开始时间可以有多种方法指定，如给定具体时间，参照其他元素的时间或由时间激发等，时间周期定义元素的持续播放时间。

(1) SMIL 中对时间的表示方法

在 SMIL 中用来表示时间的方式主要有两种，即速记表示法和标准表示法。

① 速记表示法

速记表示法是一种简单的时间表示方法，以 h 表示小时、min 表示分钟、s 表示秒钟、ms 表示毫秒。如 1.5h 代表 1 小时 30 分钟，1.25min 代表 1 分 15 秒，1.55s 代表 1 秒 550 毫秒，100.5ms 代表 100.5 毫秒等。通常我们在 SMIL 程序中都使用这种时间表示方法，如果在程序中的时间值后没有单位则代表秒钟，如 dur = “1”和 dur = “1s”是相同的。

②标准表示法

标准表示法是使用 hh:mm:ss. xy 的格式来表示时间，其中 hh 代表小时，mm 代表分钟，ss 代表秒钟，均用 2 位数字表示，x 代表十分之一秒，y 代表百分之一秒。使用该方式表示时间时，一般都认为最后两位代表秒钟，如 10:15 代表 10 分 15 秒。

(2) 时间控制属性

①dur 属性

该属性用以定义媒体对象播放的持续时间。如果不设置 dur 属性，在播放演示时播放器会按照默认时间来进行播放，不同的媒体对象有不同的默认持续时间。对于离散媒体(如静态图象)持续时间为 5 秒钟，对于连续媒体(如动态影象)持续时间为连续媒体的全长，对于字幕，持续时间为 1 分钟。

当设置 dur 属性时有以下两种情况：

其一，当 dur 属性值设定的时间小于媒体对象固有的持续时间时，则按照 dur 属性规定的时间来播放。

其二，当 dur 属性值设定的时间大于元素固有的持续时间，针对媒体类型的不同又分成两种情况。对于离散媒体，按照 dur 属性指定的时间播放；而对于连续媒体，其中视频部分的出点保持在画面中，直到属性指定的时间，而音频部分则停止。如下面的程序。

```
<smil>
  <body>
    <seq>
      <img src="image1.jpg" dur="3s"/>
      <img src="image2.jpg" dur="10s"/>
    </seq>
  </body>
</smil>
```

在上面的程序中，顺序播放 image1. jpg 和 image2. jpg，其中 image1. jpg 持续时间为 3 秒钟，短于其默认时间，而 image2. jpg 持续时间为 10 秒钟，长于默认时间。

②begin 和 end 属性

该属性主要是用来定义整个演示的开始和结束时间的。它可以控制整个演示文件在时间线上的任何一点开始播放和结束，这种时间的控制是相对的，根据该属性所处的位置有不同的表现。两个属性可以共同时用，也可以单独使用或配合其他属性使用。其中，begin属性的默认值是 0，即从时间轴的原点进行播放；end 属性的默认值根据媒体类型的不同而不同，对于离散媒体其值为媒体默认播放时间，对于连续媒体则为媒体的持续时间。

A. begin 和 end 属性共同使用（如下面的程序）

```
<smil>
  <body>
    <video src="videotest.rm" begin="5s" end="40s"/>
  </body>
</smil>
```

在上面的程序中，演示从时间线的第 5 秒钟开始从头播放视频文件 videotest. rm，到第 40 秒钟结束播放，整个演示的持续时间为 40 秒钟，但视频文件 videotest. rm 只播放 35 秒钟，在整个演示文件开始的 5 秒钟内播放一段空白。

B. 与其他属性配合使用（如下面的程序）

```
<smil>
  <body>
    <img src="image.jpg" begin="2" dur="5s"/>
  </body>
</smil>
```

在上面的程序中，使用 begin 属性和 dur 属性配合来控制播放，演示从时间线的第 2 秒开始播放，持续播放 5 秒钟的时间，在这里用 dur 属性取代了 end 属性。这两个属性可以实现相同的控制效果，但其控制方式是不同的，dur 属性是控制播放的时间长度，是决定一段持续的时间的长短；而 end 属性是控制播放结束的时间点，是决定一个时间的结束点。如将程序中的语句 <img src = "image. jpg" begin = "2" dur = "5s"/> 改为 <img src = "image. jpg" be-

gin = “2” end = “7s”/ > 得到的效果是一样的。要注意的是不要在同一个标记中同时用 end 和 dur 属性来控制，以免造成时间上的冲突。

C. 对于组合播放的控制

对于组合播放的情况，如果组合播放标记 < seq > 或 < par > 标记中使用了时间控制属性，则优先处理，如下面的程序。

```
<smil>
  <body>
    <seq dur="5">
      <img src="image.jpg" begin="2" dur="10"/>
    </seq>
  </body>
</smil>
```

在上面的程序中，image. jpg 自己要求从 2 秒开始播放并持续 10 秒钟，但由于 image. jpg 所在的组的持续时间被设为 5 秒钟，因此实际上 image. jpg 的播放时间只有 5 – 2 = 3 秒钟。

③clip – begin 和 clip – end 属性

clip – begin 和 clip – end 属性是用于内部时间控制的属性。所谓内部时间指的是媒体片段自己的时间线。clip – begin 属性规定媒体片段的开始位置。clip – end 属性规定媒体片段的结束位置。若其值超过媒体对象的固有持续时间则被忽略，片段的结束时间就是媒体对象的实际结束时间，如下面的程序。

```
<smil>
  <body>
    <video src="video.rm" clip-begin="5s" clip-end="10s"/>
  </body>
</smil>
```

在上面的程序中，演示中的视频文件 video. rm 播放其第 5 秒钟到第 10 秒钟的内容，整个演示共持续 10 – 5 = 5 秒钟（如图 6 – 2）。因此也可以说 clip – begin 和 clip – end 属性是用来选择媒体片段的播放内容的，实际是一种片段剪辑的方法。

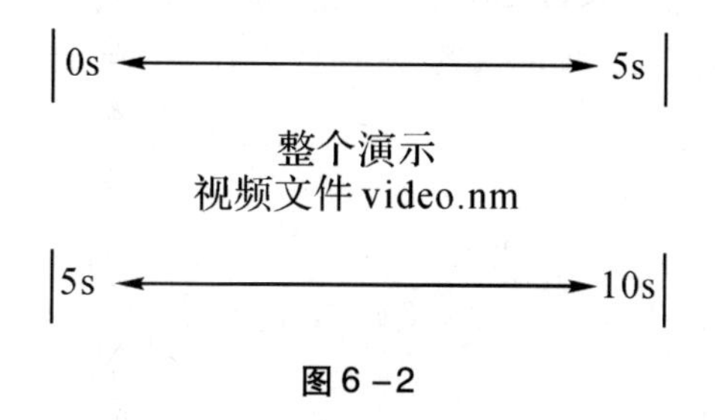

图 6 – 2

为了更好地控制时间属性，clip – begin 和 clip – end 属性也可以与 begin 和 end 等属性结合使用，如下面的程序。

```
<smil>
  <body>
    <par>
      <video src = "video1.rm" clip-begin = "5" dur = "10s"/>
      <video src = "video2.rm" begin = "7s" clip-begin = "2s" clip-end = "15s"/>
    </par>
  </body>
</smil>
```

在上面的程序中，video1.rm 从其自己的 5 秒钟处开始播放，播放 7 秒以后，video2.rm 从自己的 2 秒处开始与 video1.rm 一起播放。video1.rm 播放到自己得 15 秒处停止播放，video1.rm 播放了 15 - 5 = 10 秒。video2.rm 播放到自己得 15 秒处停止播放，video2.rm 播放了15 - 2 = 13 秒。（如图 6 - 3）

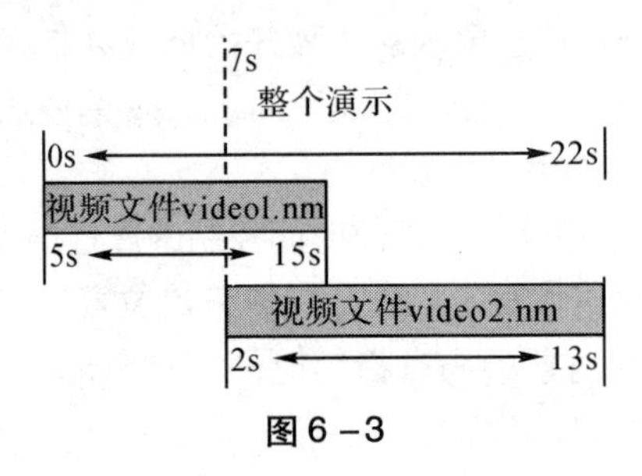

图 6 - 3

④fill 属性

当演示中的某个媒体片段播放完成以后，我们可以用 fill 属性来规定屏幕的显示状态。简单的说就是清屏还是冻结屏幕，其有 remove 和 freeze 两个属性。

A. remove

该属性值是 SMIL 的默认值，当 fill 属性值为 remove 时，媒体片段播放完成以后，播放器窗口中该媒体片段的播放区域中的内容消失，仅显示该区域的背景颜色。

B. freeze

当 fill 属性值为 freeze 时，媒体片段播放完成以后，播放器窗口中该媒体片段的播放区域中将保留显示该媒体片段最后一帧的内容，一般建议在演示的最后的一个媒体片段上使用 freeze 属性值，如下面的程序。

```
<smil>
  <body>
    <video src = "video.rm" dur = "10s" fill = "freeze"/>
  </body>
</smil>
```

在上面的程序中，视频片段 video.rm 播放 10 秒钟后结束，video.rm 片段的最后一帧画面将保持在播放器窗口中。

在使用 fill 属性时要注意，该属性仅对可视媒体起作用，对于音品片段是无效的。

⑤repeat 属性

如果我们希望演示中的某个媒体片段或所有媒体片段进行重复播放，就需要使用 repeat 属性。给属性可以作用于单个媒体片段，也可以作用于 <seq> 和 <par> 播放组合。

A. 重复有限次数

当 repeat 属性的属性值为某一整数时，如 repeat = "n"时，表示该控制对象将重复播放 n 次，如下面的程序。

```
<smil>
  <body>
    <video src = "video.rm" dur = "10" repeat = "2"/>
  </body>
</smil>
```

在上面的程序中，视频片段 video.rm 将持续播放 10 秒钟，并重复播放两次。

B. 重复无限次数

当 repeat 属性的属性值设为 indefinite 时，其控制对象将无限循环播放，直到其他属性设定结束或用户通过播放器控制停止播放，如下面的程序。

```
<smil>
  <body>
    <seq dur = "10" >
    <video src = "video.rm" clip - begin = "2" dur = "3s" repeat = "indefinite"/>
  </seq>
  </body>
</smil>
```

在上面的程序中，视频片段 video.rm 应无限次的重复播放，但由于在 <seq> 标记中限定了整个媒体的播放时间为 10 秒钟，因此当播放到 10 秒时自动停止播放。

C. repeat 属性作用于组合标记

如果将 repeat 属性作用于 <seq> 或 <par> 标记，则其将控制组合标记下的所有的媒体片段，如下面的程序。

```
<smil>
  <body>
    <seq repeat = "3" >
      <video src = "video1.rm" repeat = "3"/>
      <video src = "video2.rm"/>
    </seq>
  </body>
</smil>
```

在上面的程序中，视频片段 video1. rm 将重复播放三次，再播放 video2. rm，然后再按照前面的方式整体重复三次。

3. 播放窗口布局控制

通过 SMIL 我们可以将播放器的窗口变的如同网页浏览器窗口一样，自定义设置什么地方播放动态影像，什么地方播放字幕，什么地方播放静态图像，并且规定各种媒体片段的大小等。当然如果同一时间只播放一个媒体片段或只播放音频片段就没有必要进行窗口布局的设置了，只要按照播放器的默认设置进行播放就可以了。

(1) 定义窗口布局的基本要求

①布局标记必须以 <layout> 开头，以 </layout> 结束，其他具体的标记都在这中间。<layout>和</layout>标记必须放在 SMIL 程序的头部，即<head>和</head>标记之间。

②布局窗口分为基本显示窗口和媒体对象播放区域。使用 <root－layout> 标记定义基本显示窗口，它是最基本的、最底层的播放区域，其他一切播放区域都在它的基础上划分出来。基本显示窗口不是必须的，当其被省略时，播放器会根据其他媒体播放区域来设置基本播放区域。

③在基本播放窗口的基础上，使用 <region> 标记定义各媒体播放区域的名称、位置和大小。

④在 SMIL 程序的主体部分，即 <body> 和 </body> 标记之间，通过 region 属性的设定将相关的媒体片段指定到相应的媒体播放区域进行播放。

(2) 定义基本显示窗口

使用 <root－layout> 标记定义基本显示窗口，它决定整个演示播放的主窗口的大小和背景颜色，如下面的程序。

```
<smil>
  <head>
    <layout>
      <root-layout width="300" height="200" background-color="white"/>
    </layout>
  </head>
  <body>
  </body>
</smil>
```

在上面的程序中，我们定义了一个宽 300 像素、高 200 像素，背景颜色为白色的基本显示窗口，当播放时整个播放器的播放窗口就为 300×200。在 SMIL 程序中，宽和高的设置其默认单位都是像素点。

(3) 背景颜色的控制

通常情况下，基本播放窗口的背景颜色为黑色，其他媒体播放区域为透明，我们可以向上面的程序一样，通过 background－color 属性来设置背景颜色。

在 background－color 属性中背景颜色的属性值可以使用两种方式表示，即采用颜色英文保留字表示或采用 6 位十六进制 RGB 值(#RRGGBB)表示。采用保留字方式比较简单，但能够表示的颜色有限；采用 RGB 值方式可以表示任何的颜色，但比较难于记忆，要注意的是 RGB 值采用 6 位十六进制数值，每两位数值表示一个颜色通道，分别是红、绿、蓝三个基色通道。(如表 6－1)

表 6－1

颜色	保留字	RGB 值	颜色	保留字	RGB 值
白色	white	#FFFFFF	黑色	black	#000000
黄色	yellow	#FFFF00	红色	red	#FF0000
绿色	green	#00FF00	蓝色	blue	#0000FF

(4)定义媒体片段显示窗口

使用 <region> 标记可以定义媒体片段显示窗口，它通过 top、left、width 和 height 四个属性在基本显示窗口中划分处媒体片段的显示窗口，用于控制媒体片段在播放器窗口的显示位置，同时为各个媒体片段的显示窗口定义名称，以备各片段显示时调用。(如表 6－2)

表 6－2

属性	含义
Top	定义区域上边缘和基本区域上边缘距离
left	定义区域左边缘和基本区域左边缘距离
width	定义区域宽度
height	定义区域高度

在定义 top、left、width 和 height 四个属性时，可以使用以像素点为单位的绝对定义方式，也可以使用以百分比为单位的相对定义方式。如果以百分比为单位定义，其基准为基本显示窗口，如下面的程序。

```
<smil>
  <head>
    <layout>
      <root-layout width="300" height="300" background-color="yellow" />
      <region id="video_region" left="5" top="5" width="290" height="260"
                 background-color="red"/>
      <region id="text_region" left="5" top="270" width="290" height="25"
                 background-color="white"/>
    </layout>
      </head>
    <body>
    </body>
</smil>
```

在上面的程序中，我们首先定义了一个 300 × 300 大小，背景颜色为黄色的基本播放窗口，在该窗口中，又分别划分了距基本播放窗口的左边缘和上边缘各五个像素点，290 × 260 大小，背景颜色为红色的视频播放区域，命名为"video_region"和距基本播放窗口的左边缘五个像素点，上边缘 270 个像素点，290 × 25 大小，背景颜色为白色的文本显示区域，命名为"text_region"。(如图 6 - 4)

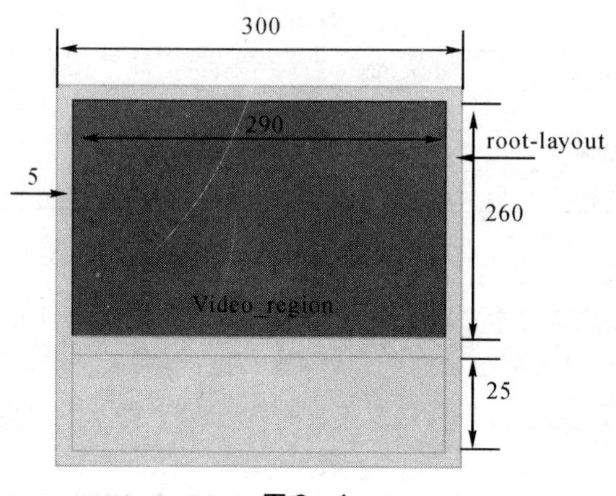

图 6 - 4

(5) Fit 属性

在实际制作演示的时候，我们定义的显示窗口的大小和媒体片段的尺寸大小可能不一致，或大了或小了。如何解决这个问题呢？主要有两种方法：

①修改窗口的大小，这种方法很简单也和直观，但很多时候却不能修改，因为如果修改的话，就会影响其他窗口的显示，造成相应的其他窗口也要修改。而且很多时候，不同尺寸的媒体片段可能在同一个窗口中显示。

②使用恰当的媒体片段和窗口的匹配方式，也就是使用 Fit 属性来处理这个问题。

fit 属性的属性值有 hidden、meet、fill、scroll 和 slice 五个，其中 hidden 是默认值。

A. Hidden

表示保持媒体片段的尺寸不变，从窗口的左上角开始显示。如果媒体片段尺寸比窗口的尺寸小，那么空白的地方将用背景色填充；如果媒体片段尺寸比窗口的尺寸大，那么媒体片段超出窗口部分被裁去，不被显示。(如图6 - 5)

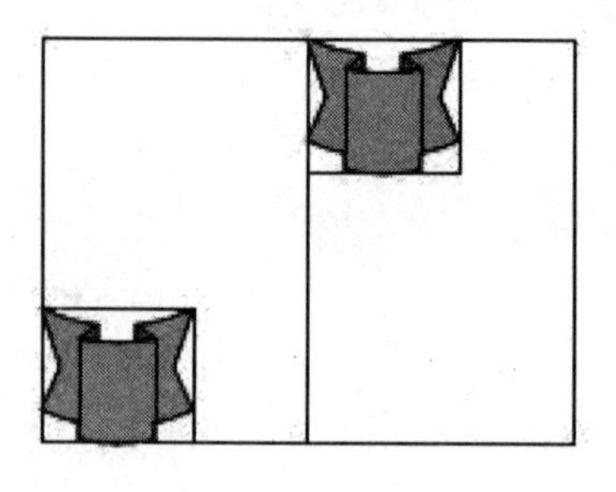

图 6 - 5

B. meet

表示在保持媒体片段宽/高比例不变的情况下,对媒体片段的尺寸进行缩放。从左上角开始显示,缩放到高度和宽度中的一个尺寸等于窗口的相应的尺寸,而另外的一个小于窗口的相应的尺寸,空白处用背景色填充。(如图6-6)

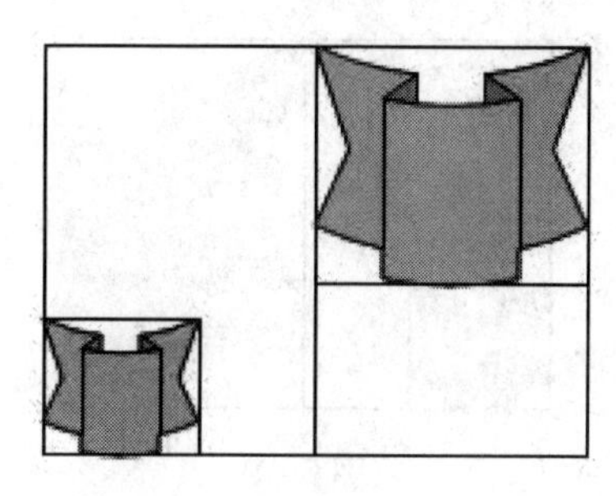

图6-6

C. fill

表示缩放媒体片段使得其大小正好和窗口的大小一致。如果媒体片段的宽/高比例和窗口的宽/高比例不等,那么媒体片段画面会变形,播放效果较差。(如图6-7)

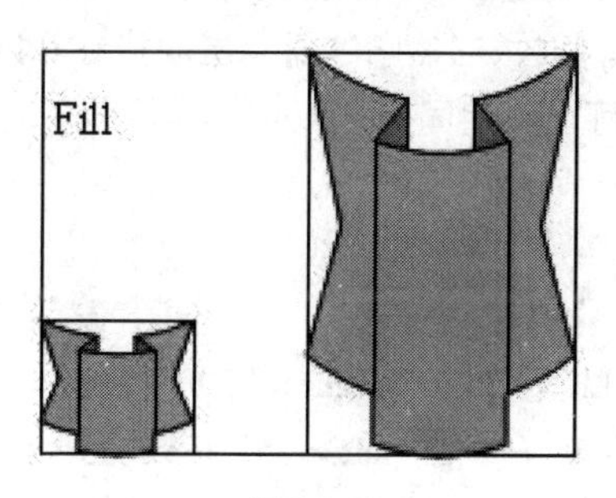

图6-7

D. scroll

表示对媒体片段的尺寸不做什么修改,它以正常的尺寸大小显示。但是,如果多媒体片段的尺寸超出了窗口的尺寸,那么将会相应出现水平或者垂直滚动条。该种方式适合于播放持续时间较长的媒体片段的显示。如果媒体片段的显示时间很短,建议不要使用。(如图6-8)

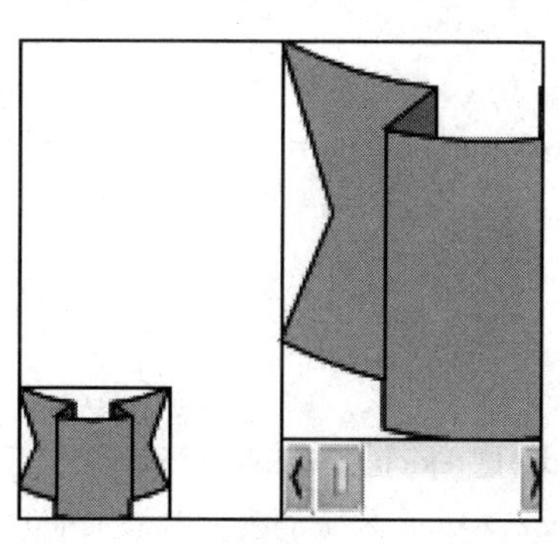

图6-8

E. slice

表示在保持媒体片段宽/高比例不变的情况下，对多媒体片段的尺寸进行缩放。从左上角开始显示，缩放到高度和宽度中的一个尺寸等于窗口的相应的尺寸，而另外的一个大于窗口的相应的尺寸，超出的部分被裁去而不显示。（如图6－9）

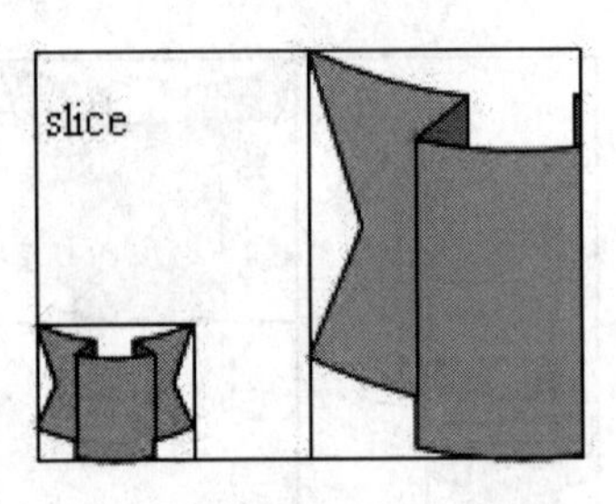

图6－9

（6）z－index 属性

z－index 属性规定相互重叠的播放区域的显示次序，属性值中数字大的显示区域在上面，使用时应注意以下几点：

①基本显示窗口 root－layout 总是在最后一层，而且不使用 z－index 属性。

②z－index 属性值可以是负数，当然它的显示层次排在0以后。

③没有重叠的显示窗口可以使用同一 z－index 属性值。

```
<smil>
  <head>
    <layout>
      <root-layout width="300" height="300" background-color="yellow"/>
      <region id="video1_region" left="5" top="5" width="290" height="290"
              background-color="blue" z-index="0"/>
      <region id="video2_region" left="30" top="30" width="50" height="50"
              background-color="red" z-index="1"/>
    </layout>
  </head>
  <body>
    <par>
      <video src="video1.rm" region="video1_region"/>
      <video src="video2.rm" region="video2_region"/>
    </par>
  </body>
</smil>
```

在上面的程序中，由于 video1_region 区域的z－index属性值小于 video2_region 区域的 z－index 属性值，因此显示于 video2_region 区域的视频片段 video2.rm 将会显示在视频片段 video1. rm 的上面。我们可以通过调整 z - index 属性的值，灵活地改变媒体片段显示的层次。（如图 6 - 10）

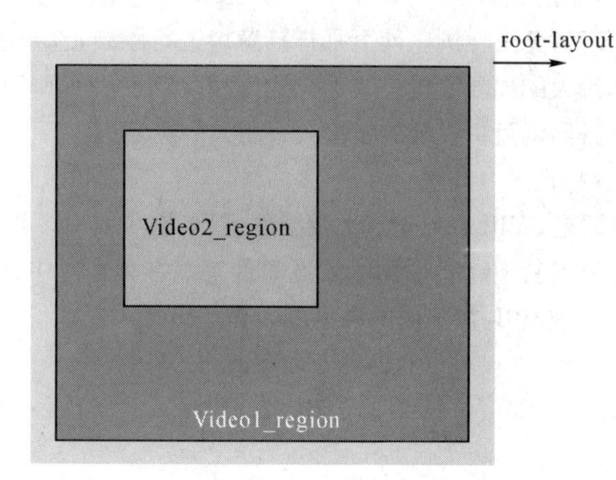

图 6 - 10

（7）在设定区域内显示媒体片段

当在 SMIL 程序的头部对媒体片段显示区域定义完成后，就可以在程序的主体部分使用定义的区域播放相应的媒体片段，如下面的程序。

```
<smil>
  <head>
    <layout>
      <root - layout width = "300" height = "300" background - color = "yellow"/>
      <region id = "vedio_region" left = "5" top = "5" width = "290" height = "260" />
      <region id = "text_region" left = "2" top = "270" width = "290" height = "30"
                  background - color = "white"/>
    </layout>
  </head>
  <body>
    <par>
      <vedio src = "video. rm" region = "video_region"/>
      <vedio src = "text. rm" region = "text_region" />
    </par>
  </body>
</smil>
```

在上面的程序中，在 300 × 300 的基本播放窗口中，分别划分了视频播放区域和文本播放区域。在程序主体中，将视频片段指定在 video_region 区域中播放，而将文本字幕指定在 text_region 区域中播放。

4. 链接控制

以前我们通过播放器播放演示时，都是一种线性的方式，就如同平时看电视一样，看完一个节目再看另一个节目，无法像浏览网页那样随意地进行跳转，也无法选择播放的媒体片段，因此传统的流媒体最大的局限性就是缺乏交互性和跳跃性。而 SMIL 所提供的链接控制可以解决这些问题，并且比网页中设置的链接具有更大的灵活性。

(1) <a>和</a>标记

<a>和</a>标记是 SMIL 中用于定义链接的标记，它可以有多种触发事件，如可以是用户的交互操作，也可以是其他时间性质的触发事件等。在标记对中，href 表示的是所要链接的文件，包含链接地址的 URI，如下面的程序。

```
<smil>
  <head>
    <layout>
      <root-layout width = “300” height = “300”/>
      <region id = “video_region” top = “0” left = “0” width = “300” height = “300”/>
    </layout>
  </head>
  <body>
    <a href = “videolink.rm”>
    <video src = “video.rm” region = “video_region”/>
    </a>
  </body>
</smil>
```

在上面的程序中，视频片段 video.rm 将在 video_region 区域中播放，其上链接视频片段 videolink.rm。当播放时，我们看到播放器正常播放视频片段 video.rm，此时如果我们把鼠标指针放到正在播放的 video.rm 上，鼠标指针形状变为链接的小手形状。单击鼠标左键，播放器播放将停止播放 video.rm，转而播放 videolink.rm。这是最常见的创建链接的方式。

(2) <anchor>标记

使用<a>和</a>标记可以为整个演示对象添加链接，但有些时候我们可能需要更丰富的链接方式，这就需要使用<anchor>标记了，它可以建立三种方式的链接，分别是热点链接、分时段链接和链接部分 SMIL。

①热点链接

所谓热点链接实际上就是将整个演示区域划分成不同的部分，再为每部分设定不同链接的方式。要建立热点链接，首先要建立热点区域的范围，SMIL 使用 coords 属性设置热点区域的位置和大小，如下面的程序。

```
<smil>
  <head>
```

```
    <layout>
      <root-layout width="400" height="300"/>
      <region id="video_region" top="0" left="0" width="400" height="300" fit
      ="meet" background-color="red"/>
    </layout>
  </head>
  <body>
    <video src=a"video.rm" region="video_region">
    <anchor href=" videolink.rm" coords="0,0,150,200"/>
    </video>
  </body>
</smil>
```

在上面的程序中，播放窗口大小为 400×300，视频片段 video. rm 在该窗口中播放，通过热点设定，在窗口中设置了 150×200 的热点链接。当鼠标指针位于该区域中点击时，停止播放 video. rm，转而播放 videolink. rm。（如图 6－11）

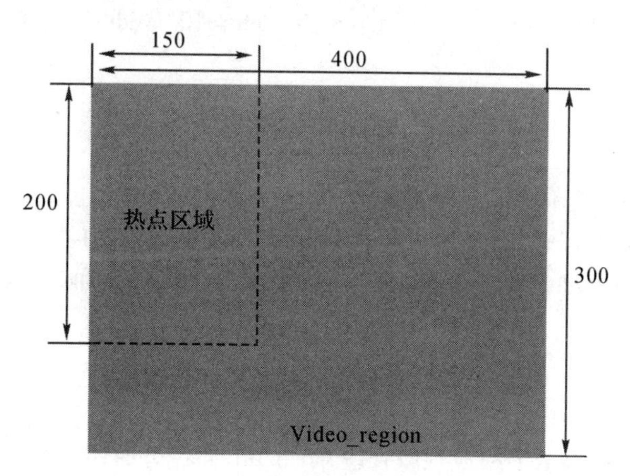

图 6－11

通过 coords 属性设置热区位置和大小时，其属性值以像素为单位，每组属性值包含四个数字，以逗号分隔。第一、二个数值分别表示的是热区的左上角点的水平（left）和垂直（top）坐标，第三、四个数值分别表示的是热区的右下角点的水平（left）和垂直（top）坐标。由于所有属性值都是以窗口边缘为参照，因此，前两个值可以表示热区的位置，后两个值可以表示热区的大小。

此外 coords 属性值也可以采用百分比相对数值来表示，如下面的程序段。

```
<video src="video.rm" region="video_region">
    <anchor href=" videolink.rm" coords="25%,25%,75%,75%"/>
</video>
```

在上面的程序段中，播放窗口正中 1/4 区域被设置为热区。

建立热区的注意事项：

第一，热区的建立可以采用绝对数值，也可以采用相对数值，两者也可以混用，如 coords = "0,0,75%,75%"。

第二，热区的左边界值要小于右边界，上边界值要小于下边界，如 coords = "50,50,20,20"，是非法的，因为无法划出这样的区域。

第三，无论使用绝对数值定义还是使用相对数值定义，都是以基本显示窗口为参照。

②分时段链接

这种链接方式是 SMIL 所独有的，它不仅可以在空间上设定为演示设定链接，还可以在演示播放的时间轴上设定链接。通过这种功能，可以在播放的演示划分成不同的时间段，在每个时间段上都可以建立不同的链接，理论上可以对播放的演示的每一帧画面建立链接，如下面的程序。

```
<smil>
  <head>
    <layout>
      <root-layout width="300" height="300"/>
      <region id="video_region" top="0" left="0" width="300" height="300"/>
    </layout>
  </head>
  <body>
    <video src="video.rm" region="video_region">
      <anchor href="imagelink.jpg" begin="0s" end="10s"/>
      <anchor href="videolink.rm" begin="10s" end="20s"/>
    </video>
  </body>
</smil>
```

在上面的程序中，播放器播放视频片段 video.rm，通过分时段链接，在视频片段 video.rm 播放的 0～10 秒钟区间内点击链接，播放器转而播放静态图片文件 imagelink.jpg；而在 10～20 秒钟区间内点击链接，播放器转而播放视频文件 videolink.rm。（区间相交时间值属于前面区间）

③链接部分 SMIL

在 SMIL 中建立的链接的对象可以有很多类型，如视频文件、音频文件、静态图像等，也可以是独立的 SMIL 文件，这些使用前面讲过的方法都可以方便地建立，下面主要讨论一下将已有 SMIL 文件中的部分内容作为链接目标对象的链接的建立方式，如下面的程序。

程序 1：（程序名称为 test.smi）

```
<smil>
  <head>
    <layout>
```

```
        < root – layout width = “400” height = “300”/ >
        < region id = “video_region” top = “0” left = “0” width = “400” height = “300” fit
                = “meet”/ >
      </layout >
    </head >
    < body >
      < video src = “video. rm” region = “video_region” >
      < anchor href = “test1. smi#testlink”/ >
      </video >
    </body >
</smil >
```

程序2:(程序名称为 test1. smi)

```
< smil >
    < head >
      < layout >
        < root – layout width = “400” height = “300”/ >
        < region id = “video_region” top = “0” left = “0” width = “400” height = “300” fit
                = “meet”/ >
      </layout >
    </head >
    < body >
      < video id = “testlink” src = “video. rm” clip – begin = “20” region = “video_
                region”/ >
    </body >
</smil >
```

在上面的程序2中,为要设为链接目标的那部分内容设上 id,然后在程序1中的链接中用“#”来指向该标记 id。这样当程序1执行时,播放器从头播放视频片段 video. rm,这是点击链接,播放器将立即跳转到视频文件 video. rm 的第20秒处继续播放。

通过这种链接部分 SMIL 的方式,可以链接到一个程序中的部分内容。在实际应用中,可以使用它来任意控制演示片段在时间上的随意跳转,例如可以将一个完整的视频片段划分成多个时间段,就如同 DVD 中的章节一样,自由控制章节的播放。该属性可以作用于媒体片段,也可以作用于组合播放标签,如下面的程序段。

```
< body >
    < par id = “testlink” >
      < video src = “video. rm” clip – begin = “150” region = “video_region”/ >
    </par >
</body >
```

(3)建立基础链接

我们知道链接中的目标地址是非常重要的，如果链接地址出现错误将直接导致播放器找不到文件而不能播放。链接地址一般分为绝对地址和相对地址。所谓绝对地址是指在链接中直接指明了目标文件所在的盘符或所在具体服务器地址的完整路径，如“file:/c:\video\video. rm”或“rtsp://127.0.0.1:554/video/video. rm”。通常我们使用后者连接其他服务器上的演示，而很少使用具有明确磁盘盘符的地址。所谓相对地址是指舍去磁盘盘符、计算机名等信息，以当前文件夹为根目录的地址，如“\img\img1. jpg”通常我们使用其连接本地服务器上的演示。

在设置链接时为了简化链接地址的书写，有时会采用添加基础链接的方式。在SMIL程序的头部，即head>和</head>标记之间用附加信息的方式规定整个smil文件的基础地址，规定了基地址以后，再使用该地址下的文件的时候，就只需要给出相对路径就可以了，如下面的程序。

```
<smil>
  <head>
    <meta name="base" content="rtsp://www.cuc.edu.cn/"/>
  </head>
  <body>
    <video src="video/video1.rm"/>
    <video src=" video/video2.rm"/>
    <audio src="rtsp://www.real.com:554/audio/audio.mp3"/>
    <img src="http//www.real.cm/image/img.jpg"/>
  </body>
</smil>
```

在上面的程序中，前面的两个文件用的是基地址服务器上的文件，只需写出文件在服务器上的相对地址；而后面的两个文件用的是其他服务器上的文件，必须写出完整的地址。

(4)链接的打开方式

在默认的情况下，当用户点击链接，打开链接对象播放时，播放器窗口中原有的内容停止播放，转而播放链接对象的内容。SMIL通过show属性来控制打开链接的方式。

①show="replace"

表示媒体在已启动的媒体播放器中播放，原来播放的媒体被取代，是SMIL的默认方式。

②show="new"和"pause"

表示用户启动文件默认播放器作为新的播放窗口，播放目标对象。"new"表示链接激活时原媒体继续播放，"pause"表示链接激活时原媒体暂停播放，如下面的程序。

```
<smil>
  <head>
    <layout>
      <root-layout width="300" height="300"/>
```

```
        <region id = "video_region" top = "0" left = "0" width = "300" height = "300"/>
      </layout>
    </head>
    <body>
      <a href = "videolink.rm" show = "new">
        <video src = "video.rm" region = "video_region"/>
      </a>
    </body>
</smil>
```

在上面的程序中，当点击链接时，启动默认播放器播放视频片段 videolink. rm，并继续播放视频片段 video. rm。

5. 选择标记

如果希望在播放演示时播放器可以根据设置的播放条件来自动判断选择何种内容播放，需要使用 <switch> 和 </switch> 标记，在标记对中输入选择条件，如下面的程序段。

```
<switch>
<选项1 选择条件 = "条件1"/>
<选项2 选择条件 = "条件2"/>
<选项3 选择条件 = "条件3"/>
</switch>
```

当程序执行到 <switch> 标记时，按照选项的顺序依次向下判断，直到找到符合选择条件的选项，并执行该选择。通过该标记，主要用来选择播放语言和播放带宽。

（1）选择播放语言

网络不同于其他传统媒体，它的覆盖范围是全球的，拥有如此众多的受众，就要考虑传播语言的问题。通过 <switch> 标记，可以依据播放器系统语言的设置的不同，选择不同语言的版本进行播放，如下面的程序。

```
<smil>
  <body>
    <switch>
      <video src = "chinese.rm" system-language = "zh-cn"/>
      <video src = "japanese.rm" system-language = "ja"/>
      <video src = "french" system-language = "fr"/>
      <video src = "english">
    </switch>
  </body>
</smil>
```

在上面的程序中，检测播放器设置的是什么语言，如果是简体中文（zh－cn），那么就从服务器下载 Chinese. rm 文件播放；如果是日语（ja），那么就从服务器下载 japanese. rm 播放。在程序中最后一个选项没有设置选择条件，则作为默认播放选择，即如果在选项中没有找到相匹配的条件，则播放默认选择。主要语言代码如下表。

表 6－3

代码	语言
zh－cn	简体中文
en－us	英语（美国）
fr	法语
de	德语
it	意大利语
ja	日语
es	西班牙语

（2）选择传输带宽

由于用户的网络接入方式不同，其联网速度是不尽相同的。低的如通过拨号上网，可能只有 50K 左右，高的使用 ADSL 连接，可能有几百 K 的连接速率。如果满足了高速用户的要求，那么低速用户可能由于速度太慢而不能收看；如果满足了低速用户的要求，那么高速用户看到的效果就打了不少的折扣，浪费了高速的带宽。那么我们可以通过设定不同的选项，使播放器播放时可以自动地选择适合的带宽进行播放，满足各种用户的需要，如下面的程序。

```
<smil>
  <body>
    <switch>
      <vedio src="high. rm" system-bitrate="250000"/>
      <vedio src="mid. rm" system-bitrate="80000"/>
      <vedio src="low. rm" system-bitrate="20000"/>
    </switch>
  </body>
</smil>
```

在上面的程序中，当用户的接入速度大于 250Kbps 时，播放器就从服务器下载高质量的 high. rm 播放；如果用户的联网速度大于 80Kbps 小于 250Kbps 时，播放器就从服务器下载中等质量的 mid. rm 播放；如果用户的联网速度大于 20Kbps 小于 80Kbps 时，播放器就从服务器下载低质量的 low. rm 播放。用户接入方式与传输带宽的对比如表 6－4 所示。

表 6－4

用户速度	建议最大流占用带宽
14.4Kbps modem	10Kbps
28.8Kbps modem	20Kbps
56Kbps modem	34Kbps
64Kbps ISDN	45Kbps
112Kbps dual ISDN	80Kbps
Corporate LAN	150Kbps
256Kbps DSL/cable modem	225Kbps
384Kbps DSL/cable modem	350Kbps
512Kbps DSL/cable modem	450Kbps

6. 播放控制

(1)在新窗口播放

在浏览网页时我们发现，有时网页跳转时只是用新的内容刷新当前页面，而有时会打开一个新的浏览器窗口以显示新的网页内容。在流媒体播放时，我们也可以选择是在原有播放器窗口中播放新内容，还是打开一个新的播放器窗口进行播放，如下面的程序。

```
<smil>
  <head>
    <layout>
      <root-layout width="300" height="300"/>
      <region id="video_region" top="0" left="0" width="300" height="300"/>
    </layout>
  </head>
  <body>
    <a href="command:openwindow(_new,\videolink.rm)">
      <video src="video.rm" region="video_region"/>
    </a>
  </body>
</smil>
```

在上面的程序中，使用 openwindow( )命令来控制打开一个新的播放窗口，其具体语法结构为：

```
<a href="command:openwindow(name,URL,playmode)">
```

①name 参数控制是否打开一个新的窗口播放链接目标文件，若其取值为_new 或_blank 则打开一个新的播放窗口；若其取值为_self 或_current 则在原窗口播放链接目标文件。

②URL 参数定义链接的地址。

③playmode 参数是一个可选项，用以控制播放窗口的形式。

（2）控制 realplayer 播放

以前只能通过 realplayer 播放器提供的播放控制按钮来控制播放片段的播放、停止、暂停等操作，现在 SMIL 可以自己制作控制按钮控制演示的播放、停止、暂停等操作，如下面的程序。

```
<smil>
  <head>
    <layout>
      <root-layout width="300" height="300"/>
        <region id="video_region" top="0" left="25" width="200" height="200"/>
        <region id="img_region1" top="210" left="0" width="170" height="100"/>
        <region id="img_region2" top="210" left="180" width="170" height="100"/>
    </layout>
  </head>
  <body>
    <par>
      <video src="video.rm? url=command:command&target=_player"
      region="video_region"/>
      <img src="play.gif? url=command:play()&target=_player" dur="10"
      region="img_region1"/>
      <img src="stop.gif? url=command:stop()&target=_player" dur="10"
      region="img_region2"/>
    </par>
  </body>
</smil>
```

在上面的程序中，整个播放窗口划分成三部分，视频片段 video.rm 在 video_region 区域中播放，两张按钮图片 play.gif 和 stop.gif 分别显示在 img_region1 和 img_region2 区域，通过 play()、stop()命令可以控制演示的播放与停止，其具体语言结构为：<img src="URL? url=command:command&target=_player"/>，其中 Command 包括：play()、pause()和 stop()。

6.3 SMIL2.0 的新功能

SMIL2.0 在 SMIL1.0 的基础上增加一些新的功能，我们挑选一些主要的新增功能进行讲解，如热区形状设定、动画设定、转场设定等。

1. 热区形状设定

在 SMIL1.0 种设定热区链接时，所创建的热区的形状是固定的矩形，这使热区的建立比较死板，那么能否像网页热区那样设置不同的形状呢？SMIL2.0 支持这种热区形状的设置，其使用新增的标签 <area> 来建立热区，如下面的程序。

```
<smil xmlns = "http://www.w3.org/2001/SMIL20/Language">
  <head>
    <layout>
      <root-layout width = "400" height = "300"/>
      <region id = "videoregion" top = "0" left = "0" width = "400" height = "300" fit
              = "meet"/>
    </layout>
  </head>
  <body>
    <video src = "video.rm" region = "videoregion">
      <area shape = "circle" coords = "100,200,40" href = "videolink.rm" />
    </video>
  </body>
</smil>
```

在上面的程序中，在 <smil> 标记中添加了一行说明，这是 SMIL2.0 规范中规定的，在编写 SMIL2.0 程序时要在第一行里必须进行相关的声明（xmlns = "http://www.w3.org/2000/SMIL20/CR/Language"）表示使用 SMIL2.0 规范。不然的话，播放器不能正确解码和播放。

通过 <area> 标签设定热区链接，其中 shape 属性就是用来控制热区的形状的，其属性值可以为"rect、cicle、poly"，分别为矩形、圆形和多边形。本程序中 shape 的属性值 circle，因此热区的形状为圆形，coords 属性与 SMIL1.0 中的规定相同，是用来表示热区的位置和大小的，只是由于热区的形状不同，其属性值也有所不同，如本程序中，前两位表示圆形热区的圆心的位置，第三为表示圆形热区的半径大小。

2. 动画设置

动画效果是 SMIL2.0 新增的一个功能，它可以使媒体在播放的同时产生位置和大小等方式的变化。在通话设置中主要有两种方式，即运动动画和缩放动画。

(1) 运动动画

所谓运动动画就是播放的演示在播放窗口中按照相关的设置进行位置移动，在 SMIL2.0 中使用 <animateMotion> 标记建立运动动画，from 和 to 属性控制运动动画运行的开始和结束的位置，也就是确定运动的轨迹，dur 属性控制运动的持续时间。如下面的程序。

```
<smil xmlns = "http://www.w3.org/2000/SMIL20/CR/Language">
  <head>
    <layout>
      <root-layout width = "800" height = "600"/>
```

```
    <region id = "Images" left = "0" width = "800" height = "600"/>
  </layout>
</head>
<body>
  <par>
    <img region = "Images" src = "image1.jpg" dur = "6s"/>
    <img region = "Images" src = " image2.jpg " dur = "6s">
      <animateMotion from = "0 0" to = "600 400" dur = "4s"/>
    </img>
  </par>
</body>
</smil>
```

在上面的程序中，分别显示两个静态图像 image1. jpg 和 image2. jpg，image2. jpg 在 image1. jpg 上面从(0,0)位置运动到(600,400)位置，共运动 4 秒钟的时间。

(2)缩放动画

除了控制演示媒体在播放窗口中运动，还可以通过动画的设置动态地改变演示媒体的大小，这就是缩放动画。SMIL2.0 使用 <animate> 标记建立缩放动画，attributeName 属性用来控制缩放的方向，属性值可以是 width 和 height，分别表示水平和垂直方向；from 和 to 属性控制缩放的大小，如下面的程序。

```
<smil xmlns = "http://www.w3.org/2000/SMIL20/CR/Language">
  <head>
    <layout>
      <root-layout width = "800" height = "600"/>
      <region id = "Images" left = "0" width = "800" height = "600" fit = "fill"/>
    </layout>
  </head>
  <body>
    <img region = "Images" dur = "10s" src = "image.jpg" width = "800" height
            = "600">
      <animate attributeName = "width" from = "800" to = "100" fill = "freeze" dur
                  = "8s"/>
    </img>
  </body>
</smil>
```

在上面的程序中，播放窗口中显示的静态图像 image. jpg，在 8 秒钟内沿水平方向从 800 像素抽缩为 100 像素。

3. 转场效果

演示中媒体片段很多,不可避免的会有两个片段之间的切换。一个片段演示完了,接着演示下一个片段,两个片段中间是有一个过渡,这个过渡我们就称为转场效果。如果不设置转场效果,过渡的效果就比较生硬。为了提高演示效果的艺术性,SMIL2.0 中新增了转场效果,大致分为 fade 和 wipe 两类。

(1) fade 效果

所谓 fade 效果就是图像在过渡时采用淡入或淡出等效果。SMIL2.0 使用 <transition> 标记建立转场效果,其中 type 属性决定转场的效果,subtype 属性决定转场的字类型,transIn 属性和 transOut 属性分别设置媒体开始和结束时的转场状态,如下面的程序。

```
<smil xmlns = "http://www.w3.org/2001/SMIL20/Language" >
  <head>
    <transition id = "fade1" type = "fade" subtype = "fadeToColor" dur = "10s" />
    <transition id = "fade2" type = "fade" subtype = "fadeFromColor" dur = "10s" />
  </head>
  <body>
    <img src = "image.jpg" dur = "30s" transIn = "fade2" transOut = "fade1"/>
  </body>
</smil>
```

在上面的程序中,转场 1 命名为 fade1,转场类型为 fade,子类型为淡出(fadeToColor);转场 2 命名为 fade2,转场类型为 fade,子类型为淡入(fadeFromColor),为静态图像文件的入点设置淡入,出点设置淡出。

(2) wipe 效果

所谓 wipe 效果采用擦除效果。该类型的效果很多。我们这里所说的 wipe 只是他们的总称,具体的有 barWipe、boxWipe、fourBoxWipe 等 36 大类。在 SMIL2.0 中设置 wipe 效果与 fade 效果相同,如下面的程序。

```
<smil xmlns = "http://www.w3.org/2001/SMIL20/Language" >
  <head>
    <transition id = "wipe1" type = "slideWipe" subtype = "fromTop"/>
    <transition id = "wipe2" type = "waterfallWipe"/>
  </head>
  <body>
     <img src = "image.jpg" transIn = "wipe2" transOut = "wipe1" dur = "5s"/>
  </body>
</smil>
```

在上面的程序中,将第一个 wipe 效果命名为 wipe1,其类型为幻灯片擦除(slideWipe),子类型为从上到下(fromTop);将第二个 wipe 效果命名为 wipe2,其类型为瀑布擦除(waterfall-

Wipe)。显示静态图片 image.jpg,其入点采用 waterfallWipe 效果,其出点采用 slideWipe 效果。

(3)转场效果综合应用

转场效果是丰富多样的,各种效果互相组合可以大大提高演示的艺术表现力,下面我们来看一个多片段转场的实例。

```
<smil xmlns="http://www.w3.org/2001/SMIL20/Language">
  <head>
    <layout>
      <root-layout width="400" height="300"/>
    </layout>
      <transition id="fade" type="fade" subtype="fadeToColor"
     fadeColor="green" dur="4s"/>
      <transition id="fade1" type="fade" subtype="fadeFromColor"
     fadeColor="red" dur="4s"/>
      <transition id="fade2" type="fade" subtype="crossfade" dur="2s"/>
      <transition id="push" type="snakeWipe" dur="4" />
  </head>
  <body>
    <seq>
      <img dur="5s" src="image1.jpg" transIn="fade1" fill="transition"/>
      <img dur="4s" src="image2.jpg" transIn="fade2" fill="transition"/>
      <img dur="4s" src="image3.jpg" transIn="fade2" fill="transition"/>
      <img dur="4s" src="image4.jpg" transIn="push" transOut="fade"/>
    </seq>
  </body>
</smil>
```

在上面的程序中,设定了四种转场类型,分别是 fade 为淡出,fade1 为淡入,fade2 位交叉淡化(crossfade),push 为蛇形擦除(snakeWipe)。在显示静态图像 image1.jpg 的入点时使用淡入效果,显示静态图像 image2.jpg、image3.jpg 的入点时使用交叉淡化效果,在显示静态图像 image4.jpg 的入点时使用蛇形擦除效果,出点时使用淡出效果。

6.4 SMIL 创建工具

众所周知网页可以使用 HTML 语言编写,但为了方便制作网页,产生了许多图形界面的网页制作软件,如家喻户晓的 FrontPage、Dreamweaver 等。SMIL 也有一些图形界面的制作软件,虽然使用较少,但功能还是比较强大的。

6.4.1 SMIL 创建工具简介

SMIL 图形编辑软件主要有以下几种：

1. SMIL Composer

SMIL Composer 是 Sausage Software 公司开发的一个早期的 SMIL 编辑软件。其操作简单，类似于网页制作软件，便于初学者快速掌握。

2. GRiNS

GRiNS Editor 是荷兰 Oratrix 公司的一个 smil 制作工具，它提供了以下几种模板："Simple Slideshow"、"Simple Talking Book"、"Video Show"、"Adaptive Show"、"Extended Slideshow"和"QSG1 Slideshow"，用户可以在这几个模板的基础上进行编辑，得到自己想要的形式，也可以不要任何模板自己编辑。

3. SMIL Editor

SMIL Editor 是韩国三星公司为配合 photo yepp MP3 播放机销售而随机附送的一个小软件，该软件能不用手写 SMIL 代码，而直接生成 *.smi 文件，进而在 MP3 播放机上进行播放或者通过 REALSERVER 进行播放。

4. Fluition

Fluition 是加拿大的 Confluent Technologies 公司发布的 SMIL 创作工具，它是目前较成功的一个图形界面的 SMIL 工具，在链接、输出等方面都比较出色，而且拥有向导界面，可以方便用户使用软件，同时兼容性较好。下面我们就重点介绍一下该软件。

6.4.2 Fluition 介绍

1. Fluition 界面介绍

在 Fluition 界面中被划分为各种不同的功能窗口和工具栏。(如图 6－12)

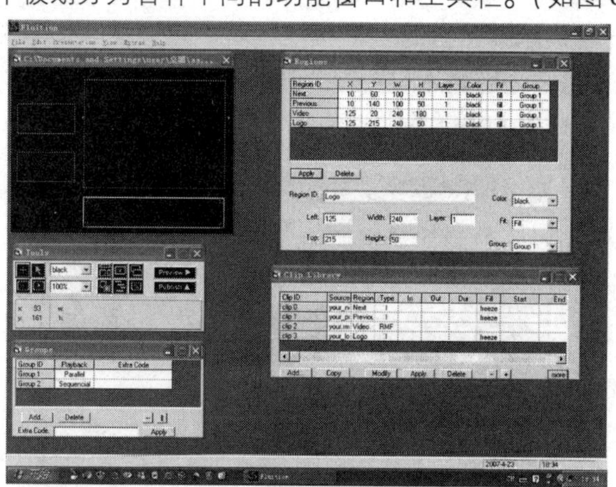

图 6－12

(1)布局设计窗口

布局设计窗口是一个以图形化的方式设计整个演示布局的功能窗口，在该窗口中可以显示演示的布局和媒体片段，并可以通过工具栏中的工具创建新的演示布局和修改已经建立的布局。(如图6－13)

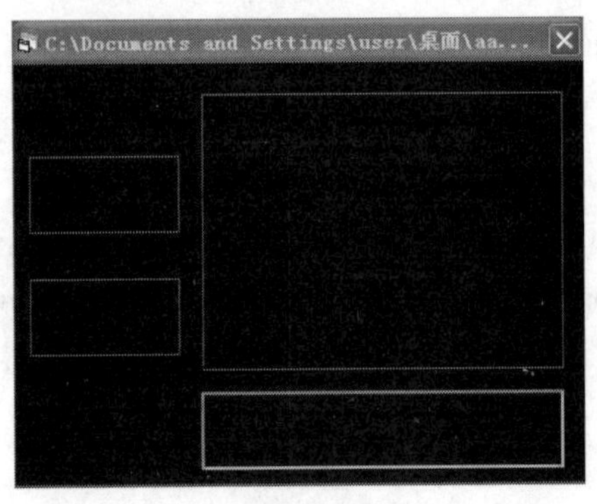

图6－13

(2)工具栏

工具栏中包括创建演示的各种工具，通过它可以快速地创建演示相关的各种元素，如创建和修改布局区域，创建和修改热区链接区域，显示和隐藏各种窗口，预览和发布演示等。(如图6－14)

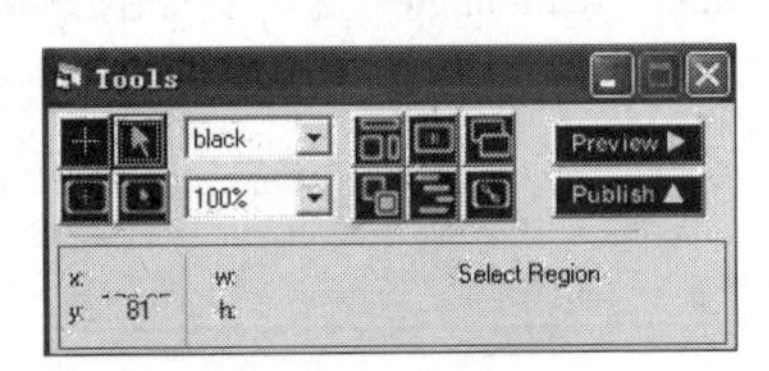

图6－14

(3)布局区域窗口

布局区域窗口显示演示说包含的各个布局区域的信息，如各个布局区域的名称、位置、大小、背景颜色、显示方式、分组情况、层次关系等，并可以通过该窗口创建新的布局区域或修改和已有的布局区域。(如图6－15)

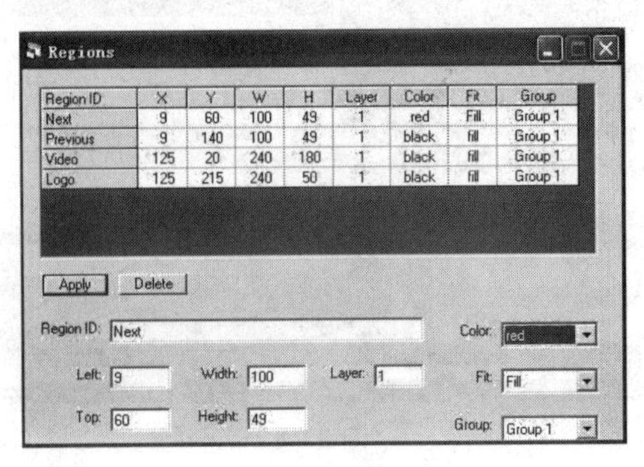

图6－15

(4)媒体片段库窗口

媒体片段库窗口包含演示中所有的媒体片段的基本信息,如媒体片段的名称、所在的布局区域、播放时间的控制以及链接的地址等。并可以新增、修改和删除媒体片段。(如图6－16)

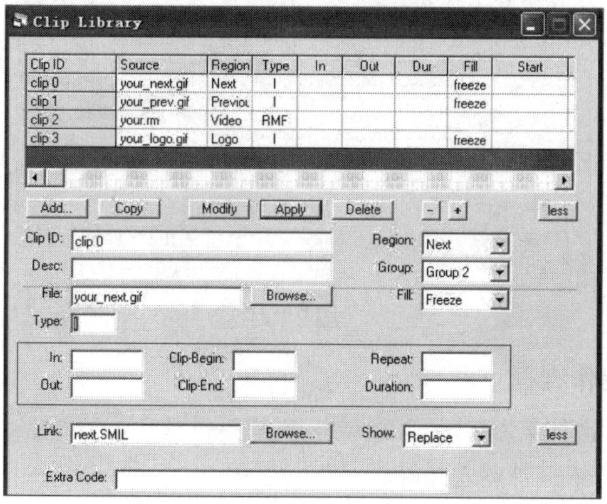

Clip Library
Clip ID
Source
Region
Type
In
Out
Dur
Fill
Start
clip 0
your_next.gif
Next
I
freeze
clip 1
your_prev.gif
Previou
I
freeze
clip 2
your.rm
Video
RMF
clip 3
your_logo.gif
Logo
I
freeze
Add...
Copy
Modify
Apply
Delete
less
Clip ID:
clip 0
Desc:
File:
your_next.gif
Browse...
Type:
Region:
Next
Group:
Group 2
Fill:
Freeze
In:
Out:
Clip-Begin:
Clip-End:
Repeat:
Duration:
Link:
next.SMIL
Browse...
Show:
Replace
less
Extra Code:

图6－16

(5)组窗口

组窗口中包含演示中的媒体片段的组合信息,控制哪些媒体片段是顺序播放,哪些是同时并行播放。(如图6－17)

Groups
Group ID
Playback
Extra Code
Group 1
Parallel
Group 2
Sequencial
Add...
Delete
Extra Code:
Apply

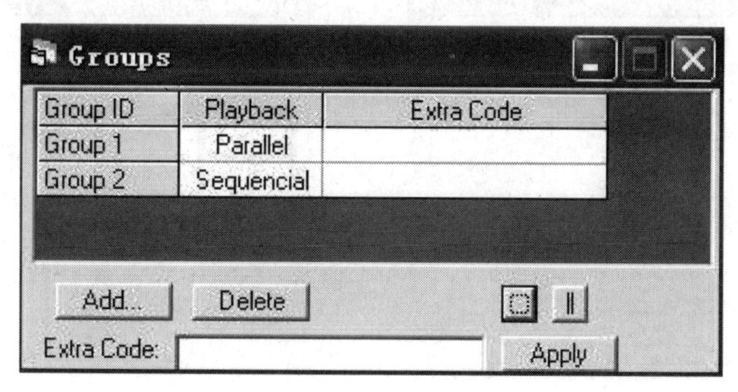

图6－17

(6)链接窗口

链接窗口包含演示中所有设定的链接的基本信息,如链接的名称、链接地址以及热区链接的范围、位置和分时链接的开始和结束等。可以通过该窗口创建、修改和删除链接。(如图6－18)

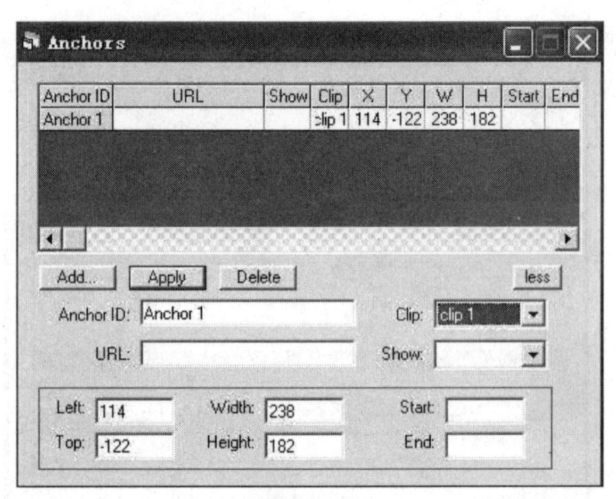

图6－18

2. Fluition 的操作流程

通过 Fluition 创建流媒体演示，可以使用系统提供的向导程序，也可以通过自定义的方式进行创建。下面介绍一下创建向导。

当运行 Fluition 程序后，系统启动向导程序。（如图6－19）

在向导窗口中，第一项是创建一个新的演示，第二项是通过模版创建新的演示，第三项是演示一个示例文件。选择第一项进入演示区域显示窗口，点击“Next”为建立的演示文件输入文件名。（如图6－20）

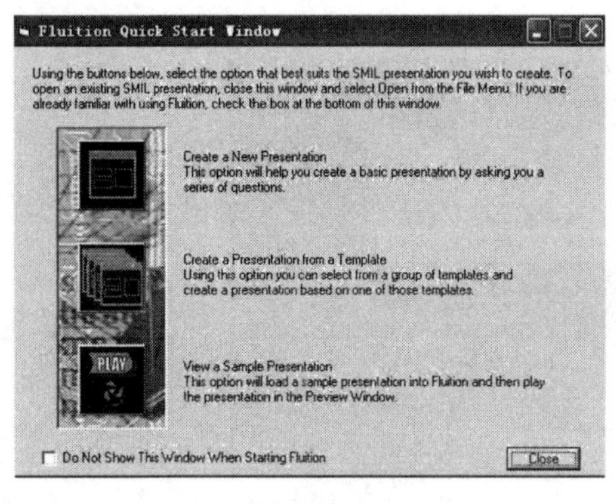

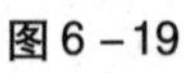
图6－19

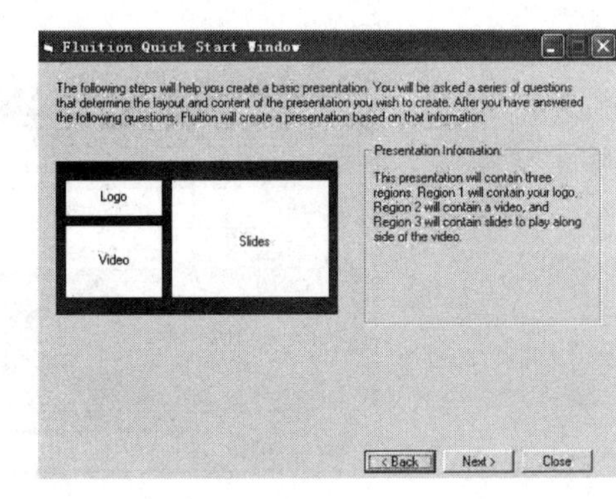

图6－20

点击“Next”进入添加媒体片段窗口，在窗口中为相应位置的演示区域确定媒体片段，并可以添加链接。（如图6－21）

重复以上步骤，直到将所有演示的区域全部添加完成，点击“Finish”完成设置，进入主界面，显示刚才设置的演示区域和演示所用的媒体片段的信息。此时一个基本的流媒体演示已经建立完成，我们点击“工具栏”中的“Preview”按钮，可以预览你创建的流媒体演示。（如图6－22）

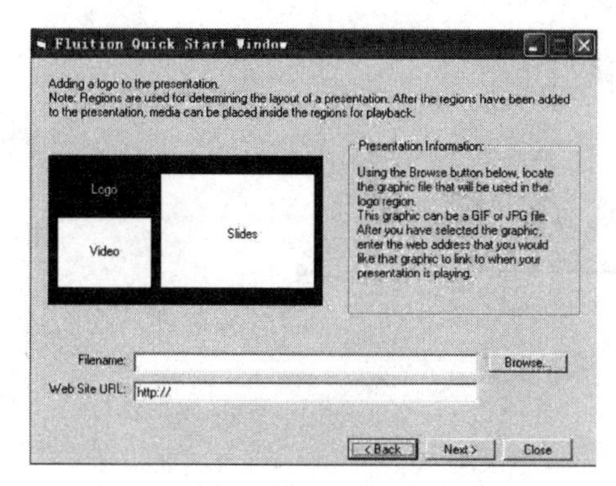

图 6－21

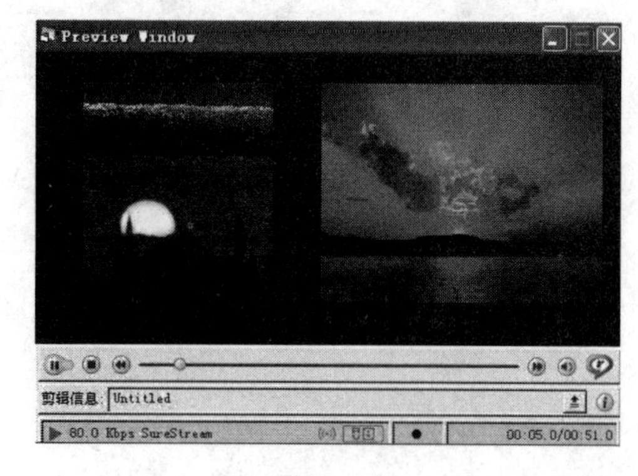

图 6－22

通过上面的预演窗口可以看到，整个演示窗口划分了三个区域，分别按照相应的位置和大小排布，各个媒体片段分别在相应的区域内播放。

以上是通过向导建立一个流媒体演示的基本步骤，我们还可以通过自定义的方式建立演示，两者都可以完成流媒体演示的建立，但通过向导建立比较简单，适合于初学者使用。自定义方式相对比较复杂，但可以更充分地发挥 Fluition 软件的功能，可以制作出较为复杂的流媒体演示。

本章思考题

1. 简述 SMIL 语言的基本特点。

2. 根据要求编写 SMIL 程序。

要求：(所有文件在同一目录下)

播放窗口为 300×300，背景色为黄色，在播放窗口中分别设置一个视频播放区域和一个字幕显示区域。其中视频播放区域的位置是距播放窗口左边缘 20 像素，上边缘 20 像素，大小为 250×200；字幕显示区域的位置是距播放窗口左边缘 20 像素，上边缘 240 像素，大小为 250×50，背景颜色为白色，所有区域中显示的内容均自动适应播放区域的大小。在视频播放区域显示 video. rm，并在其中心四分之一区域建立一个热区，点击后在一个新窗口中播放 video1. rm。在字幕显示区域显示 text. txt。

CHAPTER 7

第七章

移动流媒体技术

【**内容提要**】随着通信技术的不断发展，移动互联网技术逐渐成熟，流媒体技术也从固定网络向移动互联网方面发展，而且基于移动互联网的移动流媒体技术在传输多媒体内容时更具有实时性、移动性和便捷性等特点。本章包括“移动通信技术”、“移动流媒体技术”和“移动流媒体的未来”三个小节。

本章第一节主要讨论移动通信技术的产生和发展，移动通信技术的基本特点，详细介绍了GSM、GPRS、3G、4G移动通信技术的技术标准、基本结构、工作流程、相关特点和主要应用。

本章第二节主要讨论移动流媒体技术的基本概念，包括移动流媒体技术在世界各国的产生和发展历程，介绍了移动流媒体的系统基本构成，移动流媒体的主要业务范畴，同时简单介绍了移动流媒体协议和移动流媒体播放端的基本特点，也介绍了移动流媒体在当前的主要应用和目前发展中所遇到的问题。

本章第三节主要讨论移动流媒体的主要发展方向，从用户关注方面、行业发展方面、平台构建方面、内容建设方面及投入产出等运营方面分别讨论了移动流媒体在未来的发展趋势。

随着多媒体通信技术的高速发展，在Internet上流媒体技术已经广泛应用，如视频点播、在线影院、远程医疗、远程教育、交互式电视等，可以满足各个行业网络化发展的需要。随着无线网络通信技术的不断进步，特别是空中接口带宽的增加为流媒体业务的开展提供了良好的基础，同时结合无线网络系统不受时间、地点限制的特点，使得移动流媒体业务更具吸引力。

7.1 移动通信技术

7.1.1 移动通信技术概述

移动通信是指移动体之间或者移动体与固定体之间的通信，早期最具代表性的是20世纪70年代初美国贝尔实验室推出的蜂窝移动通信系统。如运动中的人、车、船、飞机等移动体之间的通信，分别构成了陆地、海上和空中移动通信。移动通信系统包括无绳电话、无线寻呼、陆地蜂窝移动通信等。移动通信不仅集中了无线电与有线电通信的最新技术成果，而且广泛地利用了网络和计算机等高新技术，它既能保证通信质量，又能实现通信主体的随意移动，大大提高了通信的覆盖范围。

1. 移动通信技术的产生

移动通信是随着无线电通信发明而产生。1897年，意大利人马可尼首先完成了无线通信的试验，拉开了移动通信技术发展的序幕。

现代移动通信技术的发展始于20世纪20年代，大致经历了五个发展阶段:

第一阶段从20世纪20年代至40年代，为早期发展阶段。在这期间，首先在短波几个频段上开发出专用移动通信系统，其代表是美国底特律市警察使用的车载无线电系统。该系统工作频率为2MHz，到40年代提高到30MHz～40MHz 可以认为这个阶段是现代移动通信的起步阶段，特点是专用系统开发，工作频率较低。

第二阶段从40年代中期至60年代初期。在此期间内，公用移动通信业务开始问世。1946年，根据美国联邦通信委员会(FCC)的计划，贝尔系统在圣路易斯城建立了世界上第一个公用汽车电话网，称为“城市系统”。当时使用三个频道，间隔为120kHz，通信方式为单工，随后，西德(1950年)、法国(1956年)、英国(1959年)等国相继研制了公用移动电话系统。美国贝尔实验室完成了人工交换系统的接续问题。这一阶段的特点是从专用移动网向公用移动网过渡，接续方式为人工，网的容量较小。

第三阶段从60年代中期至70年代中期。在此期间，美国推出了改进型移动电话系统(1MTS)，使用150MHz和450MHz频段，采用大区制、中小容量，实现了无线频道自动选择并能够自动接续到公用电话网。德国也推出了具有相同技术水平的B网。可以说，这一阶段是移动通信系统改进与完善的阶段，其特点是采用大区制、中小容量，使用450MHz频段，实现了自动选频与自动接续。

第四阶段从70年代中期至80年代中期。这是移动通信蓬勃发展时期。1978年年底，美国贝尔试验室研制成功先进移动电话系统(AMPS)，建成了蜂窝状移动通信网，大大提高了系统容量。1983年，在芝加哥投入商用。同年12月，在华盛顿也开始启用。之后，服务区域在美国逐渐扩大。到1985年3月已扩展到47个地区，约10万移动用户。其他工业化国家也相继开发出蜂窝式公用移动通信网。日本于1979年推出800MHz汽车电话系统

（HAMTS），在东京、大阪、神户等地投入商用。西德于1984年完成C网，频段为450MHz。英国在1985年开发出全地址通信系统（TACS），首先在伦敦投入使用，以后覆盖了全国，频段为900MHz。法国开发出450系统。加拿大推出450MHz移动电话系统MTS。瑞典等北欧四国于1980年开发出NMT—450移动通信网，并投入使用，频段为450MHz。

这一阶段的特点是蜂窝状移动通信网成为实用系统，并在世界各地迅速发展。移动通信大发展的原因，除了用户要求迅猛增加这一主要推动力之外，还有几方面技术进展所提供的条件。首先，微电子技术在这一时期得到长足发展，这使得通信设备的小型化、微型化有了可能性，各种轻便电台被不断地推出。其次，提出并形成了移动通信新体制。随着用户数量增加，大区制所能提供的容量很快饱和，这就必须探索新体制。在这方面最重要的突破是贝尔试验室在70年代提出的蜂窝网的概念。蜂窝网，即所谓小区制，由于实现了频率再用，大大提高了系统容量。可以说，蜂窝概念真正解决了公用移动通信系统要求容量大与频率资源有限的矛盾。第三方面进展是随着大规模集成电路的发展而出现的微处理器技术日趋成熟以及计算机技术的迅猛发展，从而为大型通信网的管理与控制提供了技术手段。

第五阶段从80年代中期开始。这是数字移动通信系统发展和成熟时期。模拟蜂窝网虽然取得了很大成功，但也暴露了一些问题。如频谱利用率低，移动设备复杂，费用较贵，业务种类受限制以及通话易被窃听等，最主要的问题是其容量已不能满足日益增长的移动用户需求。数字无线传输的频谱利用率高，可大大提高系统容量。另外，数字网能提供语音、数据多种业务服务，并与ISDN等兼容。实际上，早在70年代末期，当模拟蜂窝系统还处于开发阶段时，一些发达国家就着手数字蜂窝移动通信系统的研究。到80年代中期，欧洲首先推出了泛欧数字移动通信网（GSM）的体系。随后，美国和日本也制定了各自的数字移动通信体制。泛欧网GSM于1991年7月开始投入商用，预计1995年将覆盖欧洲主要城市、机场和公路。目前，我们正处在这一阶段的第三代数字移动通信系统时代。在这一阶段中通信频带进一步加宽，数据业务所占的比重大幅度增加，全面走向了移动多媒体通信。

2. 移动通信技术的特点

（1）终端用户的移动性

移动通信的主要特点在于用户的移动性，需要随时知道用户当前位置，以完成呼叫、接续等功能；用户在通话时的移动性，还涉及频道的切换问题等。

（2）无线接入方式

移动用户与基站系统之间采用无线接入方式，频率资源的有限性、用户与基站系统之间信号的干扰（频率利用、建筑物的影响、信号的衰减等）、信息（信令、数据、话路等）的安全保护（鉴权、加密）等。

（3）漫游功能

移动通信网之间的自动漫游，移动通信网与其他网络的互通（公用电话网、综合业务数字网、数据网、专网、现有移动通信网等），各种业务功能的实现等（电话业务、数据业务、短消息业务、智能业务等）。

7.1.2 GSM

GSM 的全称为 Global System for Mobile Communications，中文译为全球移动通讯系统，也就是我们平时俗称的“全球通”，它是欧洲开发的数字移动电话网络标准，目的是让全球各地共同使用一个移动电话网络标准，让用户使用一部手机就能行遍全球。GSM 系统包括 GSM 900:900MHz、GSM1800:1800MHz 及 GSM-1900:1900MHz 等几个频段。

1. GSM 的产生

GSM 数字移动通信系统始于欧洲。在 20 世纪 80 年代初欧洲已有几大模拟蜂窝移动系统在运营，如北欧国家的北欧移动电话(NMT)、英国的全接入通信系统(TACS)等，西欧其他各国也都提供移动业务。当时这些系统都是国内系统，不能在国外使用。为了方便全欧洲统一使用移动电话，就需要一种公共的系统，1982 年北欧国家向欧洲邮电行政大会(CEPT)提交了一份建议书，建议制定 900MHz 频段的公共欧洲电信业务规范。于是在这次大会上成立了一个隶属于欧洲电信标准学会(ETSI)技术委员会的“移动特别小组”(Group SpecialMobile)简称为“GSM”，以制定有关的标准和建议书。

1986 年在巴黎，该小组对欧洲各国及各电信公司所提出的八个建议系统进行了现场实验。

1987 年 5 月 GSM 成员国就数字系统采用的话音编码、调制方式等技术内容达成一致意见。同年，欧洲 17 个国家的运营者和管理者签署了谅解备忘录(MoU)，相互达成履行规范的协议。与此同时还成立了 MoU 组织，致力于 GSM 标准的发展。

1990 年 GSM900 规范完成，1991 年在欧洲开通了第一个系统，同时 MoU 组织为该系统设计和注册了市场商标，将 GSM 更名为“全球移动通信系统”(Globa1 system for Mobile communications)。从此移动通信跨入了第二代数字移动通信系统。同年，移动特别小组还完成了制定 1800MHz 频段的公共欧洲电信业务的规范，名为 DCS1800 系统。该系统与 GSM900 具有同样的基本功能特性，绝大部分二者是通用的，通称为 GSM 系统。

1992 年大多数欧洲 GSM 运营者开始商用业务。到 1994 年 5 月已有 50 个 GSM 网在世界上运营，10 月总客户数已超过 400 万，国际漫游客户每月呼叫次数超过 500 万，客户平均增长超过 50%。1993 年欧洲第一个 DCS1800 系统投入运营。到 1994 年已有六个运营者采用了该系统。

目前，全球的 GSM 移动用户已经超过 5 亿，覆盖了全球十二分之一的人口，GSM 技术在世界数字移动电话领域所占的比例已经超过 70%。由于 GSM 相对模拟移动通讯技术是第二代移动通信技术，所以简称 2G。

中国自从 1992 年在嘉兴建立和开通第一个 GSM 演示系统，并于 1993 年 9 月正式开放业务以来，全国各地的移动通信系统中大多采用 GSM 系统，使得 GSM 系统成为目前我国最成熟和市场占有量最大的一种数字蜂窝系统。中国拥有 8000 万以上的 GSM 用户，是世界第一大运营网络。

2. GSM 的基本结构

GSM 数字移动系统由移动台(MS)、基站子系统(BSS)、网络交换子系统(NSS)、操作维护子系统(OSS)等四个部分组成。基站子系统由基站收发信机(BTS)和基站控制器(BSC)两类设备组成。网络和交换子系统包括移动交换中心(MSC)、拜访位置寄存器(VLR)、归属位置寄存器(HLR)、监权中心(AUC)、移动设备识别寄存器(EIR)等功能部分。(如图7-1)

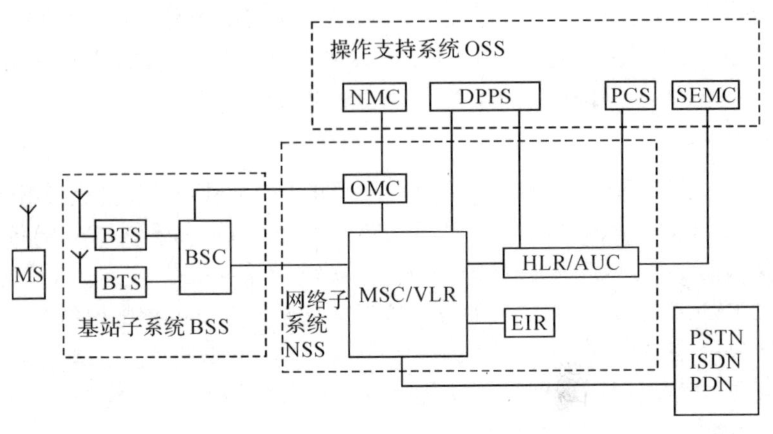

图7-1

(1)移动台(MS)

MS是GSM系统的移动用户终端设备,主要由两部分组成,移动终端和客户识别卡(SIM卡)。移动终端就是硬件设备,如手机、车载台、便携台等,主要完成话音编码、信道编码、信息加密、信息的调制和解调、信息发射和接收等功能。SIM卡就是软件设备,主要用来存储认证客户身份所需的所有信息,并能执行一些与安全保密有关的重要信息,以防止非法客户进入网路。SIM卡还存储与网路和客户有关的管理数据,只有插入SIM卡后移动终端才能接入网络。

(2)基站子系统(BSS)

BSS是在一定的无线覆盖区中由移动业务交换中心(MSC)控制,与MS进行通信的系统设备,它主要负责完成无线发送接收和无线资源管理等功能。主要由基站控制器(BSC)和基站收发信台(BTS)组成。

BSC可以控制一个或多个BTS,主要负责无线网路资源的管理、小区配置数据管理、功率控制、定位和切换等功能。

BTS是无线接口设备,由BSC控制,主要负责无线传输,完成无线与有线的转换、无线分集、无线信道加密、跳频等功能。

(3)网络交换子系统(NSS)

NSS主要负责GSM系统的交换功能,主要负责用户数据管理、移动性管理、安全性管理所需的数据库功能。对GSM移动用户间通信和GSM移动用户与其他通信网用户间通信起管理作用,由以下几部分组成。

①移动业务交换中心(MSC)

主要用于对位于其所覆盖区域中的移动台进行控制和完成话路交换,是移动通信系统与其他公用通信网之间的接口。

②拜访位置寄存器(VLR)

是一个数据库,主要用于存储 MSC 为了处理所管辖区域中 MS 的来话、去话呼叫所需检索的信息。

③归属用户位置寄存器(HLR)

是一个数据库,主要用于存储管理部门用于移动客户管理的数据。

④监权中心(AUC)

主要用于存储鉴权信息和加密密钥,防止无权用户接入系统和防止无线接口中数据被窃。

⑤移动设备识别寄存器(EIR)

是一个数据库,用于存储有关移动台的设备参数。

(4)操作支持子系统(OSS)

主要用于移动用户管理、移动设备管理及网路操作和维护。包括网路管理中心(NMC),安全性管理中心(SEMC),集中计费管理的数据后处理系统(DPPS)、用户识别卡个人化管理中心(PCS)等。

3. GSM 系统工作流程

GSM 系统将服务区域划分成多个无线小区,每个小区设置基站,负责小区内通信和控制;并设置移动交换控制中心,统一控制所有基站的工作并与市话局连接,实现正常通信。

(1)移动台进入无线小区,监听广播控制信道信息,通过接收机搜寻是否有寻呼自己的寻呼信息。

(2)发现有寻呼信息或移动台要发出信息时,由随机接入信道向移动业务中心申请接入。

(3)交换中心接收到基站的要求接入信息后,在下行的接入准许信道上为移动台分配独立的专用控制信道。

(4)在专用信道上,移动台和交换中心进行权力鉴别和业务信道建立前的信令交换,分配业务信道。

(5)移动台接收到基站的分配指令,调谐到指定的业务信道实现通话。

4. GSM 的业务

GSM 主要提供两类业务,即基本业务和补充业务。

(1)基本业务

GSM 的基本业务主要包括电话业务、紧急呼叫业务、短消息业务、语音信箱业务和传真与数据通信业务。

①电话业务主要提供移动用户与固定用户之间的实时双向通话或两个移动用户间的实时双向通话。

②紧急呼叫业务源于电话业务,允许数字移动客户在紧急情况下,进行紧急呼叫操作,如拨打 119、110 或 120 等时,依据客户所处基站位置,就近接入火警中心、匪警中心和急救中心等。紧急呼叫业务优先于其他业务,在移动台没有插入客户识别卡(SIM)或移动客户处于

锁定状态时，也可以使用。

③短消息业务分为两种，即移动台起始、移动台终止的点对点的短消息业务和一点对多点的小区广播短消息业务。移动台起始的短消息业务能使 GSM 客户发送短消息给其他 GSM 点对点客户；点对点移动台终止的短消息业务，可使 GSM 客户接收由其他 GSM 客户发送的短消息。

点对点的短消息业务是由短消息业务中心完成存储和前转功能的。点对点的信息发送或接收可在 MS 处于呼叫状态时进行，也可在空闲状态下进行。当其在控制信道内传送时，信息量限制为 160 个字符。

一点对多点的小区广播短消息业务是指在 GSM 移动通信网某一特定区域内以有规则的间隔向 MS 重复广播具有通用意义的短消息，如道路交通信息、天气预报等。移动台连续不断地监视广播消息，并在移动台上向客户显示广播短消息。此种短消息也是在控制信道上发送，移动台只有在空闲状态时才可接收，其最大长度为 92 个字符。

④语音信箱业务可以按声音信息归属于某用户来存储声音信息，用户可根据自己的需要随时提取。有三种主要的操作，用户留言、用户以自己的 GSM 移动电话提取留言和用户以其他电话提取留言。

⑤传真与数据通信业务可以收发传真、阅读电子邮件、访问 Internet、登录远程服务器等。

（2）补充业务

GSM 补充业务是在基本业务的基础之上提供，必须首先进行申请，在获得某项补充业务的使用权后才能使用。主要有号码识别类补充业务、呼叫提供类补充业务、呼叫限制类补充业务、呼叫完成类补充业务等。

①号码识别类补充业务主要有主叫号码识别显示、主叫号码识别限制、被连号码识别显示和被连号码识别限制等。

②呼叫提供类补充业务主要有无条件呼叫转移、遇忙呼叫转移、无应答呼叫转移和不可及呼叫转移等。

③呼叫限制类补充业务主要有闭锁所有出呼叫、闭锁所有国际出呼叫、闭锁除归属 PLMN 国家外所有国际出呼叫、闭锁所有入呼叫和当漫游出归属 PLMN 国家后，闭锁入呼叫等。

④呼叫完成类补充业务主要有呼叫等待、呼叫保护等。

此外，补充业务还包括多方通信类补充业务（如三方通信）、集团类补充业务（如移动虚拟网）和计费类补充业务等。

5. GSM 的特点

（1）频谱利用率更高，号码资源丰富，进一步提高了系统容量。

（2）提供了一种公共标准，便于实现全自动国际漫游，在 GSM 系统覆盖到的地区均可提供服务。

（3）能提供新型非话业务。

（4）信息传输时保密性好，入网信息安全性高。

（5）数字无线传输技术抗衰落性能较强，不易受干扰，通话死角少，信息灵敏，传输质量高，话音质量好。

（6）可降低成本费用，减小设备体积，电池有效使用时间较长。

7.1.3 GPRS

GPRS 全称为 General Packet Radio Service，中文译为通用分组无线业务。它是以全球移动通信系统（GSM）为基础的数据传输技术，突破了 GSM 网只能提供电路交换的思维方式，通过增加相应的功能实体和对现有的基站系统进行部分改造来实现分组交换。GPRS 和以往连续在频道传输的方式不同，是以封包（Packet）为单位来传输，用户所负担的费用是以其传输资料单位计算，并非使用其整个频道，理论上较为便宜。其传输速率也可提升至 56 甚至 114Kbps，用户可以方便地联机上网，参加视频会议等互动传播。

1. GPRS 系统的组成

GPRS 是在 GSM 系统的基础上增加一些组件构成的，主要有三个组件，即 GPRS 服务支持结点（SGSN, Serving GPRS Supporting Node）、GPRS 网关支持结点（GGSN, Gateway GPRS Support Node）和分组控制单元（PCU）。（如图 7－2）

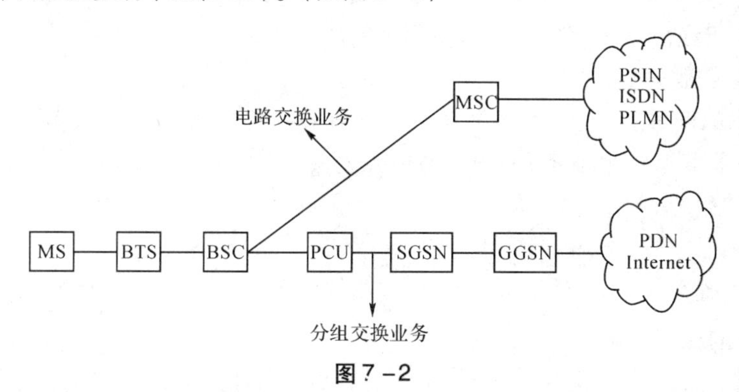

图 7－2

（1）分组控制单元（PCU）采用高性能的分组处理平台，与 BSC、BTS 一起构成 GPRS BSS，主要完成 BSS 侧的分组业务处理和分组无线信道资源的管理。

（2）GPRS 服务支持结点（SGSN）主要作用是记录移动台的当前位置信息，并且在移动台和 GGSN 之间完成移动分组数据的发送和接收。

（3）GPRS 网关支持结点（GGSN）主要是起网关作用，它可以和多种不同的数据网络连接，如 ISDN、PSPDN 和 LAN 等。GGSN 还可以把 GSM 网中的 GPRS 分组数据包进行协议转换，从而可以把这些分组数据包传送到远端的 TCP/IP 或 X.25 网络。

2. GPRS 的特点

（1）可充分利用现有资源 GSM 网络，方便、快速、低成本地为用户数据终端提供远程接入网络。

（2）传输速率高，GPRS 数据传输速度可达到 57.6Kbps，最高可达到 115Kbps—170Kbps，完全可以满足用户应用的需求，下一代 GPRS 业务的速度可以达到 384Kbit/s。

(3)接入时间短，GPRS 接入等待时间短，可快速建立连接，平均为两秒。

(4)提供实时在线功能，用户将始终处于连线和在线状态，这将使访问服务变得非常简单、快速。

(5)按流量计费，GPRS 用户只有在发送或接收数据期间才占用资源，用户可以一直在线，按照用户接收和发送数据包的数量来收取费用，没有数据流量的传递时，用户即使挂在网上也是不收费的。

3. GPRS 提供的业务

(1)点对点面向无连接网络业务(PTP－CLNS)

PTP－CLNS 属于数据报类型业务，各个数据分组彼此互相独立，用户之间的信息传输不需要端到端的呼叫建立程序，分组的传送没有逻辑连接，分组的交付没有确认保护，主要支持突发非交互式应用业务，是由 IP 协议支持的业务。

(2)点对点面向连接的数据业务(PTP－CONS)

PTP－CONS 属于虚电路型业务，它为两个用户或多个用户之间传送多路数据分组建立逻辑虚电路(PVC 或 SVC)。PTP－CONS 业务要求有建立连接、数据传送和连接释放工作程序。PTP－CONS 支持突发事件处理和交互式应用业务，是面向连接网络协议，如 X. 25 协议支持的业务，在无线接口，利用确认方式提高可靠性。

(3)点对多点数据业务(PTM)

GPRS 提供的点对多点业务可根据某个业务请求者要求，把信息送给多个用户，又可细分为点对多点多信道广播业务(PTM－M)、点对多点群呼业务(PTM－G)、IP 广播业务(IP－M)。

(4)其他业务

包括 GPRS 补充业务、GSM 短消息业务、匿名的接入业务和各种 GPRS 电信业务。

4. GPRS 的应用

GPRS 应用主要分为面向个人用户和面向公众用户两种。

(1)面向个人用户

主要包括上网浏、Email、文件传输、数据库查询、增强型短消息等业务。

(2)面向公众用户

主要包括金融、证券和商业应用，如无线 POS、无线 ATM、自动售货机等；实时公众信息发布，如股市动态、天气预报、交通信息等的发布；远程监控维护系统，如银行储蓄点机房监控、通信行业远端无人值守站机房监控和远程维护等；移动性数据查询系统，如公安移动性数据(身份证、犯罪档案等)查询；城市公用事业实时监控维护系统，如自来水、污水管网实时监控和维护、热力系统实时监控和维护、电力系统城市中压电网实时监控和自动补偿等。

7.1.4 3G

3G 是英文 3rd Generation 的缩写，指第三代移动通信技术。相对第一代模拟网络(1G)和第二代 GSM、CDMA(2G)，第三代移动通信技术，是指将无线通信与国际互联网等多媒体通信结合的新一代移动通信系统。它能够处理图像、音乐、视频流等多种媒体形式,提供包括网页浏览、电话会议、电子商务等多种信息服务。为了提供这种服务,无线网络必须能够支持不同的数据传输速度,也就是说在室内、室外和行车的环境中能够分别支持至少2Mbps、384Kbps和144Kbps的传输速度。

1.主要的3G技术标准

国际电信联盟(ITU)在2000年5月确定W-CDMA、CDMA2000和TD-SCDMA三大主流无线接口标准。

(1)W-CDMA

即WidebandCDMA,也称为CDMADirectSpread,意为宽频分码多重存取,其支持者主要是以GSM系统为主的欧洲厂商,日本公司也或多或少参与其中,包括欧美的爱立信、阿尔卡特、诺基亚、朗讯、北电以及日本的NTT、富士通、夏普等厂商。这套系统能够架设在现有的GSM网络上,对于系统提供商而言可以较轻易地过渡,而GSM系统相当普及的亚洲对这套新技术的接受度预料会相当高。

(2)CDMA2000

CDMA2000也称为CDMA Multi-Carrier,由美国高通北美公司为主导提出,摩托罗拉、Lucent和后来加入的韩国三星都有参与,韩国现在成为该标准的主导者。这套系统是从窄频CDMA One数字标准衍生出来的,可以从原有的CDMA One结构直接升级到3G,建设成本低廉。但目前使用CDMA的地区只有日、韩和北美,所以CDMA2000的支持者不如W-CDMA多。不过CDMA2000的研发技术却是目前各标准中进度最快的,许多3G手机已经率先面世。

(3)TD-SCDMA

该标准是由中国大陆独自制定的3G标准,1999年6月29日,中国原邮电部电信科学技术研究院(大唐电信)向ITU提出。该标准将智能无线、同步CDMA和软件无线电等当今国际领先技术融于其中,在频谱利用率、对业务支持具有灵活性、频率灵活性及成本等方面的独特优势。另外,由于中国内的庞大的市场,该标准受到各大主要电信设备厂商的重视,全球一半以上的设备厂商都宣布可以支持TD-SCDMA标准。

2.3G的主要技术

(1)多址技术

3G系统采用码分多址技术,扩频码的选择至关重要。其采用直接序列(DS,direct sequence)扩展频谱方法。利用宽带伪噪声序列(PN,pseudonoise)的线性调频来产生信号。这些序列,或称为扩频码,把信号扩展到一个很宽的频带上,有效地降低了信号的频谱干扰。

(2)信道编码

扩频技术有利于克服多径衰落以提供高质量的传输信道,但扩频系统存在潜在的频谱效率非常低的缺点。所以,系统中必须采用信道编码技术以进一步改善通信质量。目前,主要采用前向信道纠错编码和交织技术以进一步克服衰落效应。编码和交织都极大地依赖于信道的特征和业务的需求。不仅对于业务信道和控制信道采用不同的编码和交织技术,而且对于同一信道的不同业务也采用不同的编码和交织技术。目前，主要有分组编码、卷积码和格码调制等几种方式。

(3)功率控制

功率控制技术是解决远近效应的有效方法。在上行链路，为了克服宽带系统的远近效应，需要动态范围达 80dB 的功率控制。上行链路功率控制方式分开环和闭环两种，闭环功率控制包括内环功控和外环功控。开环功率控制主要用来克服距离衰减，闭环功率控制用于克服多普勒频率产生的衰落，以此保证基站接收到的所有移动台信号具有相同的功率。在下行链路中，为了实现快速和自适应的功控算法，也插入功控子信道实现前向的闭环功控。

(4)智能天线

智能天线也叫自适应阵列天线，它由天线阵、波束形成网络、波束形成算法三部分组成。它通过满足某种准则的算法去调节各阵元信号的加权幅度和相位，从而调节天线阵列的方向图形状，达到增强所需信号，抑制干扰信号的目的。智能天线可以用信号入射方向上的差别，将同频率、同时隙的信号区分开来，从而达到成倍地扩展通信系统容量的目的。

(5)多用户检测

通信系统中的传统检测器都是单用户检测器，它将所需用户的信号当作有用信号，而将其他用户的信号都作为干扰信号对待。因此单用户检测器不能充分利用信道容量。多用户检测的基本思想就是把所有用户的信号都当作有用信号，而不是干扰信号来处理，这样就可以充分利用各用户信号的用户码、幅度、定时和延迟等信息，从而大幅度地降低多径多址干扰。目前，主要有两种基本的方法来实现多用户检测：一是线性检测法，它的基本想法是通过线性变换来消除不同用户间的相关性，使得送入每个用户的检测器的信号只与自己的信号相关；二是相减式干扰对消器，它在送入匹配滤波器输入端的信号中减去本地估计出的来自其他用户的多址干扰，从而消除多址干扰。

(6)切换技术

由于移动通信系统采用蜂窝结构，所以，移动台在跨越空间划分的小区时，必然要进行越区切换，即完成移动台到基站的空中接口的转移，以及基站到网入口和网入口到交换中心的相应的转移。在第一和第二代移动通信系统中都采用越区硬切换方式，硬切换使通信容易中断。3G 系统将在使用相同载波频率的小区间实现软切换，即移动用户在越区时可以与两个小区的基站同时接通，只相应改变扩频码，即可做到“先接通再断开”的交换功能，从而大大改善了切换时的通话质量。

(7)信道结构及上层协议信令

3G 系统的用户巨大，且要实现全球范围的漫游，各种资源的管理控制十分复杂和庞大，这就要求信道结构合理，各种协议信令丰富完善。3G 系统的无线空中接口将采用分层结构及协议，这些协议包括用户平面、控制平面和控制平面传递信令，如呼叫控制、移动性管理、无线载波控制、无线资源控制等。

(8)软件无线电

软件无线电是对无线传输系统的革命,它被称为"无线电世界的个人计算机"。软件无线电的核心思想是在尽可能靠近天线的地方使用 A/D 和 D/A 转换器,在通用的硬件平台上,尽可能通过软件来定义无线电的功能。

3.3G 的局限性

3G 技术在其发展的过程中也表现出一些需要改进的局限性。

(1)难以达到较高的通信速率

3G 采用的是 CDMA 技术,由于其本身是一个自扰系统,所有的移动用户都占用相同的带宽和频率,因此在系统容量有限的情况下,用户数越多,越难达到较高的通信速率,不能够满足用户对高速多媒体业务的要求。

(2)难以提供动态范围多速率业务

由于 3G 空中接口标准对核心网有所限制,因此 3G 将难以提供具有多种 QoS 及性能的各种速率的业务,对移动流媒体的发展产生阻碍。

(3)难以实现不同频段的不同业务环境间的无缝漫游

由于采用不同频段的不同业务环境,需要移动终端配置有相应不同的软、硬件模块,而 3G 移动终端目前尚不能够实现多业务环境的不同配置。

7.1.5 4G

4G 是第四代无线传输技术的缩写,它是宽带移动通信阶段,是继 3G 的另一个阶段。随着 Internet 及多媒体技术的快速发展,用户越来越不满足仅仅通过语音进行沟通的单一通信方式,以及人与人的单一通信对象。人们希望移动通信系统能够提供更广泛的业务种类,例如因特网接入、图像传送、视频点播、数据互传甚至实时的观看电视节目等数据或多媒体业务。同时也希望能够从目前的人与人之间的通信发展到人与机器甚至机器与机器之间的通信。

4G 是集 3G 与 WLAN 于一体,能够传输高质量视频图像,其图像传输质量与高清晰度电视不相上下。4G 系统能够以 100Mbps 的速度下载,比目前的拨号上网快 2000 倍,上传的速度也能达到 20Mbps,并能够满足几乎所有用户对于无线服务的要求。

1.4G 的特点

(1)具有较高的传输速率和传输质量

4G 系统能够承载大量的多媒体信息,具备 50Mbit/s - 100Mbit/s 的最大传输速率、非对称的上下行链路速率、地区的连续覆盖、QoS 机制、较低的比特开销等功能。

(2)灵活多样的业务功能

4G 系统能使各类媒体、通信主机及网络之间进行"无缝"连接,使得用户能够自由的在各种网络环境间无缝漫游,并觉察不到业务质量上的变化,要具备媒体转换、网间移动管理及鉴权、代理等功能。

(3)开放的平台

4G 系统在移动终端、业务节点及移动网络机制上具有“开放性”，使得用户能够自由的选择协议、应用和网络。让应用业务提供商及内容提供商能够提供独立于操作的业务及内容。使定位信息和计费信息能够在各个网络和各类应用之间共享。

(4) 高度智能化的网络

4G 系统是一个高度自治、自适应的网络，具有很好的重构性、可变性、自组织性等，以便于满足不同用户在不同环境下的通信需求。

(5) 高度可靠的鉴权及安全机制

4G 系统是一个基于分组数据网络，要保证数据的安全可靠性和用户对整个网络的信任程度。

2. 4G 的主要技术

4G 系统在有限的频谱资源上实现高速率和大容量，需要频谱效率极高的技术。MIMO 技术充分开发空间资源，利用多个天线实现多发多收，在不需要增加频谱资源和天线发送功率的情况下，可以成倍地提高信道容量。OFDM 技术是多载波传输的一种，其多载波之间相互正交，可以高效地利用频谱资源。此外 OFDM 将总带宽分割为若干个窄带子载波可以有效地抵抗频率选择性衰落。

(1) MIMO 技术

MIMO 技术全称为 Multiple – Input Multiple – Out – put，该技术最早是由 Marconi 于 1908 年提出的，它利用多天线来抑制信道衰落。根据收发两端天线数量，相对于普通的 SISO (Single – Input Single – Output) 系统，MIMO 包括 SIMO (Single – Input Multi – ple – Output) 系统和 MISO (Multiple – Input Single – Output) 系统。

利用 MIMO 信道可以成倍地提高无线信道容量，在不增加带宽和天线发送功率的情况下，频谱利用率可以成倍地提高。同时其还可以提高信道的可靠性，降低误码率。前者是利用 MIMO 信道提供的空间复用增益，后者是利用 MIMO 信道提供的空间分集增益。实现空间复用增益的算法主要有贝尔实验室的 BLAST 算法、ZF 算法、MMSE 算法、ML 算法。ML 算法具有很好的译码性能，但是复杂度比较大，对于实时性要求较高的无线通信不能满足要求。ZF 算法简单容易实现，但是对信道的信噪比要求较高。性能和复杂度最优的就是 BLAST 算法。该算法实际上是使用 ZF 算法加上干扰删除技术得出的。目前 MIMO 技术领域另一个研究热点就是空时编码。常见的空时码有空时块码、空时格码。空时码的主要思想是利用空间和时间上的编码实现一定的空间分集和时间分集，从而降低信道误码率。

(2) OFDM 技术

正交频分复用技术 (OFDM) 是多载波调制 (MCM, Multi – Carrier Modulation) 的一种。其将信道分成若干正交子信道，将高速数据信号转换成并行的低速子数据流，调制到在每个子信道上进行传输。正交信号可以通过在接收端采用相关技术来分开，这样可以减少子信道之间的相互干扰。每个子信道上的信号带宽小于信道的相关带宽，因此每个子信道上都可以看成平坦性衰落，从而可以消除符号间干扰。而且由于每个子信道的带宽仅仅是原信道带宽的一小部分，信道均衡变得相对容易。

OFDM 技术具有很多优点。

①频谱利用率很高,频谱效率比串行系统高近一倍。

②抗多径干扰与频率选择性衰落能力强,由于 OFDM 系统把数据分散到许多个子载波上,大大降低了各子载波的符号速率,从而减弱多径传播的影响,若再通过采用加循环前缀作为保护间隔的方法,甚至可以完全消除符号间干扰。

③采用动态子载波分配技术能使系统达到最大比特率。通过选取各子信道,每个符号的比特数以及分配给各子信道的功率使总比特率最大。

④通过各子载波的联合编码,可具有很强的抗衰落能力。OFDM 技术利用了信道的频率分集,如果衰落不是特别严重,就没有必要再加时域均衡器。通过将各个信道联合编码,可以使系统性能得到提高。

7.2 移动流媒体技术

移动流媒体技术是网络音视频技术和移动通信技术发展到一定阶段的产物,它是在固定网络流媒体技术的基础上,融合移动网络通信技术之后所产生的新的流媒体技术。随着 3G 移动网络技术的逐步成熟,将移动流媒体技术引入移动增值业务,已经成为目前全球范围内移动业务研究的热点。

7.2.1 移动流媒体技术的发展

移动网络和移动终端的发展共同决定移动流媒体业务市场的发展进程。不同国家由于其移动运营商和设备制造商的已有基础和发展战略不同,移动流媒体业务市场的发展过程也不相同。

1. 韩国

(1)2002 年 7 月,韩国移动运营商 KTF 宣布开始在韩国提供基于 CDMA20001xEVDO 技术的移动流媒体服务。经过一年多的发展,以 Fimm 为品牌的高速数据服务的用户数就超过了 80 万,而且每个用户所贡献的业务收入远远高于普通用户。

(2)SK 电讯于 2003 年 11 月推出了第三代移动流媒体服务 June,经过短短八个月时间,用户数就突破 100 万。

(3)LGTelecom 于 2004 年年初开通了移动流媒体服务。

(4)目前韩国主要推出的移动流媒体业务内容有:

①音乐内容,主要包括最新 MTV、音乐大碟、音乐短片等。

②电影内容,主要包括新片预告、经典片段、影星专访等。

③体育内容,主要包括精彩赛事、棒球与足球比赛转播、射门集锦等。

④新闻内容,主要包括新闻播报、最新事件直播以及电视实时电视节目转播等。

⑤日常生活,主要包括生活节目和各种信息咨询等。

⑥交通信息,主要包括交通情况查询等。

⑦其他信息,主要包括屏保下载、文件传输和下载以及视频电子邮件和通过手机电子邮件方式订阅视频内容等。

2. 日本

日本最大的移动运营商 NTTDoCoMo 在日本已经提供基于 3G 的流媒体服务。服务内容包括实时监控、娱乐、新闻、体育等。

3. 中国台湾、中国香港

(1) APBW(亚太宽频,中国台湾)

APBW 是台湾省的第一个 CDMA2000 - 1X3G 移动运营商,最开始 APBW 采用韩国 SKT 的压缩标准,由于是私有标准,移动终端的终端播放器也要支持这种私有的标准。后来又转而支持工业标准 MPEG4。APBW 在 SamsungSCH - X789、AP - 1000、MotorolaMS - 100 等终端上提供视频服务。

主要提供的流媒体服务内容有:

①视频文件下载,主要包括电影、唱片发行预告等。

②在线视频,主要包括新闻、体育娱乐等。

③网络直播,主要包括新闻、路况、监控等。

(2) Hutchison3G(和记黄埔,中国香港)

和黄电信在全球推出了以"3"为品牌的各种 3G 服务,其中包括流媒体业务。视频压缩格式采用工业标准 MPEG4,音频压缩格式采用 AAC,文件格式采用 3GPP。视频片段的帧速率通常为 12 帧/秒。

(3) NewWorldMobility(中国香港)

该公司已经推出了通过移动终端进行实时视频监控的服务。

4. 北美和欧洲

(1)德国的运营商 T - Mobile、法国的 Orange 已经推出了基于 2.5G 网络 GPRS 的流媒体服务。服务内容主要包括新闻、信息、运动、游戏和音乐等。

(2)意大利的运营商 TelecomItalia 则提供了基于 WiFi 网络的流媒体服务。提供实时新闻、实时赛事报道等服务。

(3)美国的 CDMA 运营商 Verizon 推出了低速网络下的流媒体服务,采用 SlideShow 技术播放低速率的流媒体内容。

5. 中国的流媒体业务

(1)中国联通

2004 年 4 月,中国联通推出了"视讯新干线"业务品牌。中国联通的 CDMA1X 用户利用支持流媒体业务的智能手机,能在线观看电视、电影,进行视频点播和下载。此后,中国联通借助雅典奥运盛会,推出了雅典奥运手机直播服务。为了推动手机电视等移动流媒体业务的发展,中国联通联合内容提供商、终端制造商、系统集成商一起制定了统一的流媒体业务平台和终端规范，全面加快了产业链建设步伐。在内容建设方面，中国联通与央视、新华社、凤凰资讯台等达成了内容合作协议；在终端营销渠道建设方面，中国联通联手西伯尔科技公司，由西伯尔科技公司包销支持中国联通移动流媒体业务的LG手机，市场培育和拓展的力度日益加大。

(2)中国移动

2004年以来，中国移动全面加快了手机电视等移动流媒体业务的试验步伐。2004年8月，广东移动推出了通过手机观看奥运电视直播和精彩片断的手机电视业务。只要在支持流媒体的手机上安装一个手机视频播放软件，移动用户就可以通过GPRS网络在线收看奥运电视直播及奥运精彩瞬间回顾。此后，河北、四川、浙江、上海等省市移动公司也相继推出了手机电视业务。在产业链建设方面，中国移动联合专门的SP进行播放软件的开发以及视频资源的组织和优化工作；同时，还向多普达等厂家集中采购支持移动流媒体业务的手机，积极培育市场。2005年1月，上海移动与SMG在上海地区联手试播手机电视，在春节前夕推出了中国第一部手机短剧《新年星事》。

7.2.2 移动流媒体的系统结构

移动流媒体系统包括流媒体客户端(终端设备，如手机)、移动通信网接入网、移动通信网核心网、IP网络、流媒体内容服务器、流媒体内容缓冲服务器、用户终端档案服务器、门户网站、业务管理、DRM服务器、门户服务器等。其中，流媒体内容服务器(包括媒体制作和内容管理)和内容缓冲服务器构成了移动流媒体服务器的核心内容，而用户终端档案服务器、业务管理服务器、DRM服务器、门户服务器等作为公共的业务功能实体，构成了流媒体服务器的外围功能实体。移动流媒体业务可以采用IP或其他方式承载。下层承载网络支持GPRS，CDMA分组网络以及未来的3G分组网络。(如图7-3)

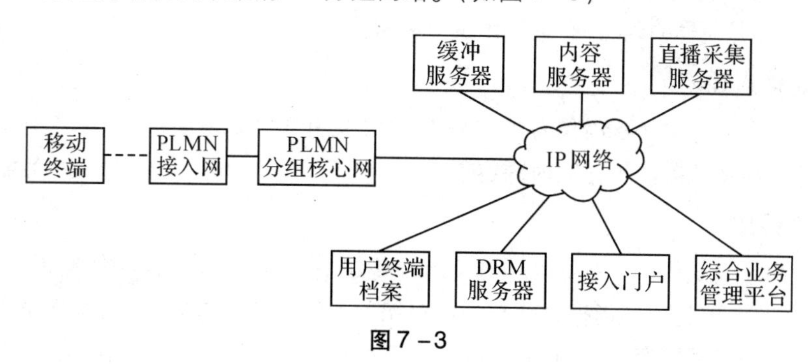

图7-3

1. 内容服务器

主要负责移动流媒体内容的保存、编辑、格式转换等功能，以及SP/CP和用户的管理等。

2. 缓冲服务器

主要用于用户访问的时候向内容服务器获取内容并进行缓存。在用户访问并播放远端的流媒体内容时，缓冲服务器使得媒体内容更靠近用户，可以平滑IP网络造成的时延抖动。

3. 直播采集服务器

主要用于对电视信号或实时监控信号进行编码,将需要传送的内容自动编码为符合用户使用要求的流媒体数据流,并转发给流媒体终端。可与内容服务器合并,也可单独设置。

4. 用户终端档案服务器

主要用于终端的流媒体业务支持能力协商。

5. 数字版权管理服务器(DRM)

主要负责流媒体内容的数字版权管理,可以是移动流媒体业务专用的 DRM 服务器,也可以作为公共的 DRM 服务器为其他业务提供数字版权管理的功能。

6. 综合业务管理服务器

主要负责 SP/CP 的管理,包括鉴权和认证等。

7. 接入门户服务器

主要用于实现用户浏览移动流媒体内容的入口和导航功能,可进行用户个性化设置、QoS 设置等,并可实现业务推荐和排行、流媒体业务预览和查询界面等功能,可为不同类型的终端提供不同的业务界面和业务集合。

7.2.3 移动流媒体的主要业务

移动流媒体业务根据数据内容的播放方式可以分为以下三种业务类型:

1. 流媒体点播(VOD)

内容提供商将预先录制好的多媒体内容编码压缩成相应的流媒体格式,存放在内容服务器上并把内容的描述信息以及链接放置在流媒体的门户网站上,终端用户可以通过访问门户网站,发现感兴趣的内容,有选择地进行播放。

2. 流媒体直播

流媒体编码服务器将实时信号编码压缩成相应的流媒体格式,并经由流媒体服务器分发到用户的终端播放器。根据实时内容信号源的不同,又可以分为电视直播、远程监控等。

3. 下载播放

终端用户将流媒体内容下载并存储到本地终端中,然后可以选择在任意时间进行播放。对于下载播放,主要的限制指标是终端的处理能力和终端的存储能力,内容提供商可以制作出较高质量的视音频内容,但需要考虑内容的下载时间及终端设备的存储空间。

7.2.4 移动流媒体协议

移动流媒体系统的传输协议与固定网络流媒体系统的传输协议基本上是一致的。视频、音频等流媒体数据主要通过 RTP/UDP 承载,而一些静态的图像、文本则可以使用 HTTP 进行承载。对于能力交换和表示描述可以使用 HTTP 或者 RTSP 进行封装,这取决于不同的实现方式。RTSP 和 SDP 用于会话建立和控制,MIME 描述媒体类型,RTP 是流媒体负载的传输协议。

实时传输协议(RTP)、实时传输控制协议(RTCP)、实时流协议(RTSP)等已经在本书第二章中介绍过了,这里讨论一下会话描述协议(SDP)。

RTSP 协议需要一个表示描述,以便说明一个流媒体会话的基本属性,包括媒体类型和格式、所需要的传输带宽、播放的时间范围、所需 Buffer 信息等。作为在移动网络中应用的一种对带宽和时延敏感的业务,这些信息对于保证移动终端用户的业务感受是非常重要的。

SDP 协议最初用于描述 SIP 会话中支持的媒体类型,严格地说它只是一种用于会话描述的格式,而不是一个传输协议,也不包含在媒体的编解码之中,而是用于在不同传输协议间的传递消息的通知协议,其主要目的是开展多媒体会话通知、邀请和会话的初始化工作。

3GPP 的 PSS 规范中使用 SDP 协议来实现 RTSP 的表示描述,并对 SDP 进行了必要的扩展,以便满足流媒体业务在移动网络中对 QoS 的需求。

对于移动流媒体应用,3GPP 在 PSS 规范中定义了一些扩展。SDP 对移动流媒体的扩展要求包括带宽参数扩展、用于 Buffer 管理的扩展、完整性保护扩展等。

7.2.5 移动流媒体的播放器

流媒体业务的发展和广泛应用与流媒体终端的处理能力和播放器性能有直接的关系。移动流媒体终端最重要的组成部分就是流媒体的播放器。如果终端没有流媒体播放器,那么流媒体业务的开展就无从谈起。一款终端之所以叫做流媒体终端,最显著的标志就是终端之中内置了流媒体的播放器。流媒体终端性能的高低将极大地影响流媒体业务的好坏。

1. 播放器的工作流程

(1)终端用户通过终端的 WAP 浏览器访问流媒体业务的手机门户网站,在流媒体手机门户上选择自己感兴趣的内容。

(2)流媒体门户网站将用户选中的内容的 URL 反馈给终端浏览器。

(3)用户选择播放这个内容,此时,终端的浏览器将会调用终端自身内置的流媒体播放器。

(4)终端的流媒体播放器启动,根据终端浏览器带给它的信息,与流媒体服务器建立连接,并保持该连接。

(5)终端播放器与流媒体服务器建立连接之后,终端播放器要能够接收流媒体服务器端传送过来的数据流,并进行正确的解码,为终端用户播放视频内容。在接收与解码的过程中,终端播放器要能够适应网络条件的变化,进行实时的容错处理,并且要根据用户的操作行为,如暂停、前进、后退、停止等操作,向流媒体服务器进行报告,以便流媒体服务器进行相应的处理。

2. 播放器的处理能力

播放器的处理能力是流媒体业务开展的保障条件之一。如果流媒体服务器传送是 100Kbps 的流媒体数据流,而播放器只能解 50Kbps 的数据流,就会造成流媒体播放器不能对数据流进行及时的解码,导致用户极差的观看效果。所以流媒体播放器的解码的码率一定要高于无线网络传送的流媒体数据流的码率。此外，移动流媒体播放器要有一定的存储空间，这一点一直以来都限制着移动流媒体播放器的使用，对于固定终端来说，存储空间早已不是一个发展的瓶颈了，目前固定终端的存储能力都在百 G 以上，用来存储多媒体信息绰绰有余。但是移动终端这点还有待于进一步提高。

3. 播放器所支持的媒体文件的格式

如果终端播放器所支持的媒体文件的格式越多，那么对流媒体业务的开展就越有利，对流媒体业务的限制就会越少。在现有的无线网络条件下，终端和服务器之间的传输带宽有限，所以要在这有限的范围内，尽可能发挥编码的效率。建议播放器支持的音频编码格式有 AAC 和 AMR - NB，支持的视频编码格式有 MPEG - 4 和 H. 263，支持的媒体文件格式有 MP4、3g2 和 3gp。

4. 对 SMIL 的支持

同步多媒体集成语言属于扩展型标记语言（XML）的范畴。采用 SMIL 可以方便地描述各种媒体之间的时间同步关系和空间编排关系，在基于 WAP 浏览器展现流媒体内容的应用环境中，它可以实现视频/音频、图片、文字等内容的同步。此外，还可以实现不同媒体内容的控制播放，如片头片尾以及插入中间的广告内容。在终端上要实现这个功能就需要终端流媒体播放器按照 3GPP 的规范实现 SMIL 协议。

7.2.6 移动流媒体的应用

1. 信息服务

包括财经信息、新闻和即时体育播报、天气信息等服务。用户只需通过简单的接入门户站点即可获取大量信息，也可以通过订阅的方式使用信息推送服务。信息的内容可以以流媒体的方式提供。

2. 娱乐服务

包括卡通、音频、视频以及电视节目的精彩片段下载播放和在线播放，还可以提供移动游戏、用手机看电视等服务。

(1) Mobile Music、MP3

运营商联合唱片公司每星期发布 Pop Music 排行榜，用户在试听歌曲片段后，可通过小额支付下载到手机上，相当于运营商开唱片店。这项业务要求手机必须具备 MP3 功能。

(2) Mobile TV

用户通过手机收看电视节目，以简便操作获取娱乐感受，相当于运营商开电视台。为了保证收视效果，带宽必须保证在 100Kbps 左右。考虑到空中带宽的有限性和巨大的用户数量，建议运营商采用广播方式而不要采用 VOD 方式。电视节目可精选为新闻、卡通、幽默短片、MTV、经典片断、电影预告片、TV 节目预告、精彩片断等，满足大部分用户的需求，同时保证方案的低成本。

(3) Live 直播

体育赛事、演唱会、会议等大型事件的直播。

(4)视频广告

可通过多种媒体(视频、图像、文字)组成商品广告、电影广告、旅游广告等。

(5) 视频短片

搞笑短片、旅游景点介绍、广告宣传、企业形象宣传等。

3. 通信服务

包括含有流媒体内容的彩信、视频电话/会议等,使人们的沟通更加方便,更为丰富多彩。

4. 监控服务

主要包括交通监控和家庭监控。交通监控使交通部门能够实时察看高速公路和主要道路的交通状况,可查看指定道路区间的路况,并可在途中通过定位服务来检查各路段的交通情况。家庭监控可以实时监视家庭和办公室的情况。只需安装基于 Web 的数字视频相机,并连接到 Internet 上就可以通过移动终端或 PC 监视家庭或办公室。

5. 定位服务

可用来提供地图和向导服务,并且可以预览风景名胜、预定饭店和电影票等。未来几年,移动流媒体业务将得到很大的发展,将会随着网络和终端的不断发展而逐步实现。

7.2.7 移动流媒体发展的限制

面向无线网络的流媒体应用对当前的编码和传输技术提出了更大的挑战,首先,相对于有线网络而言,无线网络状况更不稳定,除去网络流量所造成的传输速率的波动外,手持设备的移动速度和所在位置也会严重地影响到传输速率,因此高效的可自适应的编码技术至关重要。其次,无线信道的环境也要比有线信道恶劣的多,数据的误码率也要高许多,而高压缩的码流对传输错误非常敏感,还会造成错误向后面的图像扩散,因此无线流媒体在信源和信道编码上需要很好的容错技术。在移动流媒体业务的发展过程中,存在如下问题:

1. 无线网络带宽窄,干扰严重

CDMA1X 与 GPRS 分别作为当前中国联通与中国移动的主流 2.5G 无线网络技术,网络传输带宽较之以前有了很大的提高,但仍然十分有限。CDMA1X 在理论峰值情况下下载传输速率达到 144Kbps,但实际情况下,稳定的传输速率通常在 70Kbps 左右。GRPS 在理论上可以达到 115Kbps,但实际情况下,稳定的传输速率通常在 20Kbps 左右。并且随着使用用户的增加,网络的性能将会进一步下降。另外无线网络的干扰严重,导致网络传输的误码的可能性大大增加。

2. 移动终端处理能力低,内存容量小

虽然目前国内市场上基于 ARM9 或是与此同等能力的芯片的高端手机已经越来越多,但由于手机中低端用户基数庞大而带来的巨大的市场商机,使得各个终端厂家对中低端用户尤为重视。因此目前占市场份额最多的、主流的手机仍然采用的是 ARM7 系列的芯片,处理能力在几十个 MIPS 左右。

目前移动终端的内存容量通常也比较有限。市场上主流的 BREW 手机预留给应用程序的动态内存通常在 700KB 左右；基于 J2ME 的手机预留给应用程序的动态分配的内存通常在 64KB 或 128KB；基于 Symbian/Linux/Windows Mobile 等高端手机预留给应用程序的动态分配的内存在 1 - 4MB 左右。

3. 终端系统平台、LCD 多样化

相对于 PC 的平台而言，移动终端的系统平台多样化更加明显，常见的系统平台有 Symbian、Linux、Windows Mobile、Palm OS 以及一些私有平台。移动终端系统多样化在很长的一段时间内将会继续存在。为了提供一个统一的手机应用程序运行环境，J2ME 与 BREW 应运而生。但不同的厂家对 J2ME 与 BREW 的支持通常都存在差异。平台的多样化加上 LCD 大小不一，使得实现适应多种移动终端的应用程序难度非常大。

4. 移动终端的电池能源有限

尽管手机设备的运算能力越来越强，但是由于它是由电池供电的，因此编解码处理不能太复杂，并且最好能够根据用户设备的电池来调整流媒体的接收和处理，能源管理技术也是移动流媒体的一个研究热点。

7.3 移动流媒体的未来

移动流媒体技术现在已经广泛地应用在视频点播、远程教育、电子商务、视频会议等社会生活的各个领域。随着以 3G 为代表的移动网络技术的进一步发展提高，移动流媒体技术也会得到更大的发展。

在未来的移动网络中如何发展移动流媒体业务，需要注意哪些问题呢？可以从以下几个方面来进行分析。

1. 注重用户的培养

用户培育是一个长期的过程，移动通信业务的发展本质上是由直接用户和可能使用的用户共同决定的，消费者在移动领域的地位变得越来越重要。因此，应该根据各种移动流媒体应用的特性细分市场，对个人用户、商务用户和企业用户应该区别对待，也可以根据用户的年龄和爱好进行区分。只有牢牢地把握住最有需求的用户才能使业务更具有生命力。

2. 建立行业联盟

采用共赢策略，确立广泛的行业联盟。移动流媒体业务需要更多的内容提供商、软件开发商进入行业联盟。确立广泛行业联盟的基础是实施共赢策略，保证行业联盟所有参与者的利润和良好的发展前景，这样才能保证行业联盟的巩固和扩大，并取得行业最大收益。运营商需要构筑良性价值链，并在这个过程中扮演业务的引导者角色，移动流媒体业务是否能够成功开展，取决于良性价值链是否形成。

3. 移动流媒体平台的建设

目前国内运营商已经试验性的开始提供移动流媒体业务，运营商应花相当的投入在移动流媒体平台和门户的建设上，这将会对未来移动流媒体业务的开展起到很好的推动作用。同时制定相应的标准和规范，选择安全、有效的实施标准和组网方案，提早对厂商作出要求，包括终端设备、服务器、软件等。

4. 控制内容质量

内容质量是发展移动流媒体业务的关键，只有高质量的内容才能长期吸引用户。移动流媒体业务不仅需要有宽带移动网络的支持，还与移动网络运营状况、市场上手机终端的质量和种类有关，更需要内容提供商的全力合作。在此过程中，移动运营商具有重要的监控作用。控制好内容质量的同时，还需要宣传和策划。在任何一项新业务的发展都离不开广告策划和舆论宣传，运营商应该有目的的在媒体上介绍移动流媒体，或召开移动流媒体方面的展览会或研讨会，努力打造自己的品牌。

5. 降低成本

确立低廉的资费体系是很重要的。低廉完善的资费体系会吸引更多的用户，促进移动流媒体业务的推广，这与移动运营商、设备制造商和内容提供商都有很大关系。需要结合不同的应用方式采取不同的用户可以接受的计费策略。

总之，随着移动网络基础设施的完善、移动终端功能的增强和互联网内容的丰富，各种无线应用将极大丰富我们的日常工作和生活。在各种应用中，移动流媒体业务是提供差异化和个性化服务的主要实现方式之一，其作为未来移动数据的主要应用必将在世界范围内迅速发展起来。

本章思考题

1. 简述移动流媒体的系统结构的基本组成。
2. 简述移动流媒体的主要业务。
3. 试举例说明移动流媒体技术的主要应用。

参考文献

1.《流媒体技术大全》张丽 著 中国青年出版社 2001 年
2.《流媒体技术入门与提高》廖勇 周德松 麻信洛 张晓华 编著 国防工业出版社 2006 年
3. 中国视频在线 http://www.chinavideoonline.com
4. 视频网 http://www.video.com.cn
5. 流媒体世界 http://www.lmtw.com

图书在版编目（CIP）数据

流媒体原理与应用/庄捷编著．—2版．—北京：中国广播影视出版社，2013.3（2018.8重印）
媒体创意专业核心课程系列教材/宫承波主编
ISBN 978-7-5043-6830-0

Ⅰ.①流… Ⅱ.①庄… Ⅲ.①计算机网络—多媒体技术—高等学校—教材 Ⅳ.①TP37

中国版本图书馆CIP数据核字（2013）第013043号

流媒体原理与应用（第二版）
庄　捷　编著

责任编辑　杨　凡
封面设计　丁　琳
责任校对　张莲芳

出版发行　中国广播影视出版社
电　　话　010-86093580　010-86093583
社　　址　北京市西城区真武庙二条9号
邮　　编　100045
网　　址　www.crtp.com.cn
电子信箱　crtp8@sina.com

经　　销　全国各地新华书店
印　　刷　三河市人民印务有限公司

开　　本　787毫米×1092毫米　1/16
字　　数　334(千)字
印　　张　15.25
版　　次　2013年3月第2版　2018年8月第2次印刷

书　　号　ISBN 978-7-5043-6830-0
定　　价　33.00元